RALF J. F. KIESELBACH

TIME AND PRECISION

Wristwatches from Pforzheim –
Then and Now

ZEIT UND PRÄZISION

Armbanduhren aus Pforzheim –
von den Anfängen bis heute

LIST OF CONTENTS

THE AUTHOR'S PREFACE 05

INTRODUCTION:
    The wrist watch, its importance for humanity and time. Collection. 05

SURVEY: GERMAN WRIST WATCHES
    Importance for Design and Market 07
    New Beginning after 1945 08
    Transition into Modern Times 08
    The Upheaval 09
    New Start to the Field of High Precision 10
    Falsification 10
    What is a German Wrist Watch? 10
    What Was Produced? 11
    Sellers and Wearers of Wrist Watches 11
    Pocket Watches 11
    Under the Buffalo Logo into the Precision Technology 12

WRIST WATCHES FROM PFORZHEIM
    Origins Found in Pforzheim 13
    A Walk across Pforzheim 14
    Precise Distinction of the Pforzheim Manufacturers 14
    Production During the War 14
    Changes after 1945 14
    Level of Production 15
    Quality Control 15
    Quality Control of Wrist Watches 15
    Creation of Product Names in Pforzheim 16
    Watch Families in Pforzheim 16
    Sales Alliances in Pforzheim 16
    Pforzheim Nowadays – from Precious Time Measuring Pieces
    to Precision Technology 17

SHORT PORTRAITS OF SOME ENTERPRISES

Alp 18
Blumus Watches – Munich / Pforzheim 18
Arctos 19
Lacher & Co. 19
Aristo or the Best One 20
Walter Storz / Stowa-Uhren / Jörg Schauer / Durowe 21
Porta / PUW 21
Para / Pallas Watches 22
Hfb / Astrath 22
Epple / Otero 23
Eszeha / Chopard / Karl Scheufele 23
Favor Watches 23
Bernhard Förster / BF / Forestadent 24
Weber & Baral / W+B / Production of Watch Dials 24
Wilhelm Beutter / Berg – Uhren / Beutter Premium, Components of Precision .. 25
Bruno Söhnle – Pforzheim / Glashütte 25
Richard Bethge / Erbe / Bethge und Söhne 25
Ickler / Limes / Archimede / Defakto / Autran & Viala 25
Association = United Forces 26

PRACTICAL PART

TYPES OF WATCHES

Complications 26
Improvements 27
Specialties 28
    Military Watches, Observation Watches, Pilot Watches

SOME OF MOST FREQUENTLY PUT QUESTIONS ON GERMAN WATCHES AND PUT ON WRIST WATCHES IN GENERAL:

What does the name "Anker" (Lever, Balance) mean? 28
How can a mechanic watch run? 28
What is a "Caliber"? 29
What is a "Rohwerk (Ebauche)? 29
What is a "Solid" movement (massive movement)? 29
What is a "Form" movement? (shape movement) 29
Why do we measure watch movement in "lines"? 29
Why must a wrist watch have "Steine" (jewels)? 29
How can i see the difference between mechanic wrist watches
and watches with quartz movements, at first glance? 30
What is a "Schnellschwinger" (fast vibrator)? 30
What is a "Gangreserveanzeiger" (indicator of power reserve)? ... 30
Do you have "Hemmungen" (inhibitions)? 30
Is a balance with screws really an indicator for higher quality of movements? ... 30

DESIGN, EQUIPMENT, DETAILS

Classical Design 31
Creators of German Wrist Watches 31
Alterations of Style 31
Alterations of Size 32
From Cases with Hinges to Screwed Cases 32
Attachments and Bracelets 32
Watch Dials 32
Watch Hands 33
Watch Glasses / Crystals 33

PRACTICAL ADVICE FOR COLLECTORS AND AMATEURS

Research 33
Maintenance 33
Presentation 34
How to Put your Treasures? 34
Surprises for Inexperienced Buyers 34
How to Ascertain the Age of a Watch (for Beginners) ... 34
Brand Products without Brand Marking 34
Typography on Dials 34
How to Support Identification –
Investigation of Names, Naming of Movements and Watch Cases 34
Identification of Manufacturers of Movements 35
Alterations of Movements 35
Family owned Watches can Tell History 35
A good Watchmaker – a Protecting Spirit of a Collection 35
Resting Means Rusting – Why Fine Old Watches Should Be Worn 35

GRATITUDE 35

Title: Gears of a historic Laco-Pilot Watch. Photographer: Petra Jaschke

AUTHOR'S PREFACE

This book is intended for experts and old hand collectors, as well as for parties interested in German watches, no matter how they came to it. The reason for publishing is the 250th anniversary of the watch industry in Pforzheim. So whoever had got a good old "Laco" from his father and wants to know more about it will be served as well as a collector having already full knowledge und owning a considerable collection. Also people interested in history of culture and technique can find in this book explanation about the region, its inhabitants and local achievements.

However, as everybody knows, collecting means pleasure (otherwise this book had never been written) and the author takes pleasure in offering his experience and knowledge, as well as his heart and amateur's soul, in order to submit a pleasant (and useful) lecture to the reader.

This book shall furnish history, technique and design as far as they could be found out, in a precise but pleasing manner.

So this book is meant as homage to the German Watch Industry and its achievements. It was inspired by the Association of the German Watch and Jewellery Industry and also by "Watchparts from Germany" organized by Hansjörg Vollmer who is fascinated, as well as the author, by historic time measuring instruments to be worn on the wrist. The author addresses his hearty thanks to both organizations.

Dachau/Bavaria, summer 2016
Ralf J. F. Kieselbach

INTRODUCTION

THE WRIST WATCH, ITS IMPORTANCE FOR HUMANITY AND TIME. COLLECTION.

Lots have already been written about wrist watches, the collector's new darling. Besides books, mainly dealing with Swiss watch brands, there are also professional reviews providing the interested reader with news of yesterday but also with news of watches in our time. But a basic publication on German wrist watches has been missing up to now. For the wrist watch, as a darling of the 20th century, merits absolutely a publication. It has been a long time since mechanic watches were carelessly thrown away or put in the waste, thus considered as metallic scrap. Quite a generation of younger watch amateurs is now, 40 years after the waste phase, searching these treasures in the hope they had not entirely disappeared. That search was provoked by the boom of modernism in connection with ultra-fashionable quartz watches.

It is true the beginning was very hard: In a period around World War I wrist watches appeared first, mainly as fashionable accessories for men. Even if they had been useful during the war, the first bearers were considered rather as effeminate, unmanly softies, for gentlemen had to wear that classical, solid and expensive pocket watch, fixed on a chain and hidden in the vest-pocket.

But fashion cannot be held back, the wrist watch is a fine example. In the 20ths it conquered the hearts of a young generation. It is reported that many youngsters exchanged carelessly their pocket watch given by the father or inherited, for a wrist watch.

In the 30ths an upheaval happened when the wrist watch finally succeeded and became indispensable. In those times it showed the typical form of a pertinent-constructional rectangular, maintaining until the 50ths.

*"Wrist watches for gentlemen
The wrist watch (bracelet watch) has become*

the preferred form of a time measuring piece. Once you are accustomed to its use you can no longer do without it. A small section of a day's run down explains and gives reason for it, in a simple way: The driver of a car or of a bike uses his watch. We recognize immediately the big advantage of a wrist watch, for a quick movement of the hand and a short glance give him the time, so distraction and danger are avoided. Also on the work-bench or the writing-table, when doing sports and relaxation, the wrist watch has become our indispensable companion, all the time ready to answer correctly and reliably our question: what's the time?"

(Extract of a catalogue offered by the Pforzheim Mail-Order House Bruno Bader, 1935).

After World War II the wrist has finally conquered the position of a mass product, thanks to the immense demand, but also thanks to the improved production which allowed launching watches of low and medium prices. This was a contrast to former times when watches had to be extremely cheap to reach inland buyers, on the other hand watches for export were often made of gold or silver, set with precious stones. It was a handicap of the German watch industry that they could not immediately follow the new technical developments (complications!), due to the difficulties arisen by the war and in the first post-war years. Let us have a look at chronographs, in those times a daily companion of customers in Switzerland, but in Germany a rarity.

Slowly but continuously the watch has become a daily and permanent companion, thanks to low price classes, thanks also to high precision shockproof movements, and waterproof watch cases. For quite a long time ladies were used to wear very small watches considered rather as jewellery than as time measuring pieces. Therefore such watches were mostly equipped with simple cylinder movements but with fine decorative cases. Gents watches, however, had a more modest outfit but inside better movements (a contrast to the U.S.A). Nowadays ladies are used to wear modern wrist watches in mans size. For quite some time or strictly speaking in the 60ths/70ths, collecting of watches started, mainly of pocket watches. Such pieces of grandfather's time were demanded and admired not only for their mechanical movements but mainly for the nostalgia of the "good old times". And indeed there were young people who decorated walls with such "onions" in an original way.

In the meantime, also quite normal people have discovered the pleasure of collecting watches – but I rather think of the fashionable Swatch pieces, darlings of all ladies decorating full walls with them. Gentlemen like more and more the Watch Exchange, an invention of the last few years. And if they are sport-minded they go "hunting" at rag-fairs. You can find father's or grandfather's watch there, and just for pure nostalgia you buy the first old wrist watch. Other people may have inherited old watches, just by chance, and are enthusiastic about their special esthetics, as for example the author. In his childhood he made an experience that was engraved on his memory: His father made him a present of his own watch (of course rectangular) when the boy was 10 years old. Within a few minutes the son had disassembled that watch and thus made a collection of watch components, very severely commented by the father. Well, the watch was dead and never returned into life.

SURVEY: GERMAN WRIST WATCHES

IMPORTANCE FOR DESIGN AND MARKET, MADE IN GERMANY BETWEEN 1920 AND TODAY

German wrist watches have had international reputation for a long time, next to Swiss and French Watch Industries (not including American brands). The technical quality of the produced watch movements was indeed acceptable, even if some optical and technical refinements in Swiss style could only rarely be realized, due to the marketing aims.

However, the consciousness of precision mechanics, the mixture of fine handicraft and technique was not brought to bear in Germany, whilst the Swiss colleagues had made the most of it for decades. They were proudly expressing it by their publicity and at watch-fairs. The German Watch Industry had considered itself as suppliers to the public at large. They made their money by supplying time measuring pieces, not more. Consciousness of brands was not much developed. Some manufacturers, it is true, have got their names and characters protected in the Register of Makes, but the brands were not so much perceived due to the absence of a large mass publicity. That situation changed only in the years after World War II.

As everywhere, also the design of German watches are reflecting spirit and taste of the time, and some pieces surprise us today by their original shaping.

Focal points of watch production are the Black Forest with the towns Schramberg and Villingen (today Villingen-Schwenningen), the region of Pforzheim as well as the Saxon region with Ruhla and Glashütte. A tradition of clock making has existed in the Black Forest for centuries. It was obvious that local manufacturers enlarged their line of products to pocket watches and, in the 20ths/30ths, also to the new wrist watches. Around 1930 Junghans of Schramberg launched the first wrist watches equipped with own especially constructed movements. Up to that date Junghans had been known rather for its production of clocks and pocket watches produced in large quantities.

A particularity in that Black Forest region was the company Kienzle. In a catalogue Nr.249 of 1921(?) you find for example "a perfectly constructed gents wrist watch, Nr. 7022, with nickel case, dial of celluloid, 18"Eska gold movement with detachable balance bridge with or without radium" but also same "exotic" piece like a "bicycle watch....in a strong zinc case, with safety assembling".

Kienzle's early started production of wrist watches was exclusively equipped with pin lever movements. The size of such movements was continuously reduced (in catalogue Nr.670 of 1929/30 it was only 12" respectively 13"). These movements were of own construction and production and also produced in large quantities, but the quality could not compete with lever movements of other manufacturers. So Kienzle produced its movements in large quantities at low costs, but had still the image of an important and well known manufacturer.

Other smaller manufacturers in the Black Forest produced also wrist watches, in addition to their well known products like Black-Forest Clocks, cuckoo clocks, wall clocks and alarm clocks, but they never reached a larger degree of familiarity.

Not far from here you will find the place Schwäbisch Gmünd with its old tradition of silverware and jewellery production. A few wrist watch manufacturers grew out of that industry. We found the company Bidlingmaier (brand BIFORA) as important producer who launched a watch movement of his own already in 1928.

The production place for very large series, however, was Pforzheim in the Black Forest, located between Stuttgart and Karlsruhe. There was already a production of watches some hundred years ago which disappeared in the 19th century. At the same time an industry of jewellery arose there of which the "new watch industry" grew out. The first finished wrist watches from Pforzheim are said to be produced in 1913, intended for export to Switzerland.

A few manufacturers reported having produced wrist watches already from 1922 on.

There were a total of 30 enterprises of the watch and watch case industry and they were organized in an own professional association.

In his book about the history of Pforzheim Pieper mentioned 46 manufacturers of wrist watches in 1929. At that time there were a total of 137 firms dealing with the production of watches. In the whole of Germany there were 300 firms of that kind, and you can judge from that proportion the increasing importance of the Pforzheim watch industry. Up to 1928 mainly cylinder movements were processed followed by a jump into the production of lever movements of quality. From 1932 on Pforzheim produced its own watch movements as the delivery of Swiss movements became problematic.

In 1933/34 two leading manufacturers of raw movements opened their factories: PUW (Pforzheimer Uhrenrohwerke) and DUROWE (Deutsche Uhrenrohwerke Konstruktionswerkstätten) and launched the first lever movements of quality. The watch industry of Pforzheim started a fast boom. They became main suppliers for German customers. The number of producers was permanently growing. Some of them produced only watch cases, others made finished watches. In course of some years several important manufacturers of movements started successfully. Their calibers were almost exclusively processed by Pforzheim watch manufacturers. Pforzheim watch movements were produced also after 1945.Some new movement makers and watch manufacturers joined the existing ones. At the same time some Black Forest clock producers started launching wrist watches, constructing movements and using them for their own wrist watches.

The watch industry of Glashütte was built up in the 19th century. The original intention of supplying their wrist watch calibers, produced since 1929, to the Pforzheim industry failed since the Pforzheimers were developing their own calibers. One can still find some Pforzheim watches with movements from Glashütte, mostly equipped with calibers 58 and 581. Glashütte was producing in DDR the better watches exclusively equipped with lever movements. The watches from Ruhla (Manufacturers: Thiel/UMF/Ruhla) were equipped with pin lever movements. After 1945 they used lever movements of their own production, but only for a limited time, followed by extremely cheap movements for many years.

NEW BEGINNING AFTER 1945

After destruction and dismantling many factories were rebuilt, and others were orienting to the production of wrist watches. There was indeed a very big backlog demand. Besides, wrist watches proved to be excellent bartering objects. That second phase of German wrist watches was marked by higher mass production and by stronger profiling of brands, supported by increasing exports.

TRANSITION INTO MODERN TIMES

Thanks to modern procedures of production developed by the big industry the quality of mechanical wrist watches could now be improved. High precision components led to better running results.

Further improvements should follow since USA and France have launched new technical concepts for the drive. It is the matter of the first electrically driven watches, followed by further developments and finally leading to quartz controlled movements.

First electric clocks appeared in the 20th century. The idea of using an ultra-precisely swinging quartz crystal for the production of time measuring has been calculated and tested by researchers.

Such dreams of physicists were followed by brainwaves à la "atomic watches".

Whilst first modern tests in laboratories have started in USA (1947) and France (1949), the German watch industry was fully occupied with themselves after the war.

Hamilton USA was the first, followed by the company Elgin. In France it was Fred LIP, owner of the company LIP founded in 1867 in Besançon, at that time center of the French watch industry, who propagated the new promising technique. However it was a long and hard way that finally should lead to ripeness and mass production.

(In 1907 the watch maker dynasty Lippmann presented Napoleon Bonaparte a pocket watch.) The small workshop Lippmann was growing and changed in an important industrial enterprise under the style of LIP, nowadays still a traditional brand name in France. Fred Lip was already experimenting in electric/electronic watch technique, and he is said having started fundamental preparations in 1945. The developed watches of LIP and Elgin were finally ready for production only in 1958, similar to Hamilton 1957, in spite of earlier patent applications (1947 and 1951).

Some years later German watch manufacturers followed the professional publications with interest and skepticism and discussed the matter on congresses.

The first manufacturer who puzzled over quartz watches and applied for patents was Helmut Epperlein with his small factory (Uhrenfabrik Ersingen). In 1952 the "Electric 100" was launched. He was said to have tested such watch one full year in 1957 and started serial production in 1959. All components were constructed and produced in his factory. The daily output was 60 – 100 pieces, however with 30% returns as guarantee cases. It is interesting to remember that the Epperlein watch including the German technology have been copied in Soviet Union. Ironically the watch cases for it were copied from the "class enemy": the Hamilton-Elgin version.

In 1959 Epperlein was cooperating with the French company Nappey, successors of Lip, with the intention of distributing his "Electric 100" as "Nappey 100". In Pforzheim several watch manufacturers tried to use the new technique and to follow the trend. Lacher & Co (LACO) showed a prototype at the Hannover Fair in 1958. Also PUW/Porta (from 1966 on), later Arctos (1st electrical watch 1971) and Otero belong to the German pioneers. Well known manufacturers like Junghans (1967) and Bifora (1974) did not close their mind to quartz watches. But Switzerland, Japan and Hong Kong have not been inactive, so the holding company ESA (CH) supplied as from 1963 and Seiko (J) presented the world's first Quartz wrist watch. The Swiss technological development was sold to several manufactures, but it finally appeared on the market only in 1970. Hamilton, one of the pioneers was taken by Seiko Japan together with the name Bulova.

The last step was the change from the (optically) analogous watch to the digital version for which Arctos delivered his caliber 675 in 1973. As reported in 1971 the company Philip Weber procured components like quartz crystals and switching circuits from Siemens AG. As per Werner Weber a price between 500 and 600 DM would have been necessary and justified, due to the extremely high prices of crystals. At the same time first Quartz watches at the incomprehensible price of 4000 DM were sold in Japan. Then, after the start of mass production prices of components got down and made lower prices of watches possible.

Finally most Pforzheim Watch Manufacturers were producing Quartz watches, but not all of them developed their own movements.

THE UPHEAVAL

The introduction of electric, then electronic and finally Quartz technology was the biggest handicap of the German watch industry. Up to now and for decades the permanently improved precision of lever watches has been the most important target.

High precision micro mechanics for the production of movements has now come to its end. Only a small pile was needed to obtain best values of running, successfully competing with the finest Swiss watch brands. Not the new technology but problems connected with costs and production killed many firms. And the competition from Far East had been entirely underestimated and even supported by placing production orders so that they became leaders in the world's mass production of movements and watches. In consequence many Pforzheim factories were closed in the 70ths, 80ths and 90ths.

NEW START TO THE FIELD OF HIGH PRECISION

At the same time there were two aspects leading to a certain new start. Young businessmen and founders discovered the names of traditional Pforzheim manufacturers. They acquired licenses and produced successfully fashionable watches. Furthermore, the so-called "Wende" (turn) with the inclusion of the DDR into the Federal Republic Germany made a re-discovery of old traditions possible. The place Glashütte, known mostly by experts and historians became a central point for German quality watches. Inspired by that new development also smaller manufacturers dared a comeback. Wrist watches "Made in Germany" have again become a reality and could find a position beside such great brands like Junghans or Dugena.

Nowadays more and more suppliers are attacking the watch market with "classic" mechanical movements, one may even call it a "renaissance". The standard of those modern watches requires at least an automatic movement, but there seems to be also a demand for "high complication" such as chronographs, world time watches, and displays for various data signals. The Black Forest and mainly the region of Pforzheim have become bases of many smaller workshops producing the new watches, forming step by step a "new" watch industry. But who will be able to supply such new mechanical movements? Pforzheim has no capacity for it, so we need Far East and Switzerland: Swiss mechanical movements, as the "classical" ETA or Valjoux products recently refined, but there are now also newly constructed drive units. One may consider it a late comeback of the mechanicals after the fall in the 70ths.

During the period of resignation some enterprises have practiced a far-sighted management policy by turning their production into the field of "High Tech" that means high precision technology. This has proved to be a fresh impetus for Pforzheim.

FALSIFICATION

German mechanical wrist watches are at last considered as important enough to be falsified. For quite a long time falsifiers have concentrated their criminal activities to classic brands like Cartier or Rolex, but now they have discovered German brands. The author has seen perfectly copied wrist watches of Chronoswiss, Glashütte Original and A.Lange & Söhne. Yet they were not as cheap as the earlier copies of European brands which were offered to un-suspecting tourists in all touristic regions of the world, on beaches, even in shops, at unbelievable prices. In some touristic places it was difficult to judge which shop was a "serious" watchmaker's business.

WHAT IS A GERMAN WRIST WATCH?

This subject is discussed very contradictorily. Below are various collective notions for watch fans:

1) **Well known brands (f.e. Junghans, Kienzle, Laco, Stowa, Para, Bifora etc.)**
2) **Unknown brands**
3) **Watches exclusively of Black Forest origin**
4) **Watches from Pforzheim, the capital of the German Watch Industry**
5) **Watches from other regions**
6) **German watch case manufacturers. 6a) German cases for Swiss watches**
7) **Nameless watches with German movements**
8) **Watches from a certain period**
9) **Watches of a certain style or with a particular outfit**
10) **Watches with particular movements**
11) **Watches made of certain materials (nickel, chrome, stainless steel; gold/silver/goldplated)**
12) **So-called "marriages" (mixtures of different cases and movement/dials**
13) **Watches with engravings (from godfathers, confirmation, anniversary)**

WHAT WAS PRODUCED?

Early wrist watches were often equipped with cylinder movements, followed by lever movements, both of Swiss origin before German movements were available. Watch cases were mostly made of silver, nickel, chrome-nickel and goldplated also called "rolled gold" according to the procedure of production. Watch cases entirely made of gold were seldom produced. Only cases of 14 carat gold were produced, 18 carat cases as used in Switzerland were not produced. Also cases of a metal mix "Tombak" (nickel-silver) were used.

Pin lever movements were offered only after World War II. In that field we find some cheap producers like Emes, Kaiser, Isgus, Palmtag, Würthner and others.

The main supplier of pin lever watches has been Kienzle for many years. Around 1970 Kienzle used also lever movement bought in Switzerland.

SELLERS AND WEARERS OF WRIST WATCHES

Watch shops are nowadays present in all big cities, mainly in downtown with pedestrian zones, in department stores respectively in shopping centers, and in a smaller number also in suburbs.

In former times the number of small watch shops was remarkable, to judge from professional directories. In some streets one could find even several watch maker shops, also in villages the presence of a watch maker was a must.

Due to the renaissance of classic forms of watches and of complications the cool watches of the last years were relieved. Also the way how to wear a watch has changed. For decades ladies had worn very small and technically modest watches with flashy cases and jewel-like bracelets. After the boom of plastic watches launched by Swatch there was a change in ladies watches: Ladies got fond of watches in gents sizes. And gents watches were "growing" in size to accept very complicated movements. In addition to Quartz watches more and more watches with mechanic movements appeared on the market, some of them produced by unknown new manufacturers and equipped with complications at prohibitively high prices, up to the Tourbillon.

POCKET WATCHES

Since wrist watches have conquered the market pocket watches have lived more and more in the shadow after they had belonged to a representative "outlook" of gentlemen for many decades. Their design and performance followed the fashion trends and changed from the classic Savonette with three lids and a long chain to the modern version without lid (Lepiné). The spring cover with snap-fastener was replaced by a normal lid pressed on the back-side. Pocket watches became flatter and were no longer worn in vest-pockets but in dress-coat pockets behind the lapel, fixed by a small buttonhole chain. Connected with a so-called "Chatelaine" they could also be worn in a trouser-pocket, the chatelaine hanging outside.

The change from pocket to wrist watches started in the 20ths. Already in the 30ths watch catalogues were showing more and more wrist watches, but less pocket watches. But production of pocket watches continued in Pforzheim as well as in the Black Forest. The latest models were equipped with quartz movements, marked accordingly. Pocket watches produced at later dates (from the 60ths to the 80ths) had cases with elegant back-side decors in Art-Deco manner, but the obligatory small second-hands were replaced by centre second hand. Sometimes they are without any second-hands and this shows that such pocket watches are equipped with <u>wrist watch movements.</u>

This leads us to the question: Which companies belong to the manufacturers of pocket watches in Germany? Their number is small. Most producers of German pocket watches and the wholesale groups (Zentra and others...) used Swiss calibers, mostly from Unitas. Own lever movements were produced by Junghans, Kienzle, Favor (Schätzle & Tschudin) and Thiel. A producer in earlier times was the company of Paul Drusenbaum in Pforzheim, using its own lever movements to make pocket watches named "Drusus Watch" or just "Drusus". Besides, a so-cal Guild-Caliber must be mentioned.

We did not speak about the few top producers, all based in Glashütte, as f.e. A.Lange, Julius Assmann, Dürrstein, Kasiske or Tutima, whose production of pocket watches was not important in quantities and was soon given up.

The watch company Ruhla from DDR was offering its nice pocket watches to Western Germany for some years (most of them equipped with black dials).

In a similar pin lever quality some precursors from Ruhla, old Thiel- and UMF-pocket watches appeared on the market. Similar pieces were produced by Kaiser, by Emes (Müller-Schlenker), Hanhart, Würthner and, of course in big quantities, by Kienzle. Some pin lever movements for pocket watches were supplied by Junghans. Cylinder movements were offered by Favor, Kienzle und Exact (Schepperheyn).

Between 1900 and circa 1930 various pocket watch producers were existing, but they had no movement production of their own. Most of those small firms disappeared in the following years.

The equipment of pocket watches with wrist watch movements made it possible that also manufactures like Bifora, Eppo or Para could offer pocket watches (perhaps inspired by the fashion of nostalgia?). When going through leaflets of the last years one can find also several Pforzheim producers of pocket watches, so for example Stowa (Walter Storz). That company had been offering pocket watches from the beginning (and fortunately, from time to time such piece can be can be found even nowadays).

Also the group Regent has included pocket watches in their program of products. As usual these pocket watches are supplied solely by one producer: company Habmann Pforzheim.

An important collection of antique pocket watches was established by Philipp Weber, owner of the company Arctos. It is now guarded by Sparkasse Pforzheim, and a book about it was initiated and edited.

UNDER THE BUFFALO LOGO INTO THE PRECISION TECHNOLOGY

One of the most important case manufacturers in Pforzheim is the company Gustav Rau, founded in 1877, and nowadays still active in the metal business, with a buffalo as logo. They were not playing a big role in the field of wristwatches, but they produced wonderful pocket watch cases for many Swiss manufactures of rank and reputation. That sector of production was finished in 1952.

In earlier years rolled gold watch cases had become a specialty of the Rau production. Rolled gold, also named "Doublé" or "Plaqué" means mecanically laminated gold cover on watch cases or other products. In addition to the usual thickness of the gold layer, namely 20 microns, Rau produced a super quality in

40 microns which allowed offering such "Doublé" watch cases with "20 years guarantee".

Nowadays the collector can find even pocket watches with the "Buffalo" logo, in a

quality of 50 and even 80 microns. (It may be pointed out that modern goldplated watches have a gold layer of 10, sometimes even only 5 microns.

The modern company G. Rau in Pforzheim is an important supplier and subcontractor for the industrial sectors "automotive, electronics, control engineering and medical technique". So Rau followed the same way as other watch firms having turned into High Tech Precision Techniques.

WRIST WATCHES FROM PFORZHEIM

ORIGINS FOUND IN PFORZHEIM

At the occasion of the 250th anniversary of the Pforzheim Watch Industry it is worth while looking back. The mythic foundation of the Roman ford "Portus" leads us over several centuries of the late-medieval of Pforzheim with its centre and its many sand stone buildings, separated in old and new town. Traces of some historic buildings could be found in the last years.

From the top, on the Schlossberg, the regent's castle was watching its small residence. In the 11th century Pforzheim belonged still to the lands of "Saliers" dynasty , then to the "Staufers" and finally, as usual by way of marriage, to the "Welfen" dynasty. Only in 1535 Pforzheim was officially noted as place of residence of the margraves of Baden.

Main trade in those times was the rafting, mainly supported by the immense requirements of wood in Dutch shipyards. The old quarter called "Au" with its romantic houses alongside the Enz river can be seen on old post cards and reminds the old and flourishing rafting business.

In the region of the new theatre, close to the Enz river, an early social-political establishment was founded around 1718: an orphanage in the buildings of a former monastery. It was a laudable intention to help orphans to learn a handicraft and to assure their livelihood. And is one of the great lucky chances in the history of the German Watch Industry that this measure of education was connected to the watch making business.

France was the origin of watch making, but changed over to the border region of Switzerland and into Switzerland, too. Peasants and their families were producing watches and clocks, mainly in winter, when they had time for doing it. They needed, of course, salesmen to go out and distribute their products. That division of labor attracted often some shady people. So we can find in those times a businessman (Monsieur Autran) and two watchmakers (Messieurs Christin and Viala), very adventurous people from France and Switzerland. But there was a sovereign and his wife as their opposite pole.

And just this sovereign, the margrave Karl Friedrich of Baden, heard that a Swiss businessman François Autran had planned to establish a "watch fabrique" in Lörrach. But then that "gentleman" tried to get an audience to explain his idea of establishing a manufacture of pocket watches. Although the margrave had no mercantile intentions and preferred physiocratic industries and business, it finally came to an "agreement" and that factory for the production of pocket watches was founded. It has been reported that the margrave's wife Karoline Luise, known for progressive ideas, had positively inspired her husband in that matter.

This was the chance and the origin of the later industrial town Pforzheim with jewellery and watch making industries. Already in the year 1800 several factories were established. Autran, called in Pforzheim Johann Franz Autran, invited further partners, so the Englishman Ador for the jewellery sector, and the Swiss Paul Preponnier. This led to the separation of jewellery (bijouterie!) from the production of watches. Several "cabinets" turned into independent sub-contracting manufactures. The German expression "Kabinettmeister" reminds that evolution.

Only much later the watch making part was growing and producing successfully. New liberal trade rules replaced the medieval guilds so the jewellery business was booming and flourishing. 30 jewellery making firms are reported working in 1857, and the number was rapidly growing at the end of 19th century thanks to the increasing purchasing power as a result of the industrial development.

The old orphanage, ancestress of the leading industrial branch of Pforzheim, was completed destroyed on 23 February 1945. Some stones of it were composed to a small wall as memorial of the beginning of the Pforzheim watch and jewellery industry that fortunately has found a new field of activity, the precision industry.

A WALK ACROSS PFORZHEIM

Visitors coming to Pforzheim cannot find any aspects connected with watches or clocks. They can sporadically see a name-plate on a house or even a very large industrial building but empty and to let. It is the building of Porta ROWI Mikroelektronik. In that building erected after the war an important manufacture of watch cases was working. The history of that enterprise ROWI is connected with the company PUW/Porta, the important producer of raw watch movements in former years. In spite of a successful production over many years the company was put in possession of Swiss capital. The watch-holding SMH succeeded in swallowing the last producer of watch movements in Pforzheim, but that company had acquired Rowi in 1966 as last watch case manufacture of importance. After some detours Rowi successfully turned into a manufacture of high precision components.

Another relict of the watch making branch is the factory building of Porta, also built after the war, but the watch production has left the building and Swiss capital has taken its control. By that transaction the Swiss watch industry had clearly demonstrated its dominance over the eternal German competitor. It is not without irony that just the tax office of Pforzheim moved into the empty Laco building of most modern conception.

When walking farther from the city we arrive in front of an interesting building. It is the Technical Museum of the Watch Industry. That building erected in 1902 and bearing a tile-covered façade was the home of the former company Kollmar & Jourdan, manufacturer of watch chains, later of watches and watch cases. Insolvency stopped the company's activities in 1978 and its properties, mainly tools, patterns and machines were sold at a loss mainly to competitors residing in DDR.

PRECISE DISTINCTION OF THE PFORZHEIM MANUFACTURERS

Already in the 20ths, after the war, an important and growing number of watch making companies was located in Pforzheim. In the 30ths some of them developed into considerable size and got acquainted also in foreign countries. We specify particularly Laco (Lacher & Ci) with its daughter company Durowe, Porta with his daughther company PUW, Arctos (Weber & Aeschbach), Para (Paul Raff) Stowa (Walter Storz) and Aristo (Julius Epple). Eppo (Otto Epple) with its daughter company Otero joined that group later on.

PRODUCTION DURING THE WAR

It is only a saying and an opinion that in those times only military watches were produced. Although many manufacturers were obliged to fulfill tasks for the armament, some new companies were founded (Otero 1943 or 1944) and a production of watches could be maintained and tolerated. This can be proved by watch case markings of those times. Of course, an important part of Pforzheim's watch production was destined for the army. Such standardized wrist watches with black dial had been produced by the majority of German watch making companies. Also pocket watches and stop watches for the army had been produced, even time measuring sets of torpedos (Firma Ernst Wagner).

CHANGES AFTER 1945

Three months before the end of the war a terrible cut affected the Pforzheim Watch and jewellery industry. The bombing of the 23rd February 1945 extinguished the city. That fateful interruption retarded considerably a new beginning after the war.

Whilst many of the older companies were touched by inheritance problems and by the necessity to change their structures, many newcomers were attacking the watch market. A good number of the old firms that have existed and successfully worked since the so-called "Gründerzeit" could not follow the requirements of the post-war time. Many of them had to give up and are nowadays almost forgotten.

LEVEL OF PRODUCTION

Most Pforzheim manufacturers were producing mass articles for people with small purse. A few of them left that level, produced special series and offered articles of higher quality and finish. The sub-names of such series reflected it: so for example Elite, Extra, Auslese, Favorit, Dukat, Klasse, Super, Select. Some manufacturers were paradoxically supplying most simple articles under distinguished names. We mention "Extra" from Ernst Wagner, with a cylinder movement, the cheapest equipment. So-called special series did not only refer to the quality of watch cases, but also watch movements were often given treatments of embellishing.

By the way the quality standard of the earlier goldplated watch cases was impressing. In the 30ths the engraving "10 Years Guaranty" on the back of cases was generally used.

This can be found also on old Swiss watch cases, but it was written "Garanti".

Considering the age of 70/80 years it may be said that the quality of 20 microns rolled gold was excellent.

QUALITY CONTROL

In 1955 the German Institute of Watch Control was established at the Technical High School Stuttgart, closely connected with the Institute for Technique of Horology, Time Measuring Science and Precision Mechanics.

In analogy to the Swiss quality controls of watches in chronometer version the company Junghans insisted on a similar certification of quality, in the first years after the war.

They firstly addressed to the German Institute of Hydrology in Hamburg until a competent measuring point was established in Stuttgart, connected to an Institute of research. This measuring point was originally intended for "chronometers", as produced, in addition to Junghans, also by other German manufacturers such as Bifora, Laco, Porta and even Kienzle (!). Later on, since the average running precision of most German watches had reached a higher level, other Manufacturers wished to obtain such certification, too.

The German company Otto Epple (Eppo) was the first Pforzheim producer who had applied for such certification of his quality "Epora" and used it for advertising.

Later in the 60ths the professional journals published regularly results of the quarterly made controls of submitted watches.

When having a look at the list of the fourth quarter 1965 you can see that only three applicants came from other places whilst twenty-four were based in Pforzheim, the German capital of watches.

An examination on a smaller level was then organized for pin lever watches and watches with simple Roskopf movements. This was used by four companies: Eppler, Emes, Hirsch and Kienzle. The only manufacturer offering watches with simple Roskopf movements was Richard Eichmüller of Munich, still existing today (Brand: Re-Watch).

QUALITY CONTROL OF WRIST WATCHES

We informed you in our edition Nr. 8 that the products of EPORA (group of 8 watch factories) were submitted to a neutral quality control. The results are excellent. From now on 12 control points are working in Switzerland.

Since 1st September 1960 quality control has been obligatory for all members of the FH (Fédération Horlogère).

Before that date 206 watch manufacturers had been voluntarily participated in that control system. Nowadays the number has gone up to 394. Parallel to the growing number of factories the number of watches applied for quality control has considerably gone up. At the beginning of the year the number was 110 000, but in September already 320 000 were counted.

In that connection a question is justified: When will the preparations for a general German quality control be ready?

(Deutsche Uhrmacherzeitung Nr. 11 November 1961).

CREATION OF PRODUCT NAMES IN PFORZHEIM

Very late, up to the late 40ths, one can still find nameless products. Only few manufacturers had named their watches already in the early 30ths, by using fancy names, quite independent of the company's name, often the names of the owners.

Such names could easily be transformed into an anagram or a composition of initial letters. So for example we find STOWA for Walter Storz. BEHA for Bechthold & Härter, LACO for Lacher & Co, PARA for Paul Raff, GUBA for Gustav Bauer and KAREX for Karl Rexer, ERMI for Ernst Mitschele, ROME for Robert Metzger, GAMA for G.A.Müller, GERESI for German Sickinger, BEGU for Becker & Grupp.

Richard Bethge signed off as ERBE Albert Bührer as ALBÜ, Karl Nonnenmacher as KANO, and Karl Habmann as KAHA. August Hohl named his products AHO (must not be confounded with AH = Albert Hanhart from the Black Forest place Gütenbach).Wilhelm Kirschner named his products WIKI, Walter Kraus WEKA, and Fels & Co FELSUS. This systematic manner could be extended. The old resident factory of the Epple family took occasion to share their logos, due to inheritance, so that the two sons started using separately the brands ARISTO (Julis Epple) and EPPO (Otto Epple).

Quite apart from that, many brand names have been used for years without being registered through DPMA (German Office for Registration of brands and patents) although they appeared on dials and in leaflets for many decades.

We take a final glance at: (Deutsche Uhrenrohwerke Konstruktionswerkstätten) Durowe, a sister company of Lacher & Co. used that abbreviation to establish a program:

Duromat for their automatic movement, Duroflex, Duro-Swing and last but not least Durobloc and even Duroshock for their own shock absorbers.

Many brand names introduced in the watch business changed from the original owners to other watch factories and the rights of using were sold when a company was closed.

WATCH FAMILIES IN PFORZHEIM

Everyone to have his watch factory – that may have been a motto in Pforzheim on Enz, if you follow branch directories of earlier times. Either Bauer, Becker, Bischoff or Epple, Kohm, Merkle, Nonnenmacher, Schätzle, Stahl, Wagner or Wolf, everyone wanted or had to establish a watch business of his own, to manage it or to become successor. It seems that a good relationship between the watch dynasties is still existing. Even nowadays the watch historian finds again and again well known names somewhere in the Pforzheim field.

SALES ALLIANCES IN PFORZHEIM

The first alliance between German watch manufacturers was founded in Pforzheim in 1949, the Parat-Group. The Parat advertising of the year 1949 mentioned four member firms (Berg, Arctos, Para and Osco), extended one year later by the company Stowa. Another alliance named EPORA was formed in the 50ths by the watch company Otto Epple (Eppo), Member firms are BEHA, Eppo, Gama, Exita, SEPO, ASP, W (Ernst Wagner) Sappho (Friedrich Wilhelm Wagner) and OTIMEO. Five different types of movements were available in that group.

In 1970, initiated by Hans Schöner, manager of an advertising agency, the alliance PALLAS was founded, as the bigger companies had recognized the advantage of cooperation with the view of increasing their turnover. Members are Eppo, Exquisit and Adora. According to Otto Epple senior further partners were, in addition to his brand Epora also Bechthold & Härter (BEHA), Otto Wiemer (Otimeo) and the company Wagner. Pallas had been active for around 10 years. Later on PARA used the brand PALLAS as sub-brand.

Let us add a short note: Already in 1938 the company Paul Raff (Para) got the helmet of antique goddess Pallas Athene and the name Pallas engraved on the backs of some watches. This may have inspired to new group Pallas.

"Whilst 1969 525 000 watches of the brand "Pallas" have been produced, that number went up to 1,36 millions in 1975. But during that period the production of watches in Germany has not grown. The turnover per Pallas employee is today 90 000 DM, but in the other enterprises 54 000 DM. The seven Pallas-Factories have 720 employees.

Gmünder Tagespost 15 November 1975

In 1965 the group UNIDOR was founded by merger of four companies, initiated by Emil Kiefer, owner of Kiefer-Expandro: Gebr.Kuttroff, Schätzle & Tschudin (brand FAVOR), Kiefer (Expandro) and Glauner & Epp. In 1966 the group was taken over by the dynasty Thurn und Taxis. Later on UNIDOR left the sector watches and watch bracelets and opened new activities in the automation of presses, an example of successful transition from watch making to modern precision technologies.

The last and most actual alliance of German watch manufactures is REGENT. That group included some companies which had already come to their end but were revived by young industrialists.

PFORZHEIM NOWADAYS – FROM PRECIOUS TIME MEASURING PIECES TO PRECISION TECHNOLOGY

Many enterprises of tradition were still existing for a long time "on paper", either in telephone or branch directories. In 1989 one could find Arfena, Exquisit, Cito, Bergana, Formatic, Habmann, Mars, Para, Zico.

In the year 2000 one could find the following names in the professional sectors of the Pforzheim directory: Aristo, Raff (Para), Habmann, Lacher (Laco), Raisch & Wössner (Ormo), Ziemer (Zico), Seitz (Sepo), Waldhauer, Zinner (Juta) Eugen Siegele (Eusi), Richard Bethge (ErBe), Eugen Bauer Nostrabauer (Nostra), Hermann Friedrich Bauer (HFB).

There were more names in the telephone directory. But the registrations are decreasing from year to year, or letters sent to those addresses were returned as undeliverable...

When visiting the actual samples exhibition "Schmuckwelten" in the renovated historical "House of Industries" you can again admire finest wrist watches with mechanical movements. Also gold watches, specialities of the branch, are present.

Among others you can find watches made by Egon Hummel, Ernst Mitschele (Ermi), H.F. Bauer, Hansjörg Vollmer (Aristo) and also Paul Raff (Para, Pallas).

Specialities of high level are produced by the small family enterprise of Martin Braun, based near Pforzheim. Influenced by his father's (Karl Ch.Braun) activities of many years in the watch branch Martin Braun was qualified as expert in the field of watch restoration. He organized well-known watch seminars and opened a watch production of his own in the year 2000. This small but fine manufacture launched mechanic watches with particular complications never seen before, one of them was named "Selene". He even had a watch movement of his own in his program, thanks to the integration into the Swiss group Franck Müller, based in Obwalden (Switzerland).

Nowadays more and more firms can be found under the style "High Tech" or "Precision technology", for example "G.Rau Innovative Metalle", "Forestadent (with own channel at You Tube)", "Beutter Premium Präzisions-Komponenten"

"TR Systems .- Systembereich Unidor", "Erich Lacher Präzisionsteile" und "Prefag Carl Rivoir founded 1954 as factory for small precision components, today traceable nder „Automobilbau, Automatisierungstechnik, Luftfahrtanwendungen, oder Medizin- Gerätebau-Industrie. It is interesting to mention that Pforzheim had two watch manufacturers with the name "Rivoir", the brands "Exita" and "Cosmos". Senior Carl Rivoir found his name inserted in the Golden Book of the City of Pforzheim, at the occasion of his 97th anniversary.

SHORT PORTRAITS OF SOME ENTERPRISES

(THIS SELECTION MEANS NO VALUATION)

ALP

This is a new start of the watch maker dynasty Lange & Söhne, just in Pforzheim, where else?

As a fugitive coming from Glashütte (DDR) Walter Lange, great-grandson of the company founder, found employment at the new production of watches opened by Ernst Kurtz, former manager of UROFA Glashütte, in Memmelsdorf. But then he moved together with his wife to the heavily damaged Watch Town Pforzheim, where a slow revival was already going on.

In Pforzheim Walter Lange fought his way through, simply and upright. So he was working at Lacher & Co. (Laco) whilst his wife, also a watch maker, found employment at DUROWE, the daughter company of Laco. Laco was also his base for launching new Lange watches. He ordered lots of 100 movements and 100 cases, assembled them at home after closing-time – sitting in the kitchen – and tried to distribute them together with his brother under the logo ALP (A. Lange Pforzheim).

Then he could re-open business relationship of pre-war times with the company ALTUS, his former supplier of wrist watch movements. Now he was in a position to sell complete wrist watches in Germany under the style "Lange, form. Glashütte".

According to his brothers Ferdinand opinion also Lange pocket watches should have a come-back. In the 60ths he opened cooperation with the famous watch factory IWC (International Watch Company). A text of prestige appeared on dials and movements: "A. Lange vormals Glashütte" but this was not a big success.

But later on, in the 90ths the famous watch brand A. Lange & Söhne reached its renaissance together with IWC. Nobody in the post-war times had believed in such come-back.

BLUMUS WATCHES – MUNICH / PFORZHEIM

Adolf Blümelink jun. was founder of that factory in Munich in 1919, based in the old city. Between 1924 and the late 80th wrist watches have been produced there, but movements and components were not of own make. Like most other factories the firm Blumus was usually buying such parts to assemble complete watches. The dials were printed "Blumus Genève". In addition to watches of its own production the company was also active in "Distribution of Swiss precision watches". In documents of the trade register, issued by the Chamber of Industry and Commerce, dated 28.03.1958, you can read:

"In our branch we are a medium-sized watch factory. Even Swiss companies of importance are of smaller size and have a lower production".

The company produced exclusively wrist watches. Here are some figures showing the development of the company:

    Year 1957   1 200 000 DM
    January 1958   17 000 DM
    March 1958   137 000 DM

The company's assets were 200 000 DM. The staff was composed as follows:
1 technical director
8 commercial employees
30 learned workmen
5 apprentices
4 salesmen

The production was organized in series of 100 to 500 pieces. Monthly output: 3 000 to 4 000 pieces. The company was producing on firm orders but also on stock. The production was organized in 10 steps.

In 1982 the company moved to Pforzheim, from now on managed by two partners: Rolf Nonnenmacher and Theodor Keller. The name Nonnenmacher is well known, we think of the Pforzheim company Kano, also Kanoco, managed by Karl Nonnenmacher. Another Nonnenmacher, namely Theodor, was owner of a factory of leather watch straps of reputation.

In 1987 we found in a Pforzheim directory "Blümelink Adolf, Inh. Heinz Enghofer".

ARCTOS

In 1923 the merchant Philip Weber founded a watch company in Pforzheim together with the Swiss watch technician Jakob Aeschbach. The company was working successfully and was growing, but they never produced a watch caliber of their own. Arctos, as the company was named later, have always used first class movements from German or Swiss manufactures. Besides movements from Pforzheim they have used also movements from Glashütte. To secure regular deliveries Arctos acquired shares of the manufacture UROFA. In fact: Weber acquired 20% of the UROFA shares thus saving the company from failure. In consequence he was appointed Vice Chairman of the supervisory board. His partner Aeschbach became member of the board.

Both companies, Arctos, as well as the later established firm Aeschbach secured sufficient quantities of the classical caliber 58/581, the famous space saving watch movement.

After the death of the founder Weber his son followed in the management.

In the German Society for Chronometry Weber had been known and was appreciated thanks to his collection of pocket watches. That collection passed on to Sparkasse Pforzheim-Calw which initiated expositions and published also a book about it.

Arctos finished its activities around 1995. It resurrected in form of a small firm named "Arctos Elite" (brand registering 2004 and 2005). Initiator of that remake was the son of a former technical manager of Arctos. They are offering a marine diving watch in classical design and equipped with a traditional automatic movement. Also the NATO watch appears in their program.

LACHER & CO.

In 1921 a small watch business was founded by Frieda Lacher. In 1924 Ludwig Hummel joined the company and was appointed commercial director. The brand name "Laco" was the abbreviation of Lacher & Co. In later years Hummel took possession of the company whilst the son of Frieda Lacher, Erich Lacher, withdrew his shares and founded a business of his own. That company Erich Lacher still exists under the style of Erich Lacher Präzisionsteile GmbH & Co.KG in Pforzheim. As per their own reports the activities comprised production of components for the watch industry, but also assembling of wrist watches. Later on they used the brand "Isoma".

From 1967 on the company was concentrating on branches like automobile industry, technique of security, electrical engineering and medical technique.

Ludwig Hummel himself had been active also in other fields in Pforzheim, so in 1939 he took charge of the company Wolff KG, founded in 1894, manufacture of silver plated articles, and changed it into a limited company (GmbH).

In old branch directories you can find the name Lacher three times: Lacher & Co., Erich Lacher and Frieda Lacher. In its earlier years the brand Laco has used a round logo (rising sun above the letters LACO), in later years the logo had only the 4 letters in the traditional antique characters, and from 1950 on the well known handwritten Laco has followed.

In the 50ths that logo was also shining on the new large building of the company.

In the earlier years Lacher & Co. was not yet specialized in wrist watches; they produced also fine pocket watches, similar to Stowa. One of the company's great achievements was the creation of the first German automatic watch, already shown as prototype at the Frankfurt Watch Fair in 1951, and offered in 1952 as "Laco Sport". In 1957 a wrist watch with chronometer movement, challenging the high level of the Swiss Watch Industry, enriched the line. A further progress war the launch of on ultra-flat automatic movement and, of course, preparation work on an electric and later Quartz watch.

In order to complete the Laco story it must be mentioned that the company Lacher & Co. AG as well as the sister company DUROWE were sold to the U.S,Time Company in 1959 (brand name since 1969: TIMEX), and in 1965 transferred to the Swiss Ebauches SA.

Lacher & Co. Manufacture of watches and watch cases, Pforzheim
Owner: Ludwig Hummel
The company Lacher & Co. well known in the international watch business started as a small workshop with 13 workmen. The owner Ludwig Hummel succeeded in developing the company into a watch factory producing wrist watches of high quality.

The plant completely destroyed in 1945 was re-contructed in 1948 in a most modern form and structure.

DUROWE (Deutsche Uhrenrohwerke) L. Hummel & Co., Pforzheim
Co-founder of the company was Ludwig Hummel in 1933 when four watch manufacturers in Pforzheim joined with the aim to finish the dependence on Swiss movement suppliers. At the beginning 50 persons were employed. With the growing quality the brand Durowe ranked as one of the leading German movements.

Destruction of the plant in 1945 and re-construction in 1950 are landmarks in the firm's history.

ARISTO OR THE BEST ONE

In 1907 Julius Epple founded a watch factory and ventured to participate in the business of the new generation of wrist watches. He had first worked in the jewellery industry as foreman, found a partner and opened the new company under the style of "Seitter & Epple". Their early brand name was "JE" followed by the brand "Aristo" that has been protected since 1935. Aristo is a name of antique Greek origin "Ariston" (the best) and has a touch of classic aristocracy.

As most Pforzheim manufacturers Julius Epple was first producing components for jewellery makers and changed then into watch cases and complete watches.

A production of movements of their own had not the importance of other Pforzheim producers. Finally, in the 90ths, they were forced to sell the enterprise due to the absence of successors. Many Pforzheim manufacturers sustained a similar destiny.

The brand Aristo was taken over by the company Ernst Vollmer & Co. GmbH & Co.

As consequence fine Aristo watches can again be had, mainly equipped with mechanic movements.

In 1998 the watchmaker's tradition ARISTO was newly started by Hansjörg Vollmer, a member of Ernst Vollmer GmbH & Co, a German family enterprise producing watch cases and watch bracelets. Hansjörg Vollmer acquired the right of brand and name. Since then he has produced mechanic pilot watches and chronographs using the synergies offered by the mother company: The new ARISTO watches "Made in Germany" are equipped with cases and bracelets produced by the company Vollmer. The brand Aristo is protected in 50 countries.

Published by the actual company ARISTO

When taking a look at the actual program of Aristo you will find it remarkable that besides watches with Quartz movement the offer includes also watches with mechanic movements. They use exclusively Swiss products, carefully assimilated.

That small but fine company with customers in more than 50 countries is now based at the address of the watch bracelet manufacture Ernst Vollmer. For some time already they have followed the Retro-Trend for mechanic watches, so their program of products includes sports watches, particularly in the style of pilot watches, but also in elevated design. Such are the possibilities leaders of a small firm can use if they are carefully observing evolution and spirit of time.

WALTER STORZ / STOWA-UHREN / JÖRG SCHAUER / DUROWE

It is good if a company is left from father to son by way of inheritance and the son finds a younger successor, even if this one is not a member of the family, but he continues the "classical" watch production in a traditional family spirit.

Jörg Schauer having been active in the development of new mechanic wrist watches since....undertook to take the management of the old Pforzheim watch factory Walter Storz in 1996, when the son and successor of the late founder, Werner Storz, wanted to retire for reasons of age.

Schauer started with the aim of continuing a name of tradition but mainly of developing and producing modern watches thus combining both levels. He found the occasion to incorporate a production of movements from a Pforzheim manufacturer

He combined that production with the new Stowa line, a fine prove of his love and enthusiasm for the field of watches.

"A continuous production of watches for more than 75 years
The story began with Walter Storz. In 1927 he founded his own factory. Starting point was his father's factory of clocks in Hornberg. First he tried to represent and to distribute watches from smaller Swiss manufacturers. In 1935 he established a production in Pforzheim, working in rooms rented for 3 years. In 1938 his own building was finished. The enterprise was growing. The brand STOWA – formed with the first syllables of the name Walter Storz – became worldwide a synonym of quality.

In the bombing of Pforzheim, on 23 February 1945, his factory building was completely destroyed. Due to the difficult situation in Pforzheim he made way for Rheinfelden and established there a building for production in 1951. Among other articles STOWA produced there also shock absorbers (RUFA) which are still used nowadays in movements of PUW and Durowe. In the meantime the building in Pforzheim was reconstructed und the production capacity of both factories was considerably increased. Nearly 50% of Stowa watches were exported to ca. 80 countries. In the early 60ths Werner Storz, son of Walter Storz, entered the company.

He was mainly doing the export business combined with tiring journeys to oversea regions. Werner Storz was successfully managing the business until 1996 when he retired and searched for a successor. It was found in the person of Jörg Schauer from Engelsbrand, who is continuing the production of Stowa watches, in the spirit of the founder and his family".

(quoted from Stowa website)

PORTA / PUW

Finding the way to own watch movements and watches ought to be easy for born Pforzheimers, but several of the well known watch personalities of Pforzheim had come from outside. They had to complete years of learning and collecting experience before they finally could set up in the town on Enz, Nagold and Würm rivers. One of them was Rudolf Wehner who became a Pforzheimer only in 1926. And just in the year 1929, the year of the so-called world's economic crisis (7 million unemployed) he bought an old watch business from Karl Drusenbaum, located at Karl-Friedrich-Straße 22 (since 1910 pocket watches "Drusus", later also wrist watches). So the born Saxon became head of the house and transformed himself into a Pforzheimer. His next step was the establishment of a production of ebauches in order to avoid the eternal problems with the suppliers of watch movements from Switzerland. They succeeded 1933, and already the first own product, the 8 ¾ x 12 form movement following the Eta caliber 735 proved to be a success for many years. In fact that mechanic movement, later named PUW 500 and slightly improved, could be supplied until 1958, it really set a record.

Interconnection between industry and entrepreneurs has always been existing, and for instance Philipp Weber watch factory (later Arctos) are said to have held important shares of PUW. After war and destruction, followed by the re-construction of Pforzheim, the activities of Rudolf Wehner finally resulted in a certain autocracy over the production of ebauches in Pforzheim. In 1950 a new brand of watches was created: "Porta", but Wehner retired and 9 years later the production of mechanic watch movements ended.

At that time PUW was the last producer of ebauches in Germany; in 1983 they produced 18 000 pieces per day, mostly Quartz-movements – an immense quantity for the German watch branch which, of course, cannot be compared with the enormous serial production in Far East.

Today the quality of PUW calibers with the typical soft winding mechanism is considered as "classical", and these calibers were even used in the so-called "Pforzheim Original Wrist Watch" which was presented in a limited number of pieces.

<u>Rudolf Wehner played a trick on the Swiss by breaking their system of export contingents.</u>
After his first professional career he went to Pforzheim and acquired a watch factory in 1929. All watch assembling factories in Pforzheim were forced to purchase watch movements in Switzerland. In 1931 the Swiss government passed new rules to fix quotas on the export of unfinished movements. In order to overcome that restriction some far-sighted manufacturers decided to start a local production of movements. Rudolf Wehner consequently founded the "Pforzheim Uhrenrohwerke PUW", assisted by two partners. That new branch of watch making had the necessary know-how, and special Swiss machines were indirectly imported to get around Swiss export restrictions.

Due to big demand for movements the factory was growing from 22 workmen (1932) to 150 (1933) and finally to 300 (around 1930). The bombing of Pforzheim on 23rd February 1945 stopped that evolution.

After the war Rudolf Wehner tried to reconstruct a factory, assisted by faithful employees and workmen. A provisional solution finally led to the opening of a new and modern building in Maximilian street in 1951, with 400 employees. That number was growing and reached 700 in 1964. Up to now 50 million of PUW movements have been produced.

At the occasion of his 75th birthday Rudolf Wehner was decorated with the German order of merit, a sign of high appreciation of his life-work.

Pforzheimer Kurier, 30.04.1979

PARA / PALLAS WATCHES

The company Paul Raff Uhrenfabrik is one of the really important manufactures of watches in Pforzheim, also known as Pallas-Uhren. Supported by their own factory in Far East they have acquired an excellent position in the B-to-B business, that means producing watches on firm orders of other companies. Para was convinced that common sales strategies could increase business, so he entered the groups Parat, Regent and Pallas. Their production of wrist watches started in 1927 and the brand PARA (ex Paul Raff) was registered in 1929. Due to the so-called Quartz crisis the company had to liquidate in 1979, but reappeared in a new structure. The company is actually being managed by members of the 4th Raff generation, thus representing the classical picture of a family enterprise.

HFB / ASTRATH

The business of Hermann Friedrich Bauer may be considered as one of the most important classical enterprises in the watch branch of Pforzheim. They produce watch movements, started a production of semi-finished components in precious metals. The trade with precious metals and a production of alloys for dentistry ended up in the foundation of second company in 1974. That new firm amalgamated with the old one in 2004, under the style of Bauer-Walser AG. Their activities in the watch business can nowadays be found under "Astrath H.F. Bauer Uhren und Ansatzbänder in Gold".

The actual production program of the new company Hermann Friedrich Bauer OHG is extended over
a) Movement frames Cal. 5 1/4" lever 17 jewels, Cal. Nr. B 525
Movement frames cal. 5 ¼" 10 jewels, Cal.Nr. B 568
b) Watch cases for wrist watches of all calibers, made in gold 585/000 and 750/000, also set with diamonds and precious stones, and rolled gold watch bracelets
c) Finished watches
The 5 ¼" movements and cases of their own production are exclusively assembled in the wrist watch department and sold under the logo HFB.

EPPLE / OTERO

Sizes and working methods of Pforzheim watch manufacturers, for example the Epple family.

In 1943 the Epple brothers separated (successors of the founder Julius Epple I). As consequence two new enterprises were founded, on one side the company Aristo and on the other side the new firm EPPO (for Epple Otto). Otto Epple established in addition a production of ebauches under the style Otero (for Otto Epple Rohwerke). At that time Eppo occupied 170 persons, whilst the sister firm Otero had circa 250 employees.

In 1951 the company names changed, in order to show a clear difference between the production of movements and the assembling of finished watches:
OTERO-Uhrenrohwerke (ebauches)
EPPO Uhrenfabrik Epple & Co. (finished watches)
Otto Epple is registered as owner of both enterprises.

ESZEHA / CHOPARD / KARL SCHEUFELE

Pforzheim is not only a place for production of jewellery and watches. Important international central ideas have been born and developed in Pforzheim.

A fine example of family tradition leading to an internationally successful brand is the enterprise Karl Scheufele.

Through apprenticeship and activities as a salesman Karl Scheufele had become an expert in jewellery and watches. In 1904 he succeeded in opening a business of his own. The production program was typical for that epoch: medallions, brooches, pendants and bracelets. A predecessor of wrist watches was the "ESZEHA watch clip", a technical solution to change pocket watches into wrist watches (1912).

After the war 1914/18 wrist watches started a triumphal march through the 20th century. Already in the early twentieths Karl Scheufele I produced jewellery watches for ladies with a particular aesthetic of that epoch.

In 1945 the factory in Pforzheim was completely destroyed by the bombing of 23rd February. Karl Scheufele II, as successor of his late father (1941) started the re-construction of the factory with the typical energy of a Pforzheimer, so that a production of watches could be organized as from 1948, not only of jewellery watches for ladies but also quite normal wrist watches in the styles of the prevailing fashion. In 1958, in the age of 20 years Karls Scheufele III is appointed CEO.

He had the idea of taking over a Swiss watch brand, old and well known but without succession, founded in 1860, based in Geneva. With the takeover of Chopard a new epoch of the Scheufele story began. Chopard acquired a top position in the sector of De Luxe watches, a continuation of the platinum and diamond set watches of the prewar period. The 4th generation of the watch dynasty Scheufele is now well established in Geneva, but also in Pforzheim a production of jewellery and watches is well running. The old Pforzheim firm of Karl Scheufele has become a world enterprise with 4 production places, 13 places of distribution and many jewellery and watch shops in most important cities of the world.

FAVOR WATCHES

Favor is one of the few old firms that have survived in a certain way. The brand was held by the families Schätzle und Tschudin. In 1909 they started a production of pocket watches in Weil a.R. Both families are of Swiss descent. The production was not important to judge from the rare documents of former times.

But they produced a watch movement of their own to equip their pocket watches. In 1920 the company moved to Pforzheim, occupied more than 20 people in 1925. And according to fashion and requirements they launched their first wrist watch in round form in1934.

In 1964 after the death of Emil Schätzle jun. the company joined the group UNIDOR, thanks to cooperation with Emil Kiefer, founder of the group. The brand is now in the hands of Kai Baumann, head of Schabl & Vollmer.

BERNHARD FÖRSTER / BF / FORESTADENT

The enterprise Förster has been one of the first producers of ebauches in Germany. After the war 1914/18 the company was growing and belonged finally to the most important manufactures of wrist watches.

Every collector has made the acquaintance with the Förster caliber 2075 or a very precise automatic movement. Like many other companies founded in the so-called "Gründerzeit" (1880 -1910) also Förster began with the production of components for jewellery makers, such as spring rings and clasps for chains. But he recognized the chance of producing an own watch movement.

Rolf Förster, grandson of the founder, died in 2016.He was leading the company to new branches of the future, such as dentistry.

The new company Forestadent, now managed by the 4th generation of the family, has branches for distribution in Europe, Canada and the USA. The exports go to more than 80 countries. Production is exclusively running in the Pforzheim factory with 200 employees.

WEBER & BARAL / W + B / PRODUCTION OF WATCH DIALS

Arthur Weber absolved a commercial apprenticeship at the company Gebr.Kuttroff where his father had worked as foreman. After some years of activity as salesman in Germany and in Switzerland he founded a partnership with toolmaker Heinrich Baral and opened a manufacture of pocket accessories, registered in 1921.

Thanks to an important order for child watches from the United States (without movement, but with dial and watchband) the new field of dial production could be started. The company was so creative and innovation-minded, that not only the watch industry of Glashütte but also other watch manufacturers became customers of Weber & Baral. The production specialized in watch dials made the factory grow so that ca. 600 workmen and employees were occupied in 1942. Five branch workshops could be opened and the number of customers grew to 250, with Lacher & Co. (Laco) as one of the most important. During the war they produced scales and instruments, in addition to watch dials. The terrible bombing of 1945 made a temporary end as the building was completely destroyed.

Like all Pforzheim manufacturers also W&B indefatigably began their reconstruction. In the 50ths the company expanded and acquired the firm Wilhelm Cammert as producers of cheaper lines.

Friendly connections with the manufacturer of watch hands Erwin Hermann, were maintained, a friendship between two creation-minded businessmen.

Partner Heinrich Baral had left the company already in 1945, and after the death of the founder Arthur Weber in 1966 his son Klaus Weber became head of the company.

In 1973 that old and traditional factory, nucleus of the production of watch dials, had to be closed. Only the building bought by a watch manufacturer reminds that history.

WILHELM BEUTTER / BERG – UHREN/BEUTTER PREMIUM, COMPONENTS OF PRECISION

The company was founded by Wilhelm Beutter in 1909. Like many other watch firms also Beutter started with a production of components. A production of gold medaillons finally led to wrist watch cases, followed by finished watches. The brands were "Berg", later also "Bergana" and "Aquarex". Completely destroyed in 1945 the Beutter company made a new start with wrist watches and, as second sector, components for precision engineering. On the 1st of December 2004 the company changed from "Wilhelm Beutter GmbH & Co.KG, Fabrik für Uhren und Feinmechanik" into "Beutter Präzisions-Komponenten GmbH & Co. KG", as subcontractor in precision engineering. Customers were found in Medical Technique, Aviation, Space Travel, Military Technique, Engineering Works and Measuring Technique. The production of watches was concentrated on Gold and Titanium.

BRUNO SÖHNLE – PFORZHEIM / GLASHÜTTE

The company Gebr. Söhnle, Wurmberg near Pforzheim, originally acting as importers, opened a production of clocks in the late 50ths. Today Söhnle is one of the suppliers to the Regent group. After the reunification of Germany the company started a production of special wrist watches. To that purpose they opened a branch in Glashütte so that their watches could be marked with that famous name. Also a series of mechanic wrist watches has appeared on the market, equipped with a classical visible winding mechanism but also with automatic movements.

RICHARD BETHGE / ERBE / BETHGE UND SÖHNE

This is one more of the typical Pforzheim family enterprises, today managed by Alexander Bethge, member of the 3rd generation. Founder Richard Bethge had gone through a typical professional career: Born in 1905 in Sachsen-Anhalt he passed through a watchmaker's apprenticeship and several professional positions, mainly as inspector at the important watch factory Bidlingmaier in Schwäbisch Gmünd. In 1928 he left that company, went to Pforzheim and was accepted by the manufacture Wilhelm Beutter as supervisor of the production of "Berg" watches and responsible for the formation of apprentices. So after having passed the examination for master craftsman's diploma in 1939 he had all preconditions to open a factory of his own after the war.

It is interesting to report that his firm was growing from 7 to 100 employees.

Here some examples of wages paid in 1954: 50 DM in the first year of apprenticeship as watchmaker, 60 DM in the second year and 70 DM in the third year. The company was flourishing and produced wrist watches under the brand "ErBe".

From 1951 to 1974 Richard Bethge was chairman of the guild of watchmakers, and he engaged himself also for the foundation of a watch maker school.

ICKLER / LIMES / ARCHIMEDE / DEFAKTO / AUTRAN & VIALA

Also the company founded by Karl Ickler in 1924 belongs to the classical Pforzheim family enterprises, today managed by Thomas Ickler, member of the 3rd generation.

The company's speciality has been the watch case. This has enabled the company to start production of so-called "private label" watches, sold under the flag "Limes". Further brands followed, for example "Archimede" (2003). Watches bearing the brand ""DEFAKTO" can be supplied alternatively with Quartz or automatic movements. But watches of the new brand "Autran & Viala" (in memory of the Pforzheim history) are exclusively equipped with Swiss Ronda Quartz movements.

ASSOCIATION = UNITED FORCES

The actual professional association "BV Schmuck + Uhren" has a long and changeable history. Many famous manufacturers of watches have led and accompanied that association through positive but also difficult times. A first Union of watchmakers was founded in 1911. But after world war 1 the manufacturers of watches founded an Economical Association of the German Watch Industry, in order to support their common interests, mainly in face of the mighty Swiss Watch Industry. The continuation was a "Professional Group Watches & Watch Cases" in 1933. After the war in 1947 a professional union was founded and officially registered in 1948.

This was the first competent partner for negotiations in those difficult times. That union turned into a real association of watch industry: VDU with several branches in Germany, one of them in Pforzheim.

The Pforzheim Permanent Samples Exhibition, already known before the war and located in the so-called "Industrie-Haus", could re-open in 1953 as a representative showroom for press and commerce.

The actual BV Schmuck+Uhren has been organized in 1999 by way of fusion between the associations of watch and jewellery makers and the Black Forest Watch industry association. Its official denomination reads: "Federal Association of German Industries of Jewellery, Watches, Silverware and related Industries e.V." based in Pforzheim, a fixed point for the newly growing German watch industry and its relatives: Precision industries.

PRACTICAL PART TYPES OF WATCHES

COMPLICATIONS

Here we do not refer to the often difficult living together in marriage (particularly if one of the partners is collector of old watches!), but we have in mind watches with particular qualities in addition to the usual indication of time. Here are some classical complications: chronographs, chronometers, alarm clocks, stop watches, particular indication of calendar, indication of run reserve, indication of moon phases, indication for two or more time zones. In a certain sense also watches with automatic movements can offer complications.

Almost none of such complications could be achieved by German watches of the earlier times. The Parat group introduced their calendar model in 1951. It has an additional hand indicating the rotating numbers as days. A quite simple solution, distinctly pointed out in the group's publicity. The interest in real complications was rather limited, for the manufacturers had other trouble and problems in post-war Germany. Some years later Calendar watches became standard. Automatic movements appeared in 1951, Bifora and Laco have been the first producers, other manufacturers have followed. Even Kienzle with his cheap movements did not close the eyes to the trend and developed, rather late, his so-called "peoples automatic", a normal construction with rotor, but with only 17 jewels to keep costs low. Life of such watches was shorter compared with 25 jewels movements. Nowadays chronographs have proved to be very popular due to a switch on / off hand for measuring, mostly combined with a 30-minutes counter. Standard equipment includes a small second. Sometimes they produced also a

12-hours counter. The large hand allows measuring speeds (so-called Tachymeters), distance (so-called Telemeters) or pulsations.

Before the war Urofa supplied a real chronograph with his caliber 59, also Hanhard offered something similar. Bifora dared produce a prototype, but no serial production started. A. Lange und Söhne made obviously a few pieces for a special military purpose.

After 1945 Junghans has offered a chronograph likewise. That Junghans pilot-chronograph in a design of 1955 was re-launched in 1998 in a series limited to
1 000 pieces. It was equipped with a still existing Swiss movement with hand-winding mechanism. In the years after the war also Hanhart has again produced a chronograph.

Unusual qualities produced by German manufacturers worth mentioning are stopwatches with short term memory, as offered in the 60ths. In Germany for example Laco produced together with the sister company Durowe such round wrist watches (Caliber 471-4 "Min-stop") very suitable for parking, kitchen work etc. Also Stowa had something similar in his program.

And, who would have thought of it, even global time watches appeared on the market of specialties, for example "Horometer" by Arctos with an interesting dial, or a similar model by Stowa, offered around 1955. Of course, these products followed the international watch fashion dominated by the Swiss watch makers. In the 70ths GUB in the old DDR offered a (simplified) global time watch equipped with the automatic caliber 75.

In the years after the war Junghans and Hanhart were offering even alarm wrist watches equipped with movements of German make. Many watches of earlier times but also of post war time were sometimes proudly offered as "Chronometer", "Chrono" or in French "Chronomètre" on their dials, without really being classical chronometers, because the running has never been controlled. Real chronometers must be controlled by special institutes and provided with a certificate, as supplied by Junghans (Cal. J82/1,J85 and J83 automatic) and also by Bifora with its Unima-Caliber 120.

Also Kienzle offered something of that kind, called Superia-Chronomter with caliber 081/21, a real classical lever movement with 21 jewels, a contrast to the simple pin lever movements of earlier times.

Pforzheim watch manufacturers were hurrying to follow the evolution, and they offered at least one type, the Porta Chronometer. Also competitor Laco joined in the new trend and produced a similar model. The firms Eppo, Exquisit and Blumus submitted such watches to the Control Institute in order to obtain certifications as chronometers. In the old DDR the caliber 70.3 was produced.

We want to draw reader's attention to a further speciality: watches for the blind, produced by Stowa and Sinn. After unfolding the glass one could touch a tactile dial surface allowing the blind to read the time.

By the way: Disabled people – the author found a note in the Watch Makers Review (No. 13, 1950):

"Arm amputees in watch maker profession To complete our essay published in No. 11 under the above headline the company Wilhelm Speer, Hamburg 1, Kleine Johannisstraße 4, informed us, that they can provide patented wrist watches which enable the amputee to put his watch on and off very quickly."

IMPROVEMENTS

Improvements are not limited to cooking. Also watch movements offer some tasteful discoveries to the connoisseur. Fine regulation suitable to adjust a watch to the second belongs to it. In Germany that procedure has been practiced on top qualities of the 50ths, offered by Junghans and Bifora. Both companies belonged to the middle class (as the majority of historic watch firms) but had the courage to gain those special qualities.

Such improvements are a matter of course in modern mechanic wrist watches, but also their prices are finely "adjusted"...

SOME OF THE MOST FREQUENTLY PUT QUESTIONS ABOUT GERMAN WATCHES AND WRIST WATCHES IN GENERAL

SPECIALTIES

MILITARY WATCHES
Military watches were round with a black dial and well readable fluorescent figures. They were produced by almost all German watch manufacturers, but equipped with different movements.

OBSERVATION WATCHES
Such watches are made for extremely precise time measuring. Therefore they are mostly equipped with special Swiss movements. But some types have improved German movements.

PILOT WATCHES
They are similar to above kinds, but they often have a larger diameter so that they can be worn over the sleeve. Some of them allow controlling the angle of position.

CAR WATCHES
In the 50ths German manufacturers launched watches decorated with motorcar motives, partly on the dials, partly on the case back. Some of them could show the successful achievement of kilometers. Best known was the VW-watch which was handed to proud drivers having completed 100 000 km. It was a round serial watch produced by Mauthe. Watch maker Richard Feil even created a wrist watch in the form of the VW-"beetle", but only three prototypes were made.

In a certain degree car watches have again become a popular subject. Important car manufacturers in our country (Audi, BMW, Mercedes, Porsche, VW) have incorporated wrist watches in their lines of accessories, mostly watches of sporty style. Some of them create their own design, and the happy buyer can insist that his watch was designed by the famous car designer xyz...

(Table 10 Manufacturers of army, pilot, observation, marine and deck watches)

WHAT DOES THE NAME "ANKER" (LEVER, BALANCE) MEAN?
On many German watches of all times one can find the inscription "Anker". This is not the name of a producer but simply a denomination of quality. We must remember that cylinder and lever movements have been produced simultaneously for a long period. Production of cylinders is rather economic, but precision of such movements leaves to be desired. And in order to show that one had a quality the name "Anker" was printed on the dial. This could lead to misunderstandings if nothing else was written on the dial.

But in the last 90ths the situation changed when a German manufacturer offered cheap watches under the brand name "Anker". An important German mail-order house has supplied wrist watches with the name "Meister-Anker" for decades. These watches were produced in the old DDR. The former indication of quality "Anker" had turned into a brand name.

HOW CAN A MECHANIC WATCH RUN?

A wound up spiral spring provides energy. That energy is conducted through a system of various toothed wheels to the monometallic balance which transfers the time impulses rhythmically through the so-called lever to other toothed wheels. The spring supplies its energy in controlled quantities, sufficient for 24 hours. A certain reserve remains, but precision is then increasingly reduced. Therefore it is recommended to wind up the watch every day.

WHAT IS A "CALIBER"?

Not only criminalists use that expression to indicate the size of their firearms. But in the watch industry it indicates – according to Hottenroth – form and size of a watch. More precisely it means size of a watch movement. The word "caliber" is of Arabic origin.

In the field of wrist watches some calibers have become standard: Ladies wrist watches are mostly equipped with 5 ¼''' movements, gents watches from 8 ¾''' to 10 ½''', and watches with form movements have 7 ¾ x11''' or 8 ¾ x 12 lines. In the late 50ths larger round movements were used to equip chronographs, pocket watches and stop watches, between 16 and 19 lines to obtain a higher precision.

WHAT IS A "ROHWERK (EBAUCHE)?

Ebauches are produced by important and big manufactures and supplied to watch factories for assembling and casing into their watches. Sometimes certain series can be reserved to important customers and marked accordingly on the bottom plate.

WHAT IS A "SOLID" MOVEMENT (MASSIVE MOVEMENT)?

Some types of movement, mainly very cheap constructions, had small pillars to support the upper parts. They were used for very cheap types of watches. Movements of better quality were equipped with solid plates

WHAT IS A "FORM" MOVEMENT? (SHAPE MOVEMENT)

Watch movements are either round as they have been used in pocket watches for decades, or they follow the shape of rectangular watch cases used since the birth of wrist watches. Shape watch movements can be rectangular, or shaped up as a barrel, or with facetted edges, every shape is possible, except a round one. It is surprising to discover that many old wrist watches of rectangular shape are equipped with a round movement. On the other hand, round watches have sometimes shaped movements.

WHY DO WE MEASURE WATCH MOVEMENT IN "LINES"?

Lines are a very old French measure of the foot (king's foot). One line of Paris corresponds to 2,2558mm, rounded up to 2,26mm, and the line is abbreviated by the sign "'''". As the watch making art has been very conservative, by tradition, that old measure remained in force.

WHY MUST A WRIST WATCH HAVE "STEINE" (JEWELS)?

Wheels of a watch may be compared with wheels of a motor car: both of them must run in wheelset bearings to assure a permanent oiling. Stones in a watch, also named "jewels" or "rubis" have the function of bearings. In former times mostly precious stones were used (rubies), from the 30ths on more and more synthetic rubies or sapphires became standard. The stones have boreholes to take the pivots of wheels and to keep a reserve of oil. Regular oiling of a watch is very important. Shortage of oil in a movement leads to inaccuracy or even to a complete stop of running.

In the 70ths an old watchmaker's dream was fulfilled: self-oiling bearings made of synthetic material.

There are watches with 15 jewels, sufficient for a long period, followed by 17 jewels, sometimes even 21 jewels, but 17 jewels are considered as acceptable to maintain a good quality of running. This refers to lever watches. Cylinder and pin lever watches have less jewels and cheapest movements do not have jewels at all.

HOW CAN I SEE THE DIFFERENCE BETWEEN MECHANIC WRIST WATCHES AND WATCHES WITH QUARTZ MOVEMENTS, AT FIRST GLANCE?

Have a look at the second hand. It can inform you on the type of movement: If it is running regularly you have a mechanic watch before you. But if it is jumping in steps from second to second the watch is running with a quartz movement.

WHAT IS A "SCHNELL-SCHWINGER" (FAST VIBRATOR)?

This is the name of wrist watch calibers with 36000 vibrations. Watch movements run with a fixed speed, in earlier times measured in half-vibrations, later on the speed was indicated in Hertz. Older movements, for pocket watches as well as for wrist watches, were running with 18000 half-vibrations. As novelty exclusively used for wrist watch calibers a faster movement with 21000 half-vibrations was launched, surpassed only by the rare vibrators with 28000 vibrations.

The above mentioned high speed vibrator produced better precision but higher wear and tear and consequently disappeared from the watch market.

WHAT IS A "GANGRESERVE-ANZEIGER" (INDICATOR OF POWER RESERVE)?

This is a devise indicating the possible time of running of an automatic movement. In the first years of automatics watch makers have been skeptical so that the indicator was often used.

DO YOU HAVE "HEMMUNGEN" (INHIBITIONS)?

The German word "Hemmungen" means "inhibitions" in English, but in the watch making language it means "escapements". It is a component that chops up the energy supplied by the spring into short sections of time so that one winding up in the morning is sufficient at least for the whole day. The craftsman wants to point out the Swiss lever escapement, essential for mechanic watches of high quality. The oldest system was the cylinder escapement, not very precise but prone to break down. A further version is the pin lever escapement showing a quality level between lever and cylinder.

IS A BALANCE WITH SCREWS REALLY AN INDICATOR FOR HIGHER QUALITY OF MOVEMENTS?

Certainly not in our time, for the watch technique has already found a way to do watch making without the screws as regulators of weight on the balance. Screws are no longer indicators of quality, but some manufacturers are still using them, just for tradition, in spite of the progress made in modern metallurgy

DESIGN, EQUIPMENT, DETAILS.

CLASSICAL DESIGN

between "Sachlichkeit" (objectivity) and changing taste for decor:

From the 20ths to the 80ths all international styles and their evolution have been taken over by the German watch industry, from the late Art Deco and modernized-simple forming, over mass taste of the post war time to the shrill products of the 70ths. Real extravagant forms as shown on American wrist watches can seldom be found. Forms like "Curvex" or very unusual studs are rather rare in our country.

CREATORS OF GERMAN WRIST WATCHES

Design and creation of watches in Pforzheim were rather done by skilled workers in a handicrafts way. A new idea, seen in a trade fair, was realized in form of a massive block of brass. This was, of course, a contradiction to the method of creation used in the American watch industry where freelance professional designers have regularly been occupied.

Rather late, in the 60ths, the German watch industry learned to estimate the creative work of independent designers, mostly graduates of the Pforzheim College of

Arts and Creation. Also famous designers from outside found their jobs in the watch and jewellery industry of Pforzheim.

In 1956 the Union of watch manufacturers of Pforzheim invited tenders of creation to a competition of watch designing. And in 1964 the Hannover Fair honoured the golden wrist watch No.1322 made by the company Adolf Gengenbach as winner of the competition "The Perfect Industrial Form". Its brand name was "Mars", but some years after the dead of Adolf Gengenbach the company re-appeared under the style of "Jean Marcel".

A famous designer, Max Bill, has been trend setter in watch dials, in cooperation with Junghans in Schramberg.

Also the famous designer Luigi Colani influenced the trend in wrist watches.

In 1972 Ferdinand Alexander Porsche opened a studio for industrial design in Stuttgart. His "Porsche design" was used by IWC, later by Eterna which was consequently taken over by the Porsche enterprise.

Special Trade Fair Watches and Jewellery

The German Watchmaker's Review reported in September 1994 about watch novelties presented by EPORA: 10 ½" lever movement with small second, shock absorber EXITA.
by Paul Raff: Influence on style of German modern wrist watches
by Lacher & Co.: Sport watches, waterproof, shockproof, antimagnetic
by Philipp Weber: Floralia ladies watch, Golfer and Global Time Watch
by Porta: Camping watch with shockproof movement, skeleton watch waterproof, smallest ladies wrist watch 5" offering a running time of 48 hours
Also visitors from foreign countries were agreeably surprised by the variety of watches.

ALTERATIONS OF STYLE

Tonneau shape was followed by the classical rectangle, then again tonneau shape,
 then the square shape, again the rectangle in longer form with special attachments.

Specialities are horizontally striped attachments, curved glasses and curved watches, the name "Curvex" appeared in USA. Then round watches with different attachments conquered the watch market, square watches followed.

In the 60ths large cases in curved square form were derivations with round glasses, special forms followed in the 70ths, for example horizontally formed watches with digital display. Further examples of watch fashion were the mini-alarmclocks with pull-out cases.

ALTERATIONS OF SIZE

Whilst the first wrist watches had mostly round glasses and dainty tonneau cases, around 1931 the rectangular forms got larger. Solid cases appeared, similar to the actual watch fashion. A period of miniaturization followed, but in the early post-war time those watches were really too small to fit wrists. The last rectangular forms were again growing and getting longer around 1951, and finally square forms appeared.

And now a triumphal march of round and large watches began.

Hottenroth wrote in his book "The pocket and wrist watch" volume I, 1950:

"Forms of calibers are subject to the change of time, or rather to fashion. In the post-war time there was a growing demand for large round calibers (13")."

Round watches of the 50ths are indeed too small to be to the actual taste, they were rather watches of "boy's size". For a short period around 1949 watch fashion was favorable to very large round watches. These watch cases had to be filled with metal frames around the movement. Normal round watches were again growing in the 50ths/60ths but they do not correspond with our today's conception.

FROM CASES WITH HINGES TO SCREWED CASES

Watch cases of earlier times, either round or tonneau form, generally had a back with hinge. Same conception can be found in rectangular watches with round movements. But rectangular watches with shaped movements were mostly equipped with two-part cases, the upper part with the glass and the put-on back with the cased movement. Such cases must be opened by means of a watchmaker's knife and leverage force. Some years later screwed cases came into fashion. For opening one needs a key. Waterproof cases have had a big success already in the 30ths. Different methods were used to obtain tightness. Many watches with screwed backs were marked "water protected" and not "waterproof".

ATTACHMENTS AND BRACELETS

Connection of a watch to a bracelet is realized by means of so-called attachments. These are more or less prolongations of the cases and they often have the form of two little horns. Between the horns there must be either a fixed stud or a spring bar for fixing the strap or bracelet.

Shapes of attachments and end pieces of metal bracelets have followed the watch fashion. Also the forms of clasps of leather straps are changing. In the 60ths/70ths elastic metal bracelets have had a great time (Fixoflex, Elastofix, Expandro), in later years they were relieved by link type bracelets and by Milanese bracelets, mainly made of stainless steel. For a certain period the watch fashion preferred the so-called Rally-Look, metal bracelets made of two curved halves with round or rectangular holes, thus producing a sporty appearance.

For many decades manufacturers of straps have mostly been using real leather.

WATCH DIALS

The very first wrist watches were equipped with enamel dials, but in the following years printed dials have generally been used. At the beginning dials had black numbers in Antiqua types, only the number 12 was printed in red colour, as used on pocket watches. Typical "Art Nouveau" numbers were used until the beginning of the 30ths. Around the 50ths the numbers on dials followed the typical trend of appearance in that time, and the numbers were replaced by lines, points, triangles, leafs. And in the 60ths only strokes were generally used. In addition to white dials also coloured ones were produced, also in gold or cupper colour.

<u>Small second</u>
 The small second was a must on classic rectangular wrist watches. It was placed above the number 6, mostly with round indications of 15 30 45 60.
<u>Center second</u>
Placed in the center together with minutes and hours hands the center second came into

fashion in the early 50ths. These hands were designed in a certain variety from arrow shape to fully red versions.

WATCH HANDS

A large variety of shapes is typical in the history of watch hands. Early hands had the form of flourishes, later followed by "cathedral" hands. The "modern" shapes were mostly oxidized in blue. Also so-called "Breguet" hands have enriched the family of hands. For a certain period simple forms filled with fluorescent colour came into fashion. Around 1955 the so-called "Dauphine" hands were successfully used.

At the occasion of repair or re-construction of an old watch it is a problem to find suitable hands in the immense variety.

WATCH GLASSES/CRYSTALS

Simple glass has been used for the production of watch glasses, also plexi-glass or mineral glass. The early suppliers ("Sternkreuz" and others) had edited voluminous catalogues showing all forms and sizes, from which the watchmaker could select the suitable one. Older watches are mostly equipped with plexi- or cellon-glasses, but that material gets easily scratched or yellowed.

(Technical Data – Table of movements
Tables 11 to 43 Historic suppliers of lever movements)

PRACTICAL ADVICE FOR COLLECTORS AND ENTHUSIASTS HOW TO LIVE WITH HISTORIC WATCHES

RESEARCH

Old wrist watches can be found on a watch exchange, on flea markets, in circles of friends and families and sometimes by chance in small, old watchmaker's shops.

You are, of course, not the first customer asking for them, but it is sometimes almost a miracle, that intensive insisting can be rewarded. Old watches in original state (NOS = new old stock) neither sold nor used, are much desired.

Sometimes one can find a wreck forgotten and not claimed by a customer which can turn into a positive surprise.

Today small places on the countryside have been discovered by other collectors. In spite of that positive surprises are not excluded. A journey across German provinces can help to enrich your own collection of old watches, as gladly experienced by the author.

MAINTENANCE

Regular cleaning and oiling is a must to be organized. The costs can be rather high if it is about a large and permanently increased collection. Watches that are regularly used should often be cleaned with a cleansing towel, as sweat can attack the back of a watch. This can have bad consequences as you can study on old wrist watches of the 30ths. Backs of such watches were not made of stainless steel, so they are often badly damaged. Sweat can even attack watch dials!

PRESENTATION

HOW TO PUT YOUR TREASURES?

A simple method for beginners is hanging up the watches through the clasp. That unnatural position could be a disadvantage for precision of running. Or a watch could lose oil with negative consequences.

For presentation and protection from dust a display case is recommended.

SURPRISES FOR INEXPERIENCED BUYERS

Be careful when buying on flea markets. The outer appearance is one side, but it is recommended to have a glance to the inner part of a watch. It is perhaps equipped with a cheap cylinder or lever movement with only 7 jewels.

HOW TO ASCERTAIN THE AGE OF A WATCH (FOR BEGINNERS)

If you find three red points on the back of a movement you may be sure that it is at least a 15 jewels version. It is a movement produced in the prewar period, because movements with 17 jewels appeared only in the 50ths. The age of movements can also be found out if they were gold-plated (only practiced in early years). Also some writing on the top balance end piece can help.

In Germany shock absorbers have been used very timidly and relatively late, from the 50ths on. A lot of shock absorbers exist in the watch business, also German ones. German manufacturers used them to avoid licence fees for the classical Swiss "Incabloc". German shock absorbers are not so perfectly constructed as Incabloc.

BRAND PRODUCTS WITHOUT BRAND MARKING

In the early years of wrist watches no names appeared on the dials. And names of models were introduced much later. Watch manufacturers began printing the company's name on the dial, and the typography changed from time to time. This is also of some help for collectors in analyzing the age of historic watches.

TYPOGRAPHY ON DIALS

At the beginning "Antiqua" characters were used, handwriting letters were printed later, only then self-designed logotypes were used. Also the logos of watch case manufacturers changed with time and fashion of designing, clearly seen on the example of Rodi & Wienenberger (R&W, ROWI). First logos were engraved in manual way. Engraving stamps were used later, bus they also changed from time to time due to new styles of designing.

HOW TO SUPPORT IDENTIFICATION - INVESTIGATION OF NAMES, NAMING OF MOVEMENTS AND WATCH CASES

On a German watch (of Pforzheim origin) one can often find several signatures. This can be explained: One signature indicates the general enterprise, another means the manufacturer of the case, but what about the third?

This must be considered independently of the producer of the movement. Some manufacturers of movements had a mark of their own, but they sold their movements to other enterprises in Pforzheim and other places. Case manufacturers from Pforzheim did so likewise and they often supplied to Swiss watch manufacturers. So one could find, for example, a signature on a case back as follows: <u>R&W acier,</u> or <u>Fond inoxidable</u>

The marks on a case are often the only indication of the place of origin, if there is no name on the dial and the watch has a Swiss movement. German watches were often equipped with Swiss movements, in particular with the ETA form movements caliber 717. The Swiss were used to engrave that number below the balance, thus helping to identify the origin.

IDENTIFICATION OF MANUFACTURERS OF MOVEMENTS

Many producers of the 30ths/40ths did not mark their movements at all or only on the side to the dial, so nothing can be found out at first glance. Collectors sometimes have problems with the identification if movements are marked only Swiss - Swiss made - 15 rubis

Best help is a good knowledge of common round and form movements.

Only in the later post-war time manufacturers used to mark their name and the number of caliber below the balance.

ALTERATIONS OF MOVEMENTS

Some common calibers, well known by collectors, had to go through considerable alteration during their production periods. The basic form did not change, but sometimes plate and bridge were modified in details. For example: The current caliber PUW 500 was modified on three points. Also the treatment of surface changed: to protect from oxidation movements were gilt, later silver plated, rhodium plated or chromium plated.

Sometimes a modified movement keeps its old number, and this can provoke confusion.

FAMILY OWNED WATCHES CAN TELL HISTORY

In many families you can meet grandfather's watch or mother's little bracelet watch, which could turn into a treasure trove. But these are in most cases neither Rolex nor Patek Philippe, but simple "Anker" watches without particular qualities, pieces of yesterday's mass production. You sometimes can perhaps find a real old pocket watch, perhaps a Kienzle with nicely decorated cases, but inside with a terrible pin lever movement. Really old watches of pre-war times are seldom found, due to chaos caused by war. And do not forget that in the 70ths lots of "old junk" were thrown away. Also watch maker's shops followed the trend of clear out during the euphoria of Quartz watches, and many mechanic watches disappeared from their stocks.

A GOOD WATCHMAKER – A PROTECTING SPIRIT OF A COLLECTION

It is a matter of course – a watch which does not run needs an expert's help. Nowadays it is difficult to find small watch maker's shops which can repair watches in the traditional way of manual craftsmanship. For exchanging batteries you do not need the help of a learned craftsman. But there are important differences of prices for manual repairs, mainly for obligatory cleaning and oiling. These two operations are the main problem with historic watches. And in watches that have been lying on stock for a long period oil is changed into resin.

RESTING MEANS RUSTING – WHY FINE OLD WATCHES SHOULD BE WORN

Don't be afraid of antique watches – they should take part in our daily routine. Even if they are not equipped with shock absorbers you may wear them without problems. But their enemies are dust and humidity.

A freshly overhauled watch is at least cleaned and oiled. But oil can only fulfill its task if the watch is being worn or at least regularly wound up. Intensive sunbathing should be avoided in order to prevent oil from evaporating.

But watches are sensible to changes in the weather, and in extreme conditions they can deviate several minutes from precise running. Modern watches are less sensible, most probably thanks to better spirals and higher running speed. The charm of old watches lays in their reliability and their characteristics, and that may be compared with veteran cars or with particularities of loved women.

Old watches are partners and faithful companions, living beings which must be treated lovingly and carefully.

GRATITUDE

For further informations see german text.

KARL REXER

Spezialität: UHREN- UND UHRGEHÄUSEFABRIK

7530 PFORZHEIM · Sofienstraße 29
Postfach 1470 · Tel. 07231 / 1 50 86, 1 50 87 · Telex 07/83892

Als Geschenke stets willkommen
Ehr-Uhren werden gern genommen

Manfred Merkle
Uhren-Fabrikation
7531 HUCHENFELD-Pforzheim
Falkenstraße 13 · Tel. 07231 / 8 86 23

formatic

KHARDT & CIE.
UHREN-FABRIK
GOLD- UND SILBERWAREN
GEGRÜNDET 1872
PFORZHEIM
WILFERDINGERSTRASSE 30

ELCONA und BCP

HARMS
...und Edelstahl in ...bänder, Lederbänder

RICHARD BETHGE
UHRENFABRIK
PFORZHEIM-ISPRINGEN

CHROM
DOUBLE
GOLD

rbe

Zur Deutschen Industrie-Messe-Hannover   Messehaus Block „B", Stand 440

MONTRIAL-UHRENFABRIK · KURT STAHL
D-7530 PFORZHEIM P.O.BOX 1712
Bismarckstraße 56 · Telefon 23436
Armbanduhren in allen Kalibern und Metallen

Montrial

LUDWIG ZINNER
UHREN-FABRIKATION
PFORZHEIM
Juta
WESTLICHE 10 · TELEFON 1 41 79

AUGUST HOHL
PFORZHEIM
Telefon 2685

Spezialfabrik für:
Armband-Uhrgehäuse
Kleinstuhren für Uhren u. Optik
Automaten-Durchlässe bis 25 mm

OHA

SCHAUFELBERGER & CO.
Uhrenfabrik
Pforzheim
Luisenstraße 29, Fernruf 31 37

Feiss & Co.
UHRENFABRIK
FELSUS
7530 Pforzheim · Blumenheckstr. 9 · Telefon 2 47 63
Spez.: Automatische Uhren in allen Metallen

„Goldene Medaille"
Welt-Ausstellung
Paris 1937

Die elegante Qualitäts-Uhr für den Fachmann

LACO

LACHER & CO.
INHABER Ludwig Hummel
PFORZHEIM i. B.
Uhren- und Uhrgehäusefabrik
Jahnstraße 21

Verlangen Sie von Ihrem Grossisten die LACO - Herbstneuheiten

---

ARISTO-Uhrenfabrik,
Eppla Julius KG, 753 Pforzheim, Sachsenstraße 19

E. GÄCKLE & CO. · PFORZHEIM
Gartenstraße 19.21 Fernruf 21 71
Uhrenfabrik
Spezialität: Rohwerke und Armbanduhren

SCHATZLE & TSCHUDIN
PFORZHEIM
KELTERSTRASSE 4
FABRIK FÜR TASCHEN- UND ARMBANDUHREN
FAVOR

WEKA UHRENFABRIK
WALTER KRAUS PFORZHEIM
Weka

UHRENFABRIK KG PFORZHEIM
RTA

MP UHRWERKE ...wehner

ERNST MITSCHELE
UHRENFABRIK
PFORZHEIM, Karolingerstraße 18
Armbanduhren, Anker - Cylinder

Uhrmacher oder Remonteure
welche als Gangsetzer an Ankerwerken
5¼" bis 8¾–12" sauberst arbeiten
können, per sofort gesucht.
Gefl. Offerten an
WILHELM BEUTTER · UHRENFABRIK
Rosenfeld Kreis Balingen (Württ.)

1921 50 Jahre 1971
im Dienste der Uhrenindustrie
HERMANN BECKER KG
Uhrenrohwerke · Armbanduhren
7531 Dietlingen / 7530 Pforzheim
Friedenstr. 16 / Güterstr. 14
Tel. 0 72 36 / 323 / Tel. 0 72 31 / 51 16
Telex 07-83789
Diese Zeichen bürgen für Qualität
CLIPPER H/B MADDOX

HERM. FRIEDR. BAUER KG.
UHREN- UND GOLDWARENFABRIK
Goldbanduhren in jeder Breite u. Ausführung
14 ct. und 18 ct.
Armbänder und Uhransatzbänder in
8 ct. - 14 ct. - 18 ct.
7530 PFORZHEIM
OSTENDSTRASSE 12
Fernruf (07231) 27231-33 · Fernschreiber 783706

Ernst Wagner O.H.G.
UHRENFABRIK · PFORZHEIM
DAS ZEICHEN FÜR QUALITÄT
Verkauf nur durch den Großhandel

Pforzheim
Tücht. Uhrm., d. i. Rep
uhren sich. u. selbst.
Werkabtlg. bei guter
dauernd. Beschäft. ge
M Seitz, Uhrenfabr.,

FRITZ HAR
Uhrenfabrik
Pforzheim · Kar

Büro und Verkaufsk
Karlsruhe, Kriemhilde

Armbanduhren in Gold,
aparten Ausführungen, E

Mechanische Armbanduhren

ARCTOS
ARCTOS-Uhrenfabrik
Philipp Weber GmbH & Co. KG
D-7530 Pforzheim · ARCTOS-Haus

QUARTZ-UHREN
Analog- und Digitalanzeige

Damen- und Herren-
armbanduhren in Gold,
Silber, Plaqué und Stahl.
Brillant-, Ring- und
Anhängeuhren. Frack-
und Savonetteuhren.
Chronographen.

Rika UHRENFABRIK
Armbanduhren-
und Schmuckfabrik
in Gold, Stahl u. Doublé,
bester Qualitäten
RICHARD RUDOLF KÄSER
PFORZHEIM * OBERE WIMPFENER STRASSE 21

PARA
PAUL RAFF PFORZHEIM
UHRENFABRIK

ORMO
RAISCH u. WÖSSNER
Uhrenfabrik
PFORZHEIM

Martin Schultz Söhne
Uhrenfabrik, Pforzheim
Spezialität:
Armbanduhren
in Chrom, Stahl, Doublé und Gold

Max Bischoff
Uhrenfabrik · Schmuckwaren
7530 Pforzheim, Richard-Wagner-Allee 14
Fernruf 24665 · Postfach 306

Hermann Merkle
ARPENA-UHRENFABRIK
Qualitätsarmbanduhren für Damen und Herren in verschie-
denen Metallen sowie Brillantuhren für Damen in Weißgold
7530 PFORZHEIM
Wörthstr. 3, Postfach 1269, Fernruf 07231 / 13412 u. 23137

Eusi Eugen Siegele Inh. Rainer Beck
Fabrikation von Armbanduhren
Spezialität: Goldband- und Brillantuhren
Modische Metall- und Silberuhren
7530 Pforzheim, Weißenburgstr. 22 · Fernruf 23678

Karl Habmann
Fabrik feiner Uhren, Uhrgehäuse u. Juwelen PFORZHEIM

EPORA liefern:
Bechtold & Härter, Uhrenfabrik,
 Pforzheim, Ispringerstr. 16, Fernruf 6211/6212
EPPO-Uhrenfabrik, Epple & Co, Pforzheim,
 Redtenbacherstraße 5, Fernruf 2 20 41, 2 20 92
G. A. Müller, Uhrenfabrik, Pforzheim,
 Gartenstraße 18, Fernruf 2 24 31, 2 24 32
Mathias Seitz, Uhren- und Uhrgehäusefabrik,
 Pforzheim, Luisenstraße 44, Fernruf 1275, 54 15
Ernst Wagner oHG, Uhren- und Gehäusefabrik,
 Pforzheim, Lindenstraße 38—42,
 Fernruf 60 33, 60 34
Friedrich Wilhelm Wagner, Uhrenfabrik,
 Luitgardstraße 11, Fernruf 50 00
Otto Wiemer, Uhrenfabrik, Pforzheim,
 Schulze-Delitzschstraße 29, Fernruf 2 21 27

FRANZ SCHNURR
Uhrenfabrik
PFORZHEIM, Simmlerstr. 11/12 · Ruf 2087
Verkauf nur an Großhandel

Armbanduhren
PROVITA
MEDIAN
Eingetragene
Schutz- und
Fabrikmarken

GERSI GEGRÜNDET 1887
zuverlässig
formschön
preiswert
GERMAN SICKINGER, PFORZHEIM 172
Spezialfabrik für Armbanduhren

Dugena 23, 96, 172, 173,
Epora Pallas Parat Regent Unidor 45, 46, 48, 172, 173
Weitere Gruppen 172, 173

PERSONEN UHRENBEREICH:
Ador 36
Jakob, Aeschbach 54, 56,
Autran 36, 303
Adolf Blümelink jun. 53, 206
Christin 36
Paul Dietrich 68
Paul Drusenbaum 28, 96, 97, 278, 279
Heinz Enghofer 53
Fam. Günther 62, 300
Kurt Heinrich 204,
Richard Hörl (u. a. Uhrendesigner) 203
Josef Hottenroth 190, 207, 301,
Ludwig Hummel 58, 60, 61, 62, 310, 311
Erich Lacher 49, 58, 59
Frieda Lacher 58, 62, 309
Ferdinand Lange 52
Walter Lange 52
Markgraf Karl Friedrich 7, 36
Gustav Rau 31, 49, 67, 305
Carl Rivoir 49
Emil Schätzle 202
Jörg Schauer 59, 65, 68, 197, 226
Karl Scheufele 3, 81, 82, 303
Hans Schöner 46,
Werner Schultz 6, 300, 301
Fritz,Soellner 203
Henri Sternberg („Balduin") 51
Werner Storz, 65
Karl Nonnenmacher 44, 53
Viala 36
Hansjörg Vollmer 6, 7, 48, 64, 300
Arthur Wagner 68
Arthur Weber 85, 153, 311

PERSONEN, SONSTIGE:
Max Bill (Designer) 203
Luigi Colani (Designer) 204
Walter M. Kersting (Designer) 202
Fritz Lang (Filmregisseur) 26

Emil Maurice 26
Ferdinand Alexander Porsche (Designer) 204
Fritz Rasp (Schauspieler) 27
Heinz Rühmann (Schauspieler) 27
Geli Raubal 26
Kurt Tucholsky (Schriftsteller) 12
C. J. Uittenhot (Designer) 202

FACHBEGRIFFE/ MODELLBEZEICHNUNGEN:
Boy Size 209
Breguet-Zeiger 213
Büffel (Markenzeichen) 28, 31, 67
Camping-Uhr 206
Chatelaine 27, 28
Corfam (Bandmaterial) 212
Curvex 207
Dauphine-Zeiger 213
Elastofix 211
Golfer 206
Fixoflex 211
Floralia 206
Kathedral-Zeiger 213
Lépine (offene Taschenuhr) 27
Modernes (Zeigerform) 213
Rallye-Look (Bänder) 212
Raumnutzwerk (rechteckiges Uhrwerk) 54
Savonette (Sprungdeckel-Taschenuhr) 27
Sternkreuz (Uhrglas-Hersteller) 213
Tobbogan-Uhr 206
Tropic (Band-Bezeichnung) 212
Unishock 206
Weltzeituhr 206

SONSTIGE BEGRIFFE:
Antiqua-Zahlen 212
Grotesk-Zahlen 212
Metropolis (Filmklassiker) 26
Rumpler (u. a. Automobilhersteller) 27
Volksempfänger (Radiomodell) 203

Hinweis: Diese Dokumentation basiert auf umfassenden Recherchen und wurde nach bestem Wissen erstellt. Sie gibt den Forschungsstand zum 25. 01. 2017 wieder. Gleichwohl sind Irrtümer nicht auszuschließen. Wir bitten um Verständnis, dass Verlag und Autor für die Richtigkeit der Angaben keine Haftung übernehmen können.

REGISTER

Hinweis: Aus Platzgründen können nicht alle Unternehmen/Personen/Fachbegriffe aufgeführt werden. Weitere Namen finden Sie in den Tabellen ab Seite 90 und in den technischen Tabellen ab Seite 216. Fachbegriffe werden im praktischen Teil näher erläutert.

UNTERNEHMEN:

AHO August Hohl 270/271
Arctos 2, 20, 21, 29, 39, 40, 45, 48, 49, 54, 55, 68, 176, 204, 206, 304
Aristo 2, 18, 25, 32, 33, 44, 48, 63, 64, 65, 78, 96, 165, 293, 300, 304, 306
Assmann 29, 296
Max Bischoff 30
Bruno Bader 13
H. F. Bauer HFB 3, 5, 48, 75, 76, 78, 89, 90, 134, 135, 136, 216, 268, 269, 286, 304
Gustav Bauer GUBA 268
Hermann Becker 5, 92, 216, 222, 266, 267
Beutter Berg Bergana 3, 49, 86, 87, 92
Bifora 16, 21, 24, 29, 43, 87, 174, 176, 177, 179, 295
Citizen 204
Durowe 3, 4, 18, 19, 40 45, 49, 52, 59, 60, 61, 62, 65, 68 ,133, 176 191, 197, 226, 228-237, 295, 303, 304, 308, 309
Alfons Doller 41, 300
Dürrstein 29
Emes 24, 29, 43, 218, 282, 286
Eppo 3, 29, 40, 43, 44, 46, 78, 80, 98, 177, 300
Otto Epple, Otero 40, 43, 44, 45, 46, 78, 80, 244, 245, 246-253, 300
Julius Epple (JE) 4, 30, 40, 44, 63, , 64, 78, 96, 97, 244, 245, 306, 311,
Eterna 204
Exact 16, 29
Favre-Leuba 204
Bernhard Förster Foresta Forestadent 3, 44, 47, 49, 75, 84, 85, 304, 306
Adolf Gengenbach, 203
Henzi & Pfaff HPP 5, 183, 262-265, 286, 302
Ickler 3, 37, 88, 146, 178, 293, 300, 305, 311
IWC 52, 204
Jaeger-LeCoultre 204
Lucien Jeanneret 55

Junghans 15, 21, 23, 24, 28, 29, 43, 46, 176, 177, 179, 187, 201, 203, 301, 304
Kasiske 29
Kasper 5, 49, 106, 260, 261
Kienzle 15, 16, 24, 28, 29, 43, 174, 177, 204, 296
Kundo 202
Gebr. Kuttroff 46, 85, 200, 203
Lacher & Co 2, 20, 40, 45, 52, 58, 59, 60, 62, 63, 85, 206, 309
Laco 2, 6, 20, 24, 30, 39, 40, 42, 44, 48, 49, 52, 58, 59, 60, 63, 85, 110, 174, 176, 177, 180, 185, 191, 206, 209, 284, 285, 300, 302, 303, 305, 309
Jean Marcel 203
Nostrabauer 48, 77
Para 3, 24, 29, 40, 44, 45, 46, 48, 71, 74, 75, 114, 206, 285, 300, 309
Paul Raff 40, 44, 46, 48, 74, 75, , 114, 206, 303, 309
G. Rau 31, 49, 67, 305
Porta/PUW 3, 18, 20, 21, 38, 40, 41, 43, 49, 52, 60, 68, 69, 70, 126, 127, 177, 182, 183, 189, 191, 206, 211, 216, 222, 284, 285, 302
Ruhla 15, 18, 29, 211, 294, 304
Seitter & Epple 63
Söhnle 3, 87, 305
Sparkasse Pforzheim-Calw 29, 55
Steudler &, Co, 55
Stowa 3, 24, 29, 30, 40, 44, 45, 49, 58, 65, 68, 176, 178, 191, 192, 193, 194, 195, 197, 206, 207, 226, 227, 300, 304, 305, 309
Timex 20, 59, 62
Thiel 18, 28, 29
Tutima 29
UMF 18, 29, 211, 218, 288
VDO 204

VERTRIEBSGRUPPEN:

Ankra 172, 173
Zentra 28, 172, 173, 298,

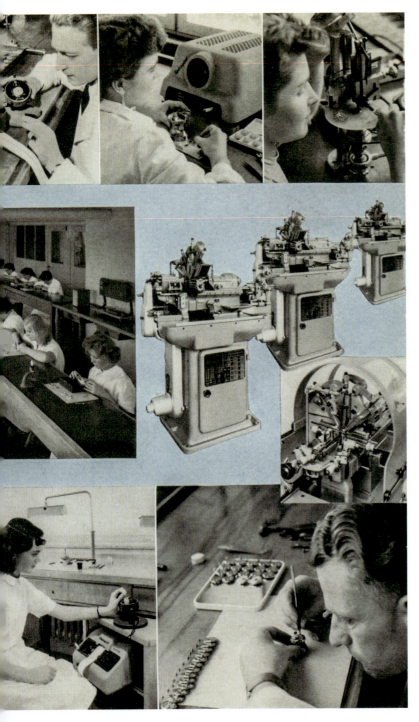

Pictures of the world of labour 1959: Many different professions nowadays considered as exotics could be learned and practiced in the watch industry

Arbeitsbilder anno 1959: Viele verschiedene Berufe, die heute eher exotisch klingen, konnten in der Uhrenindustrie ausgeübt werden. Die meisten davon sind ausgestorben.

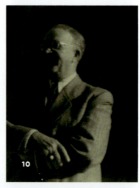

1 Gottlob August Müller **2** Mathias Seitz
3 Arthur Weber 1919 od.1921 **4** Ludwig Hummel im Neubau
5 70. Geburtstag Wilhelm Wienenberger
6 Ernst Vollmer **7** Karl Ickler
8 Bernhard Förster **9** Julius Epple
10 Ludwig Hummel **11** Rudolf Wehner 1929

DIE GRÜNDER

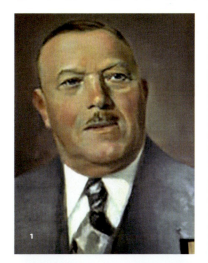

14 Lacher & Co.-Laco/Durowe **15** Ehrmann-AXA,
16 Belegschaft Rodi & Wienenberger 1897
17 Paul Raff-Para **18** Walter Storz-Stowa
19 Gottlob August Müller –Gama **20** Bock & Schupp
21 Paul Raff-Para Altbau **22** Altstätter Kirchenweg =
Anfänge Frieda Lacher **23** Anfänge Weber & Baral
24 Fa. Speidel

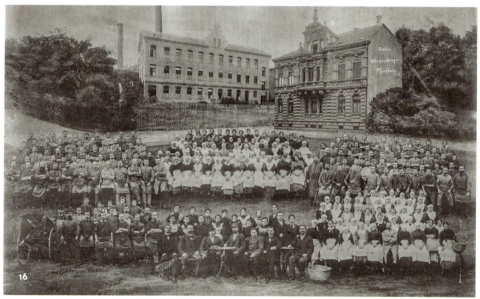

Kollmar & Jourdan A.-G., Pforzheim

Fabrik -  Marke

DIE ORTE

1 Julius Epple-Aristo 1978 **2** Karl Habmann-KaHa
3 Fells & Co.-Felsus **4** Erich Lacher-Isoma
5 Mathias Seitz-Sepo **6** Bernhard Förster-Foresta
7 Kollmar & Jourdan-K & J **8** Weber & Baral Neubau
9 Knoll & Pregizer **10** K & J Altbau
11 Weber & Baral i. Hse. Julius Epple
12 Techn. Museum **13** Typische Fabrikantenvilla

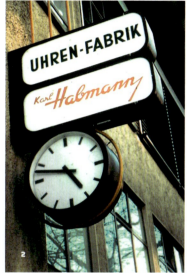

> www. ickler.de
> www. lacher-präzision.de
> www. laco.de
> www. liha-uhren.de
> www. jeanmarcel.com
> www. ibruno-mayer.de
> www. mitschele-watch.com
> www. nivrel.com
> www. pfisterer-gmbh.de
> www. poljot-international.com
> www. raff-gmbh.de
> www. g-rau.de
> www. regent-uhren.de
> www.wilhelm-rieber.de
> www. rowi-gmbh.com
> www. schauer-germany.com
> www. alexander-shorokhoff.de
> www. soehnle-uhren.de
> www. brunosoehnle.de
> www. staib.de
> www. stowa.de
> www.timeforce.de
> www.ferd-wagner.de (> www.zapp.com)
> www. watchparts.de
> www. ziemer-uhren.de

UHREN-ZEITSCHRIFTEN, -BÖRSEN UND -AUKTIONEN
TRADE JOURNALS, WATCH EXCHANGE AND AUCTIONS

Fachzeitschriften wie Uhren-Klassik, Chronos, Uhren-Magazin, Watchtime und Uhren-Exclusiv berichten von Zeit zu Zeit auch über historische Uhren und ihre Hersteller.
Uhrenbörsen finden regelmäßig in allen größeren Städten statt. Veranstaltungstermine finden sich in den Fachzeitschriften, in den Zeitungen oder im Internet.
Auch im Internet kann der geneigte Uhreninteressent seinen Bedarf an Prospekten, Büchern und alten Uhren stillen, so etwa bei www.ebay.de
Dort sind auch vielfältige Lieferanten von Informationen (Blogs), Sammlertreffs, An- und Verkäufe von Uhren und Fachliteratur-Anbieter anzutreffen.
Das Stichwort „Armbanduhren" beispielsweise bei der Suchmaschine Google eröffnet hier vielfältigste Möglichkeiten. Uhrenauktionen finden bei darauf spezialisierten Firmen statt.

> K & J-Produkte kommen in Zukunft aus Zwickau
Ostberliner Unterhändler machten bei Auktion größten Schnitt 1977
> rr Eine der bedeutendsten Firmen in Deutschland,
Roberta-Uhrenfabrik hat jetzt Konkurs angemeldet
Schlechte Geschäftspolitik wird als Grund vermutet,
In: Pforzheimer Zeitung, 14.4.1981
> Vwd Letzter deutscher Uhrwerk-Hersteller wird verkauft.
In: Süddeutsche Zeitung, Nr. 243, 1990
> Rita Reich Von Dangelmayer gekauft, Ungewißheit bei Rowihat nun ein Ende.
In: Pforzheimer Kurier, 16.1.1991
> Firma Rowi im maßgeschneiderten Domizil Mit „Fixoflex" zum Weltruhm.
In: Pforzheimer Zeitung, 17.5.1997
> gel Insolvenz nur bei Lacher-Uhren. In: Pforzheimer Zeitung, 3.7.2009
> ne Zifferblattfabrikant Jürgen Bock ist tot. In: Pforzheimer Zeitung, 02.12.2009
> Lothar H. Neff Interesse an Pforzheimer Präzision. In: Pforzheimer Zeitug, 3.7.2014
> Meistertreffen in Pforzheim. In: Deutsche Handwerks-Zeitung, 23. Januar 2015
> Einer, der stets für seine Ideen kämpfte: Unternehmer Rolf Förster im Alter von 79 Jahren gestorben.
In: Pforzheimer Zeitung, 11. 3. 2016

MUSEEN+VERBÄNDE/ WEBPRÄSENZEN:
MUSEUMS / ASSOCIATIONS:

> www.bv-schmuck-uhren.de
> www. deutsches-uhrenmuseum.de
> www.technisches-museum.de (Pforzheim)
> www. uhrenmuseum-glashuette.com
> www.muehlbacher.de (Regensburg)
> www. uhrensammlungkarlgebhardt.de (Nürnberg)
> www.deutsches-museum.de
> www.auto-und-uhrenwelt.de (Junghans-Uhrenmuseum, Schramberg)
> www. stowa.de (Stowa-Museum)
> Museum Ruhla (Fa. Gardé)
> Heimat- und Uhrenmuseum Villingen-Schwenningen
> Dorf- und Uhrenmuseum Gütenbach
> www. uhrenindustriemuseum.de
> Uhrenmuseum Bad Iburg
> Uhrenmuseum in Putbus
> Saarländisches Uhrenmuseum
> Wuppertaler Uhrenmuseum
> Museum für Uhren, Schmuck und Kunst Frankfurt/M.

UHREN- UND UHRTEILEHERSTELLER/WEBPRÄSENZEN:
MANUFACTURERS OF WATCHES AND WATCH COMPONENTS

> www. arctos. info
> www. aristo-vollmer.de
> www. hfbauer-astrath.de
> www. bauer-walser.de
> www. jochenbenzinger.de
> www. richard-bethge.com
> www. bethge-soehne.de/com
> www. bossert-kast.de
> www. chopard-ks.de
> www. croisier.de
> www. durowe.com
> www. elysee-watches.com
> www. engelkemper.de
> www. ermano.de
> www. jaquesetoile. com
> www. forestadent.de
> www. w-fricker.de
> www.froehlichuhren.de
> www. grieb-benzinger.com
> www. habmann.de
> www. hfbauer-astrath.de
> www. bauer-walser.de
> www. hummel-uhren.de

amtes 22. Jahrgang, Heft 2/1993, S. 125–135
> Saraj Morath: „Stillstand bedeutet Rückschritt". In: GZ plus 08/14, S. 114/115
> Iris Wimmer-Olbort 1904–2004 Karl Scheufele
> Ein Familienunternehmen rund um die Uhr. Herausgegeben von Christian Pfeiffer-Belli
> Le Petit-Fils de L.U. Chopard & Cie. SA, 2004

Zeitungen:
Extracts from newspapers:
> 40-jähriges Jubiläum einer Weltfirma in Baden.
In: Pforzheimer Morgenblatt, 26.9.1925
> 50 Jahre Kollmar & Jourdan AG in: Pforzh. Anzeiger, 21.9.1935
> Die Fünfzig-Jahr-Feier bei Kollmar & Jourdan. In: Pforzheimer Anzeiger, 23.9.1935
> Fabrikant Paul Raff +, Oktober 1938
> Pforzheims neuer Anfang. In: Die Zeit, 16.1.1947
> W.L. Mit Pforzheimer Augen auf der Uhrenfachmesse
> Schweizer bewunderten den enormen Fortschritt der Industrie Pforzheims.
In: Pforzheimer Zeitung, 21.8.1951
> -h- Kleine Uhren machen einen großen Markt
Starker Exportanteil der Kugel- und Fobuhren im Schmuckuhrenprogramm Pforzheims
In: Pforzheimer Kurier, 21.11.1959 (betr. Fa. Knoll & Pregizer)
> Ein halbes Jahrhundert Uhrenfabrik Paul Raff. Eine Produktion mit eigenem Stil – In 50 Jahren zweimal aufgebaut. In: Pforzheimer Zeitung, 24.5.1960
> O.T. Direktor Max Kollmar 90 Jahre Seniorchef der Kollmar & Jourdan A.G. jetzt im Ruhestand. In: Pforzheimer Kurier, 21.11.1962
> Dr. A.H.D. Täglich 432000 Schwingungen im Uhrenzentrum
Die Uhr ist eine der kleinsten Präzisiosmaschinen der Pforzheimer Industrie.
In: Pforzheimer Kurier, 30.4.1965
> wim Goldpokal für eine Pforzheimer Uhrenfabrik
Seltene Auszeichnung für guten Stilgeschmack auf der Hannover-Messe überreicht.
In: Pforzheimer Zeitung, 30.4.1965 (betr. Fa. Laco)
> Heinz Michaels: Die Faust im Nacken. In: Die Zeit, 23. 12. 1966
> -h- Neue Marktaussichten durch „minstop" von DUROWE
Pforzheimer Werk der Ebauches SA in Neuchatel schuf eine Präzisionsuhr mit Funktionspfiff.
In: Pforzheimer Kurier, 12.7.1968
> -h- „Frühlingsboten" der Pforzheimer Uhrenindustrie
Volltreffer einer Übereinstimmung zwischen Zifferblatt- und Uhrarmband-Finish.
In: Pforzheimer Kurier, 27.2.1969 (betr. Fa. Erich Lacher-Isoma)
> -h- Die „Gürteluhr" ist Pforzheims letzter Schrei,
Attraktive „Nachwuchs-Serie" der Lacher-KG bis Weihnachten auf den deutschen Märkten,
In: Pforzheimer Kurier, 4.10.1969 (betr. Fa. Erich Lacher – Isoma)
> h.b. Ein Leben für die Uhrenbranche, Fabrikant Robert Raff nach einer schweren Zeit des Leidens gestorben.
In: Pforzheimer Zeitung, 15.11.1969
> Dr. A.H.D. Autran gewann die Landesmutter für seine Pläne
Aus der Anfangszeit der Pforzheimer Uhren- und Schmuckindustrie
Undatiert
> Frenkel, Rainer: Wem die Stunde schlägt. In: Die Zeit, 28. Mai 1976
> amk Zum Schluß eine handfeste Überraschung:

- Das Uhrmacher-Jahrbuch 1953
- Uhrmacher-Jahrbuch 1959
- uhren juwelen schmuck Jahrbuch 1979
- Sievert, Hermann: Leitfaden für die Uhrmacherlehre. 14. Auflage, Berlin, 1938
- Lehrbuch für das Uhrmacherhandwerk. Band II, 1.–3. Auflage, Düsseldorf, 1951
- Süddeutsche Uhrmacher-Zeitung. Augsburg, 49. Jahrgang No. 11 1. Juni 1938
- Neue Uhrmacher-Zeitung
- Deutsche Uhrmacher-Zeitschrift
- Gold+SilberUhren+Schmuck. Nr.2, Februar 1961, Nr. 7 Juli 1961, Nr. 9 September 1963
- Mappe Meisterstück im Uhrmacherhandwerk, Landesverband für das Bayer. Uhrmacherhandwerk Sitz München (um 1946)
- www.hwynen.de (zum Thema elektrische Uhren mit umfangreichem Literaturverzeichnis)
- www.sozialgeschichte-uhrenindustrie.de

VERÖFFENTLICHUNGEN ZU PFORZHEIM
PUBLICATIONS ABOUT PFORZHEIM

Allgemein:
General:
- Pieper, Wolfgang: Geschichte der Pforzheimer Uhrenindustrie 1767–1992. Verlag Dr. Klaus Piepenstock, Baden-Baden, 1992
- Maschke, Erich (Hg.): Die Pforzheimer Schmuck- und Uhrenindustrie. Selbstverlag der Stadt Pforzheim, 1967
- Stier, Bernhard: Fürsorge und Disziplinierung im Zeitalter des Absolutismus Das Pforzheimer Zucht- und Waisenhaus und die badische Sozialpolitik im 18. Jahrhundert. Verlag Jan Thorbecke, Sigmaringen, 1988
- Reif, Hans-Peter: Uhren aus Pforzheim 75 Jahre Laco Klassik-Uhren. 3/2000
- Henzi & Pfaff: Klassik-Uhren. 4/2003
- „Porta-PUW Millionenfache Präzision aus Pforzheim Klassik-Uhren", 4/2002
- „Batterie am Arm", Der Spiegel, 09.07.1958
- „Sprung nach Pforzheim", Der Spiegel, 6.5.1959
- „Teurer Quarz", Der Spiegel, 21.06.1971
- „Teure Marken", Der Spiegel, 15.12.1975
- „Scheußliches Ding", Der Spiegel, 14.03.1983
- Neue Uhrmacher-Zeitung 1952/14
- Illustrierter Bijouterie-Kalender 1921
- Illustriertes Jahrbuch u. Führer durch die deutsche Schmuckwaren-Industrie 1923
- Adressbuch der Stadt Pforzheim 1925
- Pforzheimer Stadt-Adressbuch 1927/8
- Branchenbücher 1930, 1939, 1943, 1951
- Deutsche Uhrmacher-Zeitung 1952, 1953
- Adressbuch Stadt Pforzheim 1968 (gen-Wiki)
- Adressbuch Stadt Pforzheim 1971
- USM Einkaufsführer der deutschen Uhren-, Schmuck- und Silberwaren-Wirtschaft 1972
- Pforzheimer Industrie Schmuck/Uhren Silber u. Metallwaren
- Sonderdruck aus dem Adressbuch Pforzheim, Mühlacker, Enzkreis 1987
- Schmuck & Uhren Markenservice 1989
- Porträt der deutschen Uhrenindustrie VDU 1991
- Pforzheimer Industrie Schmuck/Uhren Silber- u. Metallwaren 2000
- Monique Armand: 200 Jahre Pforzheimer Schmuck- und Uhrenindustrie
- „Wir schauen in die Stadtchronik": Neue Uhrmacher-Zeitung 6/1967 S. 16-18
- Monique Armand: Uhren, Uhren, Uhren … Streifzug durch Vergangenheit und Gegenwart. In: Neue Uhrmacher-Zeitung 6/1967 S. 19–20, 22
- Lebenslauf Richard Bethge, Typoscript
- Christoph Timm Pforzheimer Bijouteriefabrikhäuser
- Materialien zu einer Denkmaltopographie in: Denkmalpflge in Baden-Württemberg.
- Nachrichtenblatt des Landesdenkmal-

Uhrmacher und Mitarbeiter von Uhrenfirmen
Watchmakers and employees of watch companies
> Uhrmacher Gerold Röhlich, Dietfurt an der Altmühl
> Karl Mayer Uhren-Optik-Schmuck, Neustadt/Donau
> Juwelier Fischer, München
> Uhrmacher Hähnel, München
> Uhrmacher/Uhren An- und Verkauf Emil Zinkl, Ingolstadt
> Richard Feil, Pforzheim
> Werner Schultz, Pforzheim

PHOTOS:

Abgebildet sind Uhren und Unterlagen aus der Sammlung des Autors, soweit nicht anders angegeben.
Die Photographie besorgte Petra Jaschke, Pforzheim. Weitere Aufnahmen stammen vom Autor und von Christian Ritter.

BIBLIOGRAPHIE/ QUELLENVERZEICHNIS:
BIBLIOGRAPHY / SOURCES USED:

Allgemeine Veröffentlichungen:
General publications:
> Kahlert/Mühe/Brunner: Klassische Armbanduhren. Callwey, München, 5. Aufl. 1995
> Brunner/Pfeiffer-Belli: Wristwatches Armbanduhren Montres bracelets. Könemann Verlagsgesellschaft mbH, Köln, 1999
> Anton Kreuzer: Armbanduhren. Nikol Verlagsgesellschaft mbH, Hamburg, 1998 (Originalausgabe erschien 1995 bei Universitätsverlag Carinthia, Klagenfurt)
> Schmeltzer, Bernhard: Wie alt ist meine Taschen- oder Armbanduhr? Verlag Karin Schmeltzer, Duisburg, 1995
> Schmeltzer, Bernhard: Taschen- und Armbanduhren richtig sammeln und bewerten. Verlag Karin Schmeltzer, Duisburg
> Schmeltzer, Bernhard: Die automatische Armbanduhr. Verlag Karin Schmeltzer, Duisburg
> Hottenroth: Die Armbanduhr. Band II 1950
> Stadtverwaltung Schwenningen a.N., 1965
> Neher, F. L.: Ein Jahrhundert Junghans 1861–1961. München, 1961
> Kochmann, Karl: Uhren Bildermarken-Wortmarken. Neuauflage 1994 Concord, CA, US
> Abeler, Abeler, Jürgen: Zeit-Zeichen. Harenberg Kommunikation, Dortmund
> Herkner, Kurt: Glashütte und seine Uhren. Herkner-Verlag, Dormagen
> Herkner, Kurt: Uhren aus Glashütte II. Herkner-Verlag, Dormagen
> Lange, Walter: Als die Zeit nach Hause kam. Düsseldorf, 2004
> Colani Design for Tomorrow. Bd. I–III, 1980
> Car Styling 23. Special Edition = Luigi Colani
> Designing for Tomorrow. September 1978
> Car Styling. Vol. 34 ½ Special Edition Luigi Colani Part 2:
> For a Brighter Tomorrow. May 1981
> Car Styling. Vol. 46 ½ Special Edition Luigi Colani Part 3:
> Bio-Design of Tomorrow. July 1984

Spezielle Veröffentlichungen/Fachliteratur:
Publications / Specialist Literature:
> Flume Werksucher Bd. I–III
> Georg Jacob: Werksucher
> Ronda-Katalog 1953
> Ersatzteil-Brücke 1958, F.W. Schmid, München
> Hauszeitschriften der Parat-Gruppe
> Deutsches Uhrmacher-Lexikon. Grimm-Verlag, 1949

DANKSAGUNG
GRATITUDE

Der Autor dankt besonders Herrn Hansjörg Vollmer als treibende Kraft hinter der Realisierung dieses Buchprojektes.
Herr Walter Gerwig gab seine über Jahrzehnte in verantwortungsvollen Positionen der Uhrenbranche gesammelten Erkenntnisse dankenswerterweise an den Autor weiter.
Gerne erinnert sich dieser an den Besuch bei Werner Schultz, Pforzheim, einem der Urgesteine der Uhrenfabrikation und des handwerklich-künstlerischen Uhrmacherhandwerks.
Über Jahrzehnte mit dem Uhrmacher Gerold Röhlich in vertrauensvoller Atmosphäre geführte motivierende Fachgespräche gaben großen Ansporn auf dem Weg zur Realisierung.
Ganz besonders herzlich möchte sich der Autor bei der Photographin Petra Jaschke bedanken, die sich uneigennützig und mit großem Engagement hinter dieses Thema stellte.
Mit helfender Hand stand hier Christian Ritter zur Verfügung.
Übersetzung/Translation: Walter Gerwig, Pforzheim

INFORMATIONEN UND/ODER ABBILDUNGEN STELLTEN FREUNDLICHERWEISE ZUR VERFÜGUNG:
INFORMATION AND PICTURES KINDLY PUT AT OUR DISPOSAL:

Archive + Spezial-Suchmaschinen
Archives and search engines
- Archiv des Autors
- Archiv der IHK München
- Wirtschaftsarchiv Baden-Württemberg, Schloß Hohenstein
- Stadtarchiv Pforzheim, Frau Binz-Rudek
- Stadtarchiv Pforzheim, Frau Post-Hafner
- Deutsches Patent- und Markenamt (DPMA)
- Weitere Suchmasch. s. Hinweise unter Herstellertabelle

Firmen
Enterprises
- Otto Epple (ehem. Fa. Eppo)
- Fa. Alfons Doller, Pforzheim
- Fa. Schabl & Vollmer, Kai Baumann
- Fa. Aristo, Hansjörg Vollmer
- Fa. Hans Rivoir
- Fa. Ickler
- Fa. Stowa, Peter Pfeiffer, Viveca Hafner
- Fa. Forestadent, Stefan Förster
- Fa. Para, Marion Raff
- Fa. Laco, Dorothea Günther
- Fa. Richard Bethge, Alexander Bethge
- Fa. Eszeha/Chopard, Bilnaz Saltekin
- Fa. Erich Lacher, Claudia Dvorak
- Fa. Andreas Daub, Kurt Daub

Sammler und Privatpersonen
Collectors and private persons
- Joachim Becker, Göppingen
- Dieter Gelfert, Strücklingen
- Irmgard und Klaus Weber, Pforzheim
- Horst Hager, Eisingen (ehem. Fa. Stowa)
- Rudolf Lobmeier junior, Beilngries
- Dipl.-Ing. Dipl. Des. Christian Ritter, Ludwigshafen
- Josef Rombach, Pforzheim
- Herr Schmull, Pforzheim
- Frau Storz, Rheinfelden (Fa. Stowa)
- Norbert Völlmecke, Rheine

Mystery design joins transparency and glamour together. That international style has also been mastered by Pforzheim designers.

Im „Mystere"-Design: Transparenz mit Glamour – auch diesen internationalen Stil beherrschten die Pforzheimer Mustermacher.

Change of watch fashion: Zentra catalogue of 1935 in contrast to Regina publicity 1972

Im Wechsel des Zeitgeschmacks: Zentra-Katalog um 1935 kontrastiert mit Regina-Werbung von 1972.

WER RASTET, DER ROSTET – WARUM DIE SCHÖNEN STÜCKE AUCH GETRAGEN WERDEN SOLLTEN

Keine Angst vor alten Uhren – sie machen vieles im Alltagsbetrieb mit. Auch wenn sie keine Stoßsicherung besitzen, kann man sie unproblematisch tragen. Was sie wirklich nicht mögen, sind Staub und Feuchtigkeit.

Ein frisch überholte alte Uhr ist mindestens gereinigt und geölt. Damit das Öl hält und dem Werk nützt, muss sie regelmäßig getragen oder zumindest aufgezogen werden. Sonst würde das Öl verharzen, und der Zeitmesser bliebe stehen. Brütende Sommerhitze wiederum, die als massive Sonnenbestrahlung für längere Zeit auf dem Glase wirkt, kann das Öl zum Verdunsten bringen. Das führt etwa wie bei einem Auto zu einem kapitalen Motorschaden. Die Uhr wird zwar noch eine Zeit lang laufen, aber Wellen oder Lager ohne Öl „fressen". Dann ist der Schaden ungleich höher, als wenn sie nur verharzt war, irgendwie zum Laufen gebracht wurde, aber nicht gereinigt wurde. Dann wird sie allenfalls unregelmäßig laufen oder ungenau anzeigen.

Nebenbei tut die Hand- oder genauer Pulswärme der Uhr im allgemeinen gut, genauso wie das eher regelmäßige Tragen. Der Erfahrung des Autors nach halten alte oder sehr alte Armbanduhren im Alltagsbetrieb einiges aus. Dass sie wiederum bei Wetterwechsel (was Luftdruck- und Luftfeuchtigkeitsveränderungen bedeutet) oft durchaus erstaunliche Abweichungen von ihrer sonstigen üblichen Laufleistung oder besser -genauigkeit haben, konnte der Autor etwa durchaus bei Münchner Föhnwetter erleben. Dieser von den Alpen kommende warme Südwind lässt nicht nur den normalen Bürger kraft einer urplötzlich auftretenden Migräne zum definitiven Aspirin-Verbraucher werden, er sorgt auch bei den alten Stücken aus den 1930er- oder 1940er-Jahren zu rapiden Abweichungen bis zu ein paar Minuten, kann aber sogar zu Zeitveränderungen von einer halbe Stunde führen – die Uhr ist einfach überfordert und kann nicht mehr. Ausdrücken kann sie es offenbar nur durch abrupte Änderungen ihrer sonstigen Leistungen, in der Hoffnung, ihr Besitzer ließe sie an diesem schweren Tag nicht in Stich und entließe sie von ihrer anstrengenden Arbeit...

Im Gegensatz dazu reagieren mechanische Uhren der späten Sechziger- oder gar Siebzigerjahre kaum messbar auf solche Veränderungen. (Wie langweilig!) Ein Grund dafür könnte in anderen Spiralen und Zugfedern liegen, wohl aber auch in ihren meist höheren Laufgeschwindigkeiten.

Dennoch liegt der Charme der ganz alten Stücke gerade in ihrer oft erstaunlichen Zuverlässigkeit und wiederum auch in ihrem Eigenleben, durchaus vergleichbar mit alten Autos, den Oldtimern, oder den Befindlichkeiten von geliebten Frauen.
Sie werden uns dadurch erst zu Lebenspartnern und treuen Begleitern, weil sie uns signalisieren, dass sie keine reine Maschine sind, was eigentlich anzunehmen wäre, sondern eben lebendige Wesen mit Eigenleben, die man gut und liebevoll behandeln muss.

Das wiederum danken sie uns, den Trägern, durch manchmal erstaunliche Zuverlässigkeit für ein beispielsweise 80-jähriges Maschinenwesen ...

auch mit Zierschliff veredelt, sowohl mit vereinfachtem Schliff als auch (eher seltener) mit echtem Genfer Zierschliff. Spannender ist die Nomenklatur-Frage, denn manchmal wird der Nachfolger eines Formkaliber mit derselben Kalibernummer beschriftet.

Das führt dann zu Irritationen, wenn das Urmodell die übliche eckig-abgeschrägte Form besitzt, das gleichnamige Nachfolgemodell aber aufgrund seiner abgerundeten Ecken nicht mehr auf Anhieb zu identifizieren ist (Beispiel: Otero Kaliber 22).

FAMILIENSTÜCKE ERZÄHLEN ZEITGESCHICHTE

Erzählt man Verwandten oder Bekannten von seinem Sammelinteresse, so kommt unweigerlich irgendwann der Hinweis auf irgendeine alte Uhr des Vaters oder Großvaters, oder Mutters zierliche Armbanduhr wäre auch noch vorhanden.

Werden einem die guten alten Stücke dann gezeigt, so passieren keine Wunder, weder die heute so gern gesuchte „Rolex" noch die „Patek Philippe" oder dergleichen liegt vor einem auf dem Kaffeetisch, oft ist es nur eine banale „Anker". Meist auch noch durch ein garantiert reizloses Zifferblatt veredelt, die obligaten 20 Mikron der späten 1950er-Jahre inbegriffen, Rückseite verschraubt, Form rund ohne besonders geformte Anstöße: also alles in allem ein „traumhaftes" altes Teil, welches einem mit guten Worten von der Verwandtschaft geschenkt, ja fast aufgenötigt wird. Massenware von gestern eben. Ganz alte Uhren dagegen, die aus der Vorkriegszeit, tauchen, durch die Wirren der Zeit verständlich, kaum noch auf. Eher wurde noch eine Taschenuhr von Großvater gerettet, nicht unbedingt eine Lange oder Assmann aus Glashütte, sondern vielleicht eine Kienzle, von außen hübsch antik anzusehen, von innen durch schreckliche Stiftankerwerke entwürdigt. Vergessen wir nicht, dass in den 1970er-Jahren viel „altes Zeug" den Weg des Mülls ging. Nicht nur die Uhrengeschäfte entsorgten damals in der Zeit der Quarz-Euphorie ihre unverkäuflichen, mechanischen Stücke von gestern, viele Familien handelten auch so und entrümpelten von Jugendstil-Möbeln bis zu „merkwürdigen" Uhren das unnütze Alte. Aber auch hier passieren noch Wunder, wenn auch selten.

EIN GUTER UHRMACHER IST DIE GANZE SAMMLUNG WERT

Eigentlich eine Selbstverständlichkeit – eine Uhr, die nicht läuft, benötigt einen Fachmann. Nur noch selten findet man kleine Uhrengeschäfte, die noch handwerklich reparieren können und nicht nur Batterien einlegen wollen. Auch hier gibt es aber große Preisunterschiede bei Reparaturen und insbesondere bei der obligaten Reinigung und Ölung. Meist ist diese ja das Hauptproblem bei Gebrauchtuhren oder bei (seltener) ladenneuen alten und ungetragenen Stücken. Im Allgemeinen sind Erstere lange nicht gewartet worden und laufen, wenn, dann unzuverlässig, Letztere sind meist wegen der langen Liegedauer verharzt.

Und Gehäusehersteller aus Pforzheim lieferten wiederum öfter an Schweizer Hersteller, sodass man etwa eine Rückseitensignatur „R & W plus Acier" oder „Fonds inoxydable"(Boden rostfreier Stahl/Edelstahl) findet. Oft ist dieser Gehäusestempel der einzig zuverlässige Hinweis auf den Ursprungsort, wenn nämlich das Zifferblatt keinen Namen trägt und ein Schweizer Werk im Inneren tickt. Wiederum wurden Schweizer Werke oft in deutsche Uhren remontiert, besonders oft die Formwerke von Eta wie das Kaliber 717. Praktischerweise schlugen die Schweizer oft diese Ziffer unter der Unruhe ein, sodass man es einfach hat, die Herkunft zu ermitteln, so einem die äußere Werkeform nicht schon auf Anhieb bekannt ist.

HERSTELLER-IDENTIFIKATION BEI WERKEN

Viele Hersteller der 1930er-/1940er-Jahre dagegen bezeichneten ihre Werke entweder gar nicht oder nur unter der Zifferblattseite, sodass auf den ersten Blick auch unter der Lupe nichts festzustellen ist. Manchmal erschwerten die Schweizer Werkehersteller uns heutigen Sammlern durchaus die Identifizierung, indem sie nur Swiss, Swiss made oder 15 Rubis eingravieren ließen. Nachdem andererseits die frühen Werksucher von Flume (K 1) nur die Zifferblattseiten zeigten, war eine Herstellerfestlegung in Sachen Kalibern oft kaum auf Anhieb möglich. Dagegen half nur eine optische Kenntnis gängiger Form- und Rundwerke der frühen Jahre. Manche, besonders Formkaliber geben uns eine leichte Hilfestellung durch auffallende Kanten, Biegungen, Pseudobrücken et cetera, sodass sich etwa ein gängiges PUW-500-Kaliber mit einiger Übung leicht von einem Formwerk der Durowe unterscheiden lässt.

Die Glashütter Uhrenbetriebe machen es uns Sammlern dagegen leicht, ihr Kaliber 58 oder 581 mit seiner typischen abgeschrägten Grundform und seiner Größe zu erkennen.

Auch Josef Bidlingmaier mit seiner Marke Bifora lässt seine Formwerke leicht identifizierbar sein. Er wiederum beschriftete sie schon in den frühen Jahren auf der Unruhseite zumindest mit seinem B im Kreis oder mit dem Schriftzug „Bimag" auf der Gehäuserückseite. Erst in der späteren Nachkriegszeit wird es üblich, die Kaliberbezeichnung und den Firmennamen auf der Unruhseite anzubringen, wodurch auf einen Blick die Kaufentscheidung leichtgemacht wird.

WERKE-VERÄNDERUNGEN

Manche uns Sammlern eigentlich geläufigen Kaliber durchliefen im Laufe ihrer Produktionszeit erhebliche Veränderungsphasen. Im Allgemeinen blieb die Grundform erhalten, und außer nicht sofort erkennbaren technischen Feinänderungen wurde manchmal auch die Platine oder der Kloben en detail verändert. Bei dem gängigen PUW 500-Formkaliber sind mindestens drei formale Änderungen auszumachen. Dann gibt es noch die Oberflächenveränderungen: Erst wurden die Werke, damit sie nicht anliefen, vergoldet, später versilbert, rhodiniert oder mit Chrom beschichtet. Manchmal wurde die glatte Oberfläche

verkauft hatte, gilt es, dieses Datum herauszufinden, und man hat in etwa einen Anhalt zur Altersbestimmung. Später wurden die Uhrmacher „faul" und kratzten meist an den Gehäuseseiten nur noch Striche ein. Ein Strich = eine Überholung, meist in den neueren Jahren nur noch mit Reinigung und Ölung gleichzusetzen.

MARKENPRODUKTE OHNE MARKEN

Allgemein üblich war es in den frühen Jahren der Armbanduhr, ohne Namen auf dem Zifferblatt auszukommen. Das betraf ausschließlich Firmennamen, ein Modellname kam auch erst sehr viel später auf.

Als es langsam üblich wurde, den Namen der eigenen Firma auf dem Zifferblatt (oder wenigstens auf der Gehäuserückseite) anzugeben, veränderte sich die Typographie der Schriften mit den Zeitläuften. Das bildet heutzutage für den Sammler eine gute Analyse-Hilfe, um in etwa das Geburtsalter einer historischen Uhr zu eruieren.

TYPOGRAPHIE AUF DEM ZIFFERBLATT

Erst kamen Antiqua-Versalien, dann Schreib- oder Handschrift, erst danach eigenständige Logotypen als Schriftzüge. Entsprechend veränderten sich auch die Logos der Gehäusehersteller, gut zu sehen am Beispiel von Rodi und Wienenberger (R & W, Rowi). Die ersten wurden noch händisch locker eingraviert, erst später folgten Gravur-Stempel, die sich wiederum formal auch leicht veränderten.

IDENTIFIZIERUNGSHILFE: NAMENSERMITTLUNG UND -GEBUNG BEI WERKEN UND GEHÄUSEN

Oft finden sich auf einer deutschen (Pforzheimer) Uhr auch mehrere Signaturen, wohl so zu deuten, dass einer der Generalunternehmer war, ein anderer das Gehäuse fertigte, der dritte aber?

Das war natürlich unabhängig von dem Werkehersteller zu sehen, während manche Werkehersteller wiederum eine eigene Uhrenmarke betrieben, ihre Werke jedoch auch an jeden anderen Pforzheimer Unternehmer verkauften, aber auch an Fremdhersteller in anderen Orten lieferten, was übrigens auch Gehäusehersteller machten. So findet sich auf einer GUB Ruhla Uhr (schon mit Ankerwerk) aus der direkten Nachkriegszeit auf der Rückseite ein Gehäusestempel von Rowi, andererseits wurden (heute gesuchte) Glashütter Formwerke vom Kaliber 58 oder 581 oft an Pforzheimer Uhrenhersteller geliefert.

WPG
Watch Parts from Germany e.V.

STAIB GERMANY
Milanaisegeflechte
Produkte & Entwicklung
für die Schmuck- und
Uhrenindustrie
www.staib.de

PERROT
Turmuhren und
Läuteanlagen
www.perrot-turmuhren.de

Bethge & Söhne seit 1939
Zifferblätter, Aufarbeitung,
Einzelanfertigung,
Kleinserien
www.bethge-soehne.de

BAUER·WALSER AG
Edelmetall-Uhrgehäuse,
Lünetten, Bänder
seit 1924
www.bauer-walser.de

ARISTO VOLLMER GMBH
Uhren und Metallband-Manufaktur
Innovative Produkte in
Design und Funktion
www.aristo-vollmer.de

Service rund um die Uhr
Volker Schaer e.K.
www.schaer-clockhands.com

GR GROH + RIPP
Individuelle Zifferblätter
und Saphirgläser
www.groh-ripp.de

VOGLER Uhrkronenfabrik
Kronen, Tubes und
Drücker - alles aus einer
Hand
www.vogler-uhrkronen.de

ASTRATH
Gold-Uhren
Gold-Ansatzbänder
Gold-Gehäuse
www.astrath-handel.de

SCHÄTZLE & CIE ZIFFERBLÄTTER
www.zifferblattfabrik.de

K. Wildenmann
Uhrbänder und
Verschlüsse
www.watchparts.de

RP
Armbanduhrgehäuse
in hochwertiger
Ausfertigung
www.rp-uhrgehaeuse.com

AXEL JOST
Qualitäts-Uhrenverschlüsse
in vielen Variationen
www.jost-verschluesse.de

KAUFMANN
Elegance around time
Wilhelm Kaufmann
&
Sohn KG
Uhrenarmbänder
nach Maß
www.kaufmann.de

ICKLER
Uhren und Uhrgehäuse
Deutsche Präzision
seit 1924
www.ickler.de

Am 24. November 1998 gründeten 7 Hersteller von Uhren-Einzelteilen die Vereinigung WPG. Der gute Ruf, der in Deutschland gefertigten Komponenten wie Gehäuse, Uhrbänder, Zifferblätter, Zeiger, Kronen und Verschlüsse wird durch gemeinsame Aktivitäten gefördert.

Watchparts from Germany e.V.
Industriehaus
Westliche-Karl-Friedrich-Straße
D-75172 Pforzheim

Internet: www.watchparts.de
E-Mail: info@watchparts.de

At November 24, 1998 seven manufacturerer founded the organisation WPG. The main emphasis is on the high standard of finished products "Made in Germany" such as cases, straps, bracelets, dials, hands, crowns and buckles.

ÜBERRASCHUNGEN FÜR UNGEÜBTE KÄUFER

Gerne wird der Interessent auf Floh- und Trödelmärkten oder auf der Uhrenbörse zu einer optisch interessanten Uhr greifen. Die Äußerlichkeit ist die eine Sache, doch es empfiehlt sich immer, einen Blick ins Innere zu werfen, erwirbt man doch sonst ungewollt vielleicht ein Zylinder- oder Stiftankerwerk oder ein Ankerwerk in Billigversion mit nur sieben Steinen.

VEREINFACHTE ALTERSBESTIMMUNG FÜR ANFÄNGER

Sieht man nun auf dem Werk (Rückseite) drei rote „Pünktchen", so präsentiert sich zumindest mal ein 15-steiniges Werk. Damit wiederum weiß man, dass es sich um ein Vorkriegs- bis frühes Nachkriegswerk handelt, weil sich erst in den 1950er-Jahren das 17-steinige Kaliber durchgesetzt hat. Bei Formwerken sofort ersichtlich ist auch, ob es sich um ein massives Werk oder um eine Pfeilerkonstruktion handelt.
Weiter kann man das Alter auch danach bestimmen, ob das Werk vergoldet ist (war nur in den frühen Jahren üblich), oder wie die Rücker-Beschriftung auf dem Kloben aussieht.

Vergoldet wurden die Werke nur in der Frühzeit. Gehäuserückseiten wurden zuerst in normalem Metall oder in 20 Mikron vergoldet hergestellt, bis man wegen der Schäden durch Handschweiß daran auf Edelstahlrückteile umstieg. Steht „Boden Edelstahl", „VA Stahl" oder „Krupp-Stahl" darauf, so ist das Material klar. Lesen Sie „Fond Acier/Inoxydable", so haben Sie ein schweizerisches Gehäuse vor sich (oder in selteneren Fällen ein deutsches Gehäuse für Schweizer Firmen beziehungsweise ein deutsches Export-Gehäuse.).

Stoßsicherungen wurden in Deutschland nur zaghaft und relativ spät eingebaut. Uhren bis in die frühen 1950er-Jahre besitzen im allgemeinen keine. Es gibt eine Unzahl von Stoßsicherungen, auch deutscher Hersteller, die meistens ihr eigenes System entwickelten, um Lizenzgebühren für etwa den Klassiker der Stoßsicherungen, „Incabloc" aus der Schweiz, zu vermeiden. Incabloc selber ist durch seine lyraförmige Optik leicht zu erkennen. Später werden viele Uhren auf ihrem Zifferblatt den Hinweis Incabloc tragen. Deutsche Hersteller oder Hersteller Schweizer Uhren für den deutschen Markt schrieben oft „Bruchsicher" darauf.

Deutsche Stoßsicherungen sind nicht immer so perfekt durchkonstruiert wie Incabloc. Vorsichtige Handhabung trotz Stoßsicherung ist also immer empfehlenswert.

Eine weitere Methode der Altersbestimmung ist der Blick durch eine Lupe auf die Innenseite des Gehäuserückdeckels, ob nun rechteckig oder rund. Hier haben früher Uhrmacher nach vollbrachter Überholung oder Reparatur ihr Zeichen, ein Datum und manchmal noch eine Reparaturnummer eingekratzt. Nachdem die meisten alten Uhren aus unerklärlichen Gründen (möglicherweise nur, weil sie dem Temperament des jeweiligen Besitzers entsprechend anders liefen, als sie vom Werk her einreguliert waren) schon circa im ersten Besitzerjahr wieder bei dem Uhrmacher auf dem Werktisch landeten, der sie

Dennoch ist es immer wieder fast ein Wunder, dass sich bei hartnäckiger Nachfrage doch noch etwas finden lässt. Erwünscht wären natürlich NOS (New Old Stock), wie Sammler ungebrauchte, unverkaufte Stücke im Originalzustand (Mint, originalverpackt: mint & boxed) bezeichnen. Dieses Glück hat man allerdings eher selten. Nicht zuletzt findet man auch Wracks oder nicht abgeholte Reparaturen, unter welchen beiden sich manchmal echt positive Überraschungen verbergen können.

Kleine, abgelegene Orte sind heute natürlich nicht mehr „sammlerfrei". Dennoch kann man dort oft noch positive Überraschungen erleben. Reisen durch Deutschlands Provinzen können oft zu einer angenehmen Erweiterung der eigenen Uhrensammlung führen, wie der Autor mit Freude immer wieder feststellen musste.

DIE PFLEGE

Als Pflege ist die obligate regelmäßige Reinigung und Ölung einzuplanen. Das kann bei einer großen, laufend erweiterten Sammlung durchaus ins Geld gehen. Regelmäßig benutzte Uhren sollten wie bekannt öfter mit einem Pflegetuch abgewischt werden, da der Handschweiß die Unterseite angreifen kann. Dass das ganz erhebliche Auswirkungen haben kann, ist manchmal an alten Armbanduhren etwa der 1930er-Jahre zu studieren. Ihre Rückseiten, noch nicht aus Edelstahl hergestellt, sind oft regelrecht zerfressen von millimetertiefen Löchern und Gängen. Der Schweiß kann auch Zifferblätter angreifen, Vorsicht!

DIE PRÄSENTATION

Und wie bringt man nun seine Schätze unter? Die einfachste Methode für Beginner ist das Anhängen an der Schließe an Haken oder dergleichen.

Nachteil könnte sein, dass die Uhr durch diese „falsche" Lage ihre Genauigkeit verändert, also ein sogenannter Lagefehler dabei aufgedeckt wird. Außerdem könnte bei heiklen Uhren das Öl von seinen Lagerstätten auswandern – die Folgen könnten nach längerer Aufhängung bei Wiederinbetriebnahme zu spüren sein.

Gerne möchte man seine Schätze sichtbar und dennoch staubgeschützt präsentieren. Also überlegt man sich vielleicht, sie auf Uhrenständern in eine Vitrine, möglichst noch beleuchtet, zu stellen. Sammler-„Profis" werden vielleicht Sammlerkästen aus Edelholz verwenden. Diese haben allerdings nur Platz für wenige Uhren. Man könnte auch Schubläden aus ehemaligen Uhrengeschäften nehmen. Je kleiner die Wohnung, desto kniffliger die Lösung, folglich wird man noch erfindungsreicher.

PRAKTISCHE HINWEISE FÜR SAMMLER UND LIEBHABER: MIT ALTEN UHREN LEBEN

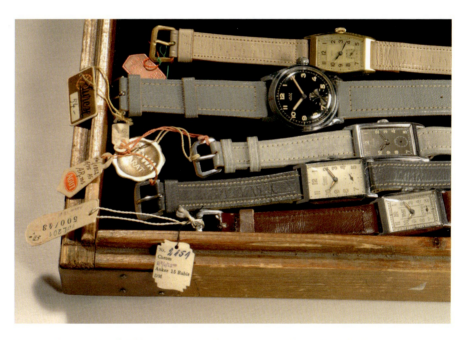

Traum jedes Sammlers: NOS(New Old Stock)-Schätze tief vergraben in den Schubladen des alten Uhrengeschäftes zu finden.
A dream of every collector: NOS (new old stock) – treasures hidden in the drawers of old watch maker shops

DIE SUCHE

Alte Armbanduhren findet man auf Uhrenbörsen, Floh- und Trödelmärkten, im Bekannten- und Familienkreis und manchmal noch mit recht viel Glück in alten und kleinen, eher abgelegenen Uhrengeschäften. Natürlich sind Sie nicht der Erste, der nachfragt.

1960   **1970**   **1980**

Robert Kauderer had no production of movements, but very elegant creations of watches

Stellte keine Rohwerke her: Robert Kauderer und seine eleganten Schöpfungen.

TABELLE 43: **HISTORISCHE ROHWERKE-HERSTELLER DEUTSCHLAND (FORTS.)**

Marke	1920	1930	1940
Stahl			
Thiel		▬▬▬▬▬▬▬▬▬▬▬▬▬▬▬▬	
UMF			
Urofa			▬▬▬▬▬▬▬
Uversi			
Würthner			

	1960	1970	1980	

TABELLE 43: **HISTORISCHE ROHWERKE-HERSTELLER DEUTSCHLAND**

Marke	1920	1930	1940
AHO			
AHS/Lord			
Asco			
Badenia			
Bifora			
Bigalu			
Diehl			
Durowe			
Emes			
Enz			
J. Epple			
Eppler			
Favor			
FB			▬▬▬▬▬
Grau & Hampel			
GUB			
Guba			
Hanhart			
HB			
HFB			
HPP			▬
Intex			
Isgus			
Jäckle			
Jaissle			
Junghans			▬▬▬▬▬
Kaiser			
Kasper			▬▬▬
Kienzle		? ▬▬▬▬▬	
Kurtz			
Lange			
Maurer & Reiling		▬	
Mauthe			
Osco			▬
Otero			
Palmtag			▬▬▬▬
PUW			

Bezeichnung	Einführung	Besonderheiten
Aquarex	1950?	
Delphin	Vorkrieg	
Regatta	Vorkrieg	
Discu-Safe	Nachkrieg	
Adorex	Circa 1952	
Neptun	Vorkrieg	
Amphibia	1954	
Hermetica		
Wasserdicht		Verschraubter Rückdeckel
Aquatic		"
Nautica	Vorkrieg	
Hydro-Polyp	Nachkrieg	

Anmerkung: Weitere Hersteller boten ab den 1950er-Jahren wasserdichte Uhren an, aber ohne eigenen Namenszusatz.

Schon vor dem Krieg ein Thema:
dreimal „wasserdicht" am Beispiel von Porta (Amphibia), Laco (Sport) und Para (Neptun).
A topic already before the war: Three times ⟦waterproof⟧ – examples made by Porta (Amphibia), Laco (Sport) and Para (Neptun)

TABELLE 42: **WASSERDICHTE UHRENGEHÄUSE**

Hersteller	Markenname	Ort
Wilhelm Beutter	Berg	Rosenfeld
Helmut Castan		Pforzheim
Karl Nonnenmacher	Kano	Pforzheim
Reister & Nittel		Pforzheim
Adolf Rapp	Adora	Schw-Gmünd
Paul Raff	Para	Pforzheim
Rudolf Wehner	Porta	Pforzheim
Zentra		
Lacher & Co.	Laco	Pforzheim
Otto Schlund	Osco	Schwenningen
Huber	Huber	München
Matthias Seitz	Seca	Pforzheim

Kaliber
10½ ''': 16
10½ ''':15,5
10½ ''': 70
12''': 051/52, 051/53

Kaliber
EB 8810, 8800/17, 8801/17

TABELLE 41: **NACH DER ERLEICHTERTEN PRÜFUNG FÜR STIFTANKERUHREN HABEN DIE NACHSTEHENDEN FIRMEN MIT DEN ANGEGEBENEN KALIBERN DIE PRÜFUNG IM VIERTEN QUARTAL 1965 BESTANDEN:**

MIT STIFTANKERUHREN:

Marke	Firma
Ancre Goupilles	W. Eppler
Emes	Müller-Schlenker
Hirsch	Alfred Hirsch
Kienzle	Kienzle AG

MIT ROSKOPFUHREN:

Marke	Firma
RE-Watch	R. Eichmüller

Kaliber

5½ ''': AS 1677; ETA 2412; 7¾ ''': ETA 2365; 11½ ''': ETA 2472, AS 1526.
5½''': PUW 74, AS 1677; 7¾ ''': ETA 2360, 2365; 11½ ''': PUW 360, 361, 1361; 13 ''': AS 1130.
5½''': AS 1677; 6¾''': ETA 2360, 2365; 11½''': ETA 2391, 2408, 2522; 13''': 130.
5½ ''': 51; 6¾''': 68; 7¼ ''': 70; 10½ ''': 107; 12½ ''': 120; 13 ''': 130.
5½ ''': PUW 74, ETA 2487; 6¾''': ETA 2412; 7¾''': ETA 2360; Felsa 4022; 8¾ ''': ETA 980; 10½ ''': AS 1525, ETA 2390, 1080, AROGNO 125; 11½ ''': PUW 360, 361, 1361.

Porta chronometer. Top quality made in Pforzheim. Can compete with Switzerland
Porta Chronometer: die Spitzenqualität aus Pforzheim. Man konnte sich mit den Schweizern messen.

TABELLE 40: **GANGGEPRÜFTE DEUTSCHE UHREN IV/1965**

Marke	Firma
Arctos	Philipp Weber KG.
Aristo	Julius Epple KG.
Bergana	Wilhelm Beutter
Bifora	J. Bidlingmayer GmbH
Blumus	Adolf Blümelink jr.
Constanta	August Hohl
Ehr	Karl Ehrmann
Ermi	Ernst Mitschele KG.
Eusi	Eugen Siegle
Exquisit	Hugo Weinmann
Felsus	Fells & Co.
Foresta	Bernhard Förster
Habmann	Karl Habmann
Helma	Burkhardt & Cie.
Junghans	Gebr. Junghans AG.
Kasper	Kasper & Co.
Lessa	Gebr. Hummel
Nitava	Hans Nittel
Panta	Schätzle & Dennig
Para	Paul Raff
Porta	Porta-Uhrenfabrik Wehner KG.
Provita	Provita-Uhrenfabrik Franz Schnurr OHG.
Roberta	Roberta-Uhrenfabrik Robert Kauderer
Roxy	Emil Werner
Sepo	Mathias Seitz.
Stowa	Walter Storz
Zome	Hermann Merkle

Stoß.	Daten
	1956–1958

Stoß.	Daten
	1920 im Prospekt

Prima 11''' Cylinderwerk mit 10 Steinen (eigenes Caliber).

10 Steine: Besseres findest Du nicht ... Zylinderwerke dieser Güte besaßen eine beachtliche Laufqualität, wenn vernünfig einreguliert.
10 jewels: Can't find anything better ... Cylinder movements of that grade offered a remarkable running quality

TABELLE 38: **STAHL, PFORZHEIM**

Kaliber-Nr.	Werkgröße	Form	Angaben
			Angebl. nur Damenuhren, Firma war kurzlebig, da in Pforzheim aus dem Markt gedrängt

TABELLE 39: **KALIBER-LISTE DRUSENBAUM, PFORZHEIM**

Kaliber-Nr.	Werkgröße	Form	Angaben
	11	R	Zylinder 10 Steine

No. 26

Uhrziehband

No. 27

Lederarmband

What do you want: Bracelets and dials to meet every taste, extract of the Drusenbaum-Catalogue of 1920

Was ihr wollt: Bänder und Zifferblätter für jeden Geschmack. Aus dem Drusenbaum-Katalog von 1920.

No. 28

Milannaiseband

Stoßs.	Daten
	1958 in Herstellung
MoR	„

Stoßs.	Daten
	1958 in Herstellung

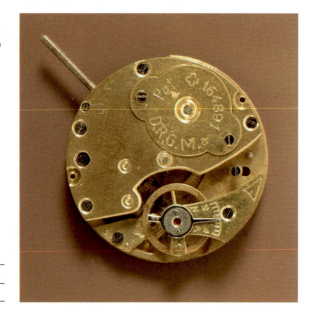

Große Rarität: Frühes und einziges Werk von Maurer & Reiling.
Great rarity: The early and single movement made by Maurer & Reiling

Stoßs.	Daten
	1934

Stoßs.	Daten
	Ab 1956?

TABELLE 34: **KALIBER-LISTE GRAU & HAMPEL, PFORZHEIM**

Kaliber-Nr.	Werkgröße	Form	Angaben
33	5¼	F	15 Rubis
33	„	F	17 Rubis

TABELLE 35: **KALIBER-LISTE ASCO (A. STEUDLER & CO.), PFORZ**

Kaliber-Nr.	Werkgröße	Form	Angaben
7500	5¼ x 6¾	F	
7500	„		CLD

TABELLE 36: **KALIBER-LISTE MAURER & REILING, PFORZHEIM**

Kaliber-Nr.	Werkgröße	Form	Angaben
	10½	R	Zylinder 0 oder 10 Steine

TABELLE 37: **KALIBER-LISTE JAISSLE & CO. KG (BADENIA), ISPRINGEN**

Kaliber-Nr.	Werkgröße	Form	Angaben
RA 126 TWC	11½	R	AUT SCD Basis AHO 1121
RA 127	„	„	AUT SCD
1128	„	„	AUT SCD

Stoß.	Daten
Uwersi	
"	
"	
"	
"	
Uwersi	
Uwersi	

Everybody to have his shaped movement: VUFE 47-11 completed the range of shaped movement in Pforzheim
Jedem sein Formwerk: Das Vufe 47-11 vervollständigte die Palette Pforzheimer Formwerke.

Stoß.	Daten
Eigene	
"	
"	
"	

Stoß.	Daten
Kif	Alle diese Werke wurden von Fa. Provita Franz Schnurr exklusiv remontiert. Hergestellt 1948–1956
Kif	
Kif/CoSh	
Kif/CoSh	
Kif/CoSh	
"	

TABELLE 31: **KALIBER-LISTE VEREINIGTE UHREN-FABRIKEN ERSINGEN (UWERSI, VUFE, EUW)**

Kaliber-Nr.	Werkgröße	Form	Angaben
57/4	5	F	17 Rubis
57/5	5¼	F	"
57/6	"	F	"
47-11	8¾ x 12	F	
57/12	"	F	15, 17, 21 Rubis
57/12	"	F	SC 17 Rubis
57/12	8¾ x 12	F	CLD 17/21 Rubis
57/12	8¾ x 12	F	SC CLD
57/8	10½	R	Stiftanker 15 und 18 Rubis
57/8	10½	R	SC Stiftanker 18 Rubis
57/8	10½	R	CLD Stiftanker 21 Rubis
57/8	10½	R	SC CLD Stiftanker 21 Rubis
57/8	10½	R	SC Vollanker 18 Rubis
57/9	10½	R	SC Stiftanker 18 Rubis
57/10	"	R	Vollanker 17 und 21 Rubis
57/10	11½	R	SC Aut 25 Rubis

TABELLE 32: **KALIBER-LISTE INTERCO-BIGALU**

Kaliber-Nr.	Werkgröße	Form	Angaben
111	8¾ x 12	F	15 und 21 Rubis
111 MS	"	F	SC "
222	12½	R	"
222 MS	12½	R	SC 17 Rubis

TABELLE 33: **KALIBER-LISTE ENZ-MEDIAN-IMPERA**

Kaliber-Nr.	Werkgröße	Form	Angaben
152	10½ SC		Stiftanker 15 Rubis
152	10½		SC CLD Stiftanker 15 Rubis
153	10½		SC 17/21 Rubis
153/0	10½		17 Rubis
153K	10½		SC CLD Stiftanker
131	13		SC Stiftanker 10 und 15 Rubis (17280)

Stoßs.	Daten
-	
-	
-	
-	1933?, 1934–
-	
-	1933?, 1934–
-	1933?, 1934–
-	1933?, 1934–

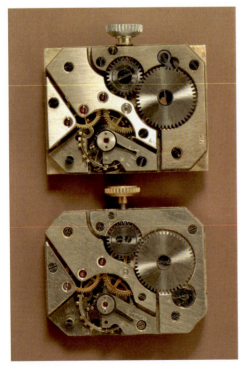 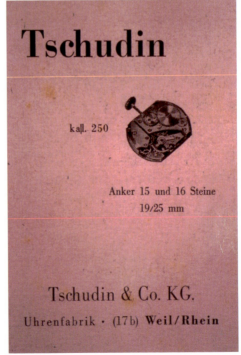

TABELLE 30: **KALIBER-LISTE SCHÄTZLE & TSCHUDIN (FAVOR), WEIL AM RHEIN (FERTIGUNG SEIT 1909), UND PF. (FERTIGUNG S**

Kaliber-Nr.	Werkgröße	Form	Angaben
25/19	8¾ x 12	F	
250	8¾ x 12	F	
250	8¾ x 12	F	SC
	9	R	Zylinder 10 Steine
Stadion	11	R	Zylinder
	18	R	Zylinder 10 Steine. Erwähnt bei Flume K1
B	19	R	15 Steine?
C	19	R	16 Steine? Identisch mit 14 C?

Die Unbekannten, von links nach rechts: Kaliber Stadion, 250 und in 2 Versionen 25/19.

7The unknown: From left to right – Caliber Stadion, 250, and in two versions 25/19

Stoßs.	Daten
Farr	
RUF	
"	
"	
SSR	
A.Shoc	
SSR	
A.Shoc	

TABELLE 29: **KALIBER-LISTE AUGUST HOHL (AHO)**

Kaliber-Nr.	Werkgröße	Form	Angaben
96	12		AUT SCD
96 A	"		"
555	5¼	F	
675	6¾ x 8	F	
961	12		AUT SCD CLD
961 A	"		"
966	"		"
966 A	"		"
1021	10½	R	SCD
1021 A	"		"
1022	"	"	SCD CLD
1022 A	"		SCD CLD
1121	11½		SCD
1121 A	"		"
1122	"		SCD CLD
1122 A	"		"
1123	"	"	AUT SCD
1123 A	"		"
1125	"		AUT SCD CLD
1125 A	"		"
1166	"		SCD CLD
1166 A	"		"
1055	10½	"	
1055	"	"	
1057	10½	"	SC SCI
1057	"	"	

Stoß.	Daten
	1934–

Everything remains in the family: Guba movement for the H.F. Bauer wrist watch

Bleibt alles in der Familie: Guba-Werk für H.F.-Bauer-Armbanduhr.

Stoß.	Daten
SSR	
Farr	
MoR53/SSR	

Ersatz im Beutel: „Fournituren" waren lange Zeit die Rettung des Uhrmachers.

Workshop in a bag: So-called "Furnituren" (components) were extremely helpful for watch makers

TABELLE 27: **KALIBER-LISTE H.F. BAUER**

Kaliber-Nr.	Werkgröße	Form	Angaben
	8¾	R	7, 11 oder 15 Steine
B 525	5¼		
B 568	5¼		Zylinder

TABELLE 28: **KALIBER-LISTE GUSTAV BAUER / GUBA**

Kaliber-Nr.	Werkgröße	Form	Angaben
G 500	5		
GB 25	5¼		
GB 875	8¾	R	
GB 875	8¾	„	SC
B 1050	10½	„	
B 1050	10½	„	SC
G 1100	10½	„	SC
G 1200	10½	„	SC 17 und 21 Rubis
1200	10½	„	SC CLD
1200	11½	„	AUT SC
1200	11½	„	AUT SC CLD

Stoß.	Daten
SSR	
SSR/Inc. RuSh.	
Inc./MoR./RuSh	
"	
"	
"	
"	
"	
SSR/RuSh	
Inc/MoR	
SSR/Inc/MoR/RuSh	
Inc/MoR/RuSh	
	Circa ab 1958
MoR	
"	
	Ca. ab 1972

HERMANN BECKER DIETLINGEN PFORZHEIM

BECKER ROHWERKE

BECKER GEHÄUSE

BECKER ZIFFERBLÄTTER

sind in Fachkreisen QUALITÄTSBEGRIFFE

Becker, one of the important manufacturers in Pforzheim, had a good programme of production, but in spite of their quality the company was put into liquidation, due to the "quartz crisis"

Alles im Programm: Becker als einer der großen Pforzheimer Hersteller ging trotz guter Werke in der Quarzkrise unter.

TABELLE 26: **KALIBER-LISTE HERMANN BECKER (HB)**

Kaliber-Nr.	Werkgröße	Form	Angaben
675 alt	5¼		
675 neu	5¼		
80	6¾ x 8	F	
81	6¾ x 8	F	
82	6¾ x 8	F	
105 A	10½		SCD
105 B	„		„
105 C	„		„
106	10½		SCD
107	11½		„
110	10½		„Neu (1958)
111	11½		SCD Neu „
112	„		Aut SCD
113	„		Aut SCD CLD
114	„		SCD CLD
115 MS	„		SCD
115 MS	„		SCD CLD
120	„		SCD
120	„		SCD CLD
213	„		AUT SCD CLD
214	„		SCD CLD
312 alt	„		AUT SCD
312 neu	„		AUT SCD
313 alt	„		AUT SCD CLD
313 neu	„		„
314	„		SCD CLD
1051	11½		SC CLD
1151	„		SCD CLD
1161			SCD
90	6¾ x 8		
90	„		Digital
313	11½		AUT Digital SCD, CLD
411	„		SCD
412	„		AUT SCD
413	„		AUT Digital
414	„		SCD, CLD, Digital

Stoß.	Daten

From HPP to Hercules: The simply constructed movements made by Henzi & Pfaff were already equipped with shock absorbers of their own, f.e. Cal. 101 (left)
Von HPP zu Hercules: Bei Henzi & Pfaff hatten die einfach konstruierten Werke schon frühzeitig eigenentwickelte Stoßsicherungen, so das Kaliber 101 (links).

TABELLE 25: **KALIBER-LISTE HENZI & PFAFF (HERCULES, HP, HPP) PFORZHEIM (FORTS.)**

Kaliber-Nr.	Werkgröße	Form	Angaben
453	"		SCD CLD
454	"		SCD
455	"		SCD CLD
460	"		AUT SCD
461	"		AUT SCD CLD
4231	"		SCD CLD
6021	10½		SCI
6031	"		SCI CLD

Stoßs.	Daten
SSPR	
"	
"	
SPR	
SSPR	
"	
"	
"	
"	
SPR	
"	
SSPR	
"	
SSPR	
SPR	
SSPR	
"	
"	
"	

TABELLE 25: **KALIBER-LISTE HENZI & PFAFF (HERCULES, HP, HPP) PFORZHEIM**

Kaliber-Nr.	Werkgröße	Form	Angaben
203	8¾		
210	8¾		SC
211	"		CLD
200	9		
412	10½		SC
413	"		CLD
601	"		
602	"		SCI
603	"		SCI CLD
101	13		
102	"		
103	"		
104	"		
106	"		
107	"		CLD
125	13		SC
126	"		SCD
127	"		"
128	"		"
129	"		SCD CLD
110	"		
112	"		
113	"		CLD
114	"		
115	"		CLD
170	"		
420	12		AUT SCD
421	"		AUT SCD CLD
422	11½		SCD
423	"		SCD CLD
424	10½		SCD
425	2		SCD CLD
431	12		AUT SCD CLD
433	11½		SCD CLD
450	"		AUT SCD
451	"		AUT SCD CLD
452	"		SCD

Stoßs.	Daten
	1932–
MoR/ohne	
–/MoR	
MoR	
MoR	
MoR	
MoR	
–/MoR	
–/MoR	

TABELLE 24: **KALIBER-LISTE KASPER, PFORZHEIM**

Kaliber-Nr.	Werkgröße	Form	Angaben
100	8¾	R	Zylinder, 2 und 6 Steine
200	5¼		Zylinder
200			
300	10½		Zylinder
350	10½		SC Zylinder
400	5¼		
500	8¾		
600	5¼ alt		
600	5¼ neu		
700	10½		SC
750	10½		SC
800	10½		SC
900	10½		SC
900	10½		SC CLD
901	10½		SC
950	10½		SC CLD
951	10½		SC CLD
952	13		SC CLD
1000	13		AUT neu
1000	13		AUT alt
1050	13		AUT CLD
1200	5¼		
1100	5½		
1110	5½ (21600)		
1120	5¼ (21600)		SC
1300	5¼		
1400	10½		SC
1401	10½		SC CLD (QG)
1410	11½		SC
1411	11½		SC CLD (QG)
1412	11½		SC CLD (QG,JG)
1450	11½		AUT SC
1451	11½		AUT SC CLD (QG)
1452	11½		AUT SC CLD (QG, JG)
1464	13½		AUT SC CLD (QG,JG)

Convincing variety: Bernhard Förster developed an impressing programme of calibers
Überzeugende Vielfalt: Was so alles bei Bernhard Förster entwickelt wurde – ein wirklich beeindruckendes Kaliber-Programm!

Stoß.	Daten

Business in components was very important: Perfect delivery – customers satisfied
Das Ersatzteil-Geschäft war wichtig: Gute Belieferung sorgte für zufriedene Abnehmer.

TABELLE 23: **KALIBER-LISTE BERNHARD FÖRSTER (BF; FORESTA), PFORZHEIM (FORTS.)**

Kaliber-Nr.	Werkgröße	Form	Angaben
192	”		AUT SCD
194	”		”
196	”		AUT SCD CLD
197	”		”
200	”		SCD
212	”		SCD CLD
214	”		SCD CLD
216	”		SCD CLD
218	”		SCD CLD
220	”		AUT SCD
222	”		AUT SCD CLD
224	”		AUT SCD
226	”		AUT SCD
228	”		AUT SCD
300	6¾		
630	5¼		
1152	11½		SCD
1189	11½		CLD
1197	”		AUT SCD CLD
400	7¾		SCD
412	”		,, CLD
420	”		AUT, SCD
422	”	”	,, CLD

Stoß.	Daten
Eigene/Kif	
Kif	
Kif	
Eigene	1950–
Eigene	
Eigene	
Eigene	
Kif	
Kif	
Kif	
Kif	
Kif	
Kif	
Kif	
Kif	

TABELLE 23: **KALIBER-LISTE BERNHARD FÖRSTER (BF; FORESTA), PFORZHEIM**

Kaliber-Nr.	Werkgröße	Form	Angaben
308	5 ¼		Zylinder
309	„		Zylinder
611	„		
620	„		
620	„		
622	„		
622	„		
106	8 ¾		Zylinder
2075	8 ¾ x 12	F	
2080	„	F	
2080	„	F	SC
2091	„	F	
2091	„	F	SC
2092	8 ¾ x 12	F	
2092	„	F	CLD
50	10 ½		SCD
500	„		„
80	11 ½		SC Aut
81	„		„Aut CLD
85	„		„CLD
800	„		„Aut
51	10 ½		SCD
60	5 ¼		
70	7 ¾		SCD
72	„		„
86	11 ½		SCD CLD
90	„		AUT SCD
91	„		AUT SCD CLD
150	10 ½		SCD
152	„		
186	11 ½		SCD CLD
187	„		„
189	„		CLD
191	„		AUT SCD CLD

Movement of earlier time: Caliber 24, offered under the brand OTEZY (Otto Epple Zylinder)
Frühes Werk: Kaliber 24, unter der Marke OTEZY (Otto Epple Zylinder) angeboten.

Legally protected: Epple caliber 22, here in its first version with engraving D.R.G.M. (Deutsches Reich Geschmacksmuster Gravur)

Gesetzlich geschützt: Epples Kaliber 22, hier in der ersten Version mit D.R.G.M. (Deutsches Reich Geschmacks-Muster)-Gravur.

Stoßs.	Daten

TABELLE 22: **KALIBER-LISTE OTTO EPPLE (OTERO) KÖNIGSBACH UND PFORZHEIM (FORTS.)**

Kaliber-Nr.	Werkgröße	Form	Angaben
581	9¾		AUT SC CLD
712	11½		SCD CLD
722	"		"
740	"		SCD
742	"		SCD CLD
744	"		"
772	"		AUT SCD CLD
782	"		"
790	"		AUT SCD
790 K	"		AUT SCD
792	"		AUT SCD CLD
792 K	"		"
794	"		"
794 K	"		"
840	"		SCD
844	"		SCD CLD
1371	6¾ x 8		CLD
1391	8		
1441	10½		SCD CLD
236	6¾ x 8		Digital
237	"		
336	"		Digital
337	"		
362	5½		
795	11½		AUT SC CLD
795 K	"		AUT SC CLD
796	"		AUT SC Digital
797	"		AUT SC CLD DD
797 K	"		"
845	"		SC CLD
846	"		SC Digital
847	"		SC DD
904	"		AUT SC CLD
906	"		AUT SC Digital

Stoßs.	Daten
"	
"	
"	
"	

TABELLE 22: **KALIBER-LISTE OTTO EPPLE (OTERO) KÖNIGSBACH UND PFORZHEIM**

Kaliber-Nr.	Werkgröße	Form	Angaben
481	11½		SC AUT CLD
26	12		
26	12		SC
30	"		
30	"		CLD
24	10½		
37	6¾ x 8		
39	8		SCI
46	10½		
58	9¾		AUT SC
62	5½		
64	6¾		
70	10½		SCD
71	11½		SCD
72	"		"
73	10½		SCD
74	11½		SCD
77	11½		AUT SCD
78	"		"
79	"		"
79 K	"		"
137	6¾ x 8		
139	8		
144	10½		SCD
146	"		
162	5½		
251	5¼		
262	5½		
371	6¾ x 8		SCI CLD
391	8		"
401	10½		SCD CLD
411	11½		"
412	"		"
441	10½		SCD CLD
481	11½		AUT SCD CLD alt
481	"		" neu
482	"		AUT SCD CLD

Stoßs.	Daten

Stoßs.	Daten
	1935–
	Erwähnt 1939

Stoßs.	Daten
MoR/Unish	
"	
OTEX/MoR/Unish	
Otex/Unish	
MoR/Unish	
"	
"	
"	
"	
"	
"	
"	
"	

TABELLE 20: **KALIBER-LISTE PUW (PFORZHEIMER UHREN-ROHWERKE) (FORTS.)**

Kaliber-Nr.	Werkgröße	Form	Angaben
2001	"		Electronic SC CLD
2002	"		Electronic SC CLD QG IG
2501	"		Electronic SCI CLD
2502	"		Electronic SCI CLD QG IG
2508	"		Electronic SCI CLD
2509	"		Electronic SCI CLD QG IG
3000	6¾ x 8		Ladychron

TABELLE 21: **KALIBER-LISTE JULIUS EPPLE (ARISTO) PFORZHEIM**

Kaliber-Nr.	Werkgröße	Form	Angaben
24	10½		Cylinder 0–10 Steine (übernommen von Fa. Maurer & Reiling)
	10½		Anker

TABELLE 22: **KALIBER-LISTE OTTO EPPLE (OTERO) KÖNIGSBACH + PFORZHEIM**

Kaliber-Nr.	Werkgröße	Form	Angaben
25	5¼		
25			
251	5¼		CLD
56	5¼		
27	6¾ x 8	F	
22	8¾ x 12	F	
22	8¾ x 12	F	SC
28	10½		
29	10½		SC
40	10½		SC
44	10½		SC
45	10½		SC
401	10 ½		SC CLD
441			"CLD
41	11½		SC
48	11½		SC AUT

Die Day Date Schaltung

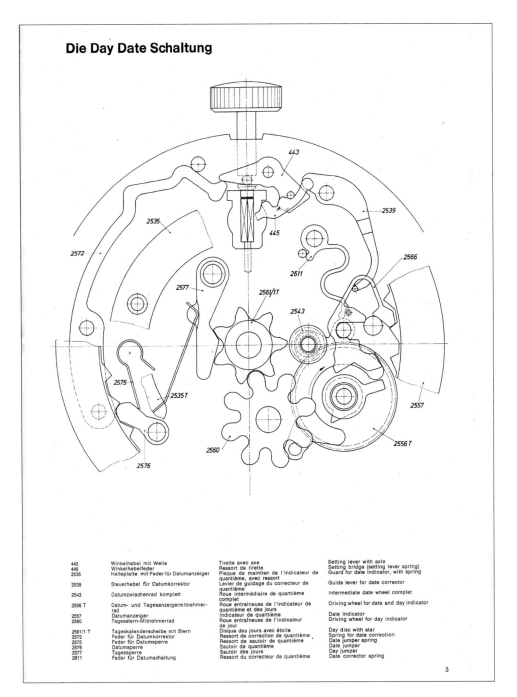

443	Winkelhebel mit Welle	Tirette avec axe		Setting lever with axle	
445	Winkelhebelfeder	Ressort de tirette		Setting bridge (setting lever spring)	
2535	Halteplatte mit Feder für Datumanzeiger	Plaque de maintien de l'indicateur de quantième, avec ressort		Guard for date indicator, with spring	
2539	Steuerhebel für Datumkorrektor	Levier de guidage du correcteur de quantième		Guide lever for date corrector	
2543	Datumzwischenrad komplett	Roue intermédiaire de quantième complet		Intermediate date wheel complet	
2556 T	Datum- und Tagesanzeigermitnehmerrad	Roue entraineuse de l'indicateur de quantième et des jours		Driving wheel for date and day indicator	
2557	Datumanzeiger	Indicateur de quantième		Date indicator	
2560	Tagesstern-Mitnehmerrad	Roue entraineuse de l'indicateur de jour		Driving wheel for day indicator	
2561/1 T	Tageskalenderscheibe mit Stern	Disque des jours avec étoile		Day disc with star	
2572	Feder für Datumkorrektor	Ressort de correction de quantième		Spring for date correction	
2575	Feder für Datumsperre	Ressort de sautoir de quantième		Date jumper spring	
2576	Datumsperre	Sautoir de quantième		Date jumper	
2577	Tagessperre	Sautoir des jours		Day jumper	
2611	Feder für Datumschaltung	Ressort du correcteur de quantième		Date corrector spring	

Dreisprachig: Perfektionismus aus Pforzheim.
Multilingual: Perfection grown in Pforzheim

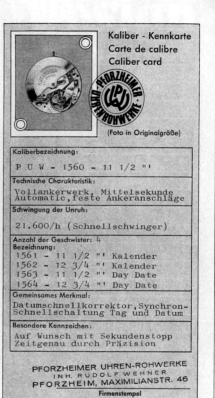

Kennkarte statt Personalausweis: witzige Eigenwerbung der PUW.
Code card instead of identity card: Funny gag of publicity by Puw

Stoßs.	Daten
	Kaliberfamilie 560-1564: 1971-560, 561,563,562,564, 1560,1561,1562,1563,1564560 gefertigt von 1970-1977?
	1963-1972
	1963-1972

TABELLE 20: **KALIBER-LISTE PUW (PFORZHEIMER UHREN-ROHWERKE) (FORTS.)**

Kaliber-Nr.	Werkgröße	Form	Angaben
1001	″		CLD
1075	5½		
1260	11½		AUT SCD
1261	″		AUT SCD CLD
1360	″		AUT SCD
1361	″		AUT SCD CLD
1363	″		″
1460	″		AUT SCD
1461	″		AUT SCD CLD
1462	12¾		″
1463	11½		″
1464	12¾		AUT SCD CLD
Electronic Porta-Lip			
560	11½		SCD
560 D	″		SCD
561	″		SCD CLD
561 D	″		″
561 E	″		″
562	12¾		SCD CLD
562 E	″		″
563 T	11½		SCD CLD
564 T	12 ¾		″
565 T	11½		″
610	7¾		
1175	5½		
1560	11½		AUT SCD CLD
1560 D	″		AUT SCD
1561	″		AUT SCD CLD
1561 D	″		″
1561 E	″		″
1562	12¾		AUT SCD CLD
1562 E	″		″
1563 T	11½		″
1564 T	12¾		″
1565 T	11½		AUT SCD CLD
2000	12½		Electronic SC

Stoßs.	Daten
	1933 Entwicklung, 1934–
	1951–
	Kaliberfamilie 260-1261: Vor 1961-260, 261, 1260, 1261
	Weiterentwicklung der Kaliberfamilie 260-1261:1966-360, 361, 363, 1360, 1361, 1363
	Kaliberfamilie 460/1464: 1969–

TABELLE 20: **KALIBER-LISTE PUW (PFORZHEIMER UHREN-ROHWERKE)**

Kaliber-Nr.	Werkgröße	Form	Angaben
70	5		
49	5¼		
49	„		SCI
600			
73	5½		
80	6¾ x 8	F	
Alt	8¾ x 12	F	Dieses erste Formwerk und damit zugleich erste Werk der PUW überhaupt wurde in mehreren Varianten überarbeitet und bis in die 1950er-Jahre produziert. Die Bezeich „500" wurde erst ganz zuletzt angewende
Neu	8¾ x 12	F	
500	8¾ x 12	F	
501	8¾ x 12	F	
700	9¾		Zylinder
60	10½		SCD
60			
65	10½		SCD CLD
61	11½		SCD
63	„		SCD CLD
54 A+B	12		AUT SCD
55A+B	„		AUT SCD CLD
57	„		AUT SCD
58			
59	12		AUT SCD CLD
260	11½		SCD
261	„		SCD CLD
360	„		SCD
361	„		SCD CLD
363	„		„
460	„		SCD
461	„		SCD CLD
462	12¾		SCD CLD
463	11½		SCD CLD
464	12¾		SCD CLD
570	12		AUT SCD
590	„		AUT SCD CLD
1000	12½ Porta Elechron		

Modern versus classic: Movement by Durowe of its Swiss epoch. Gold plated caliber 410, since 1935
Modern kontra klassisch: Durowe-Werk aus der Schweizer Zeit. Vergoldetes Kaliber 410 ab 1935.

Besonderheiten	ab	bis
Datum		
Datum	1960	
ultraflach: 4,6 mm	1963	vor 1967
	1963	vor 1967
	1953	1958
	1958	vor 1964
	vor 1962	vor 1967
	vor 1942	
	30er	
Kaliber 523 mit 16 Steinen	30er	
Kupplungsaufsatz, Zentralsekunde	vor 1942	
	vor 1952	
	vor 1952	vor 1964
	vor 1962	
	vor 1952	1957
	vor 1958	
	vor 1972	
	1955	1956
	1955	vor 1964
Kaliber 1032 mit Datum	1957	vor 1964
	1956	
	vor 1972	
Datum	1956	1957
	1956	
	1956	
Datum	1956	
	1956	
	1956	1968
	1964	1968
	1967	1968
	1967	1968
21.600 Hs.	1968	1970
21.600 Hs., Datum	1968	1970
21.600 Hs., Datum, Tag	1968	1970

Hinweis: es fehlt D 202

TABELLE 19: **KALIBER-LISTE DUROWE (DEUTSCHE UHREN ROHWERKE) PFORZHEIM (FORTS.)**

Kaliber	Größe	Form	Hemmung	Steine	Aufzug	Sekunde
1285	11½'''	O	A		m	M
1290	11½'''	O	A	25	a	M
600	11½'''	O	A	25	a	M
605	11½'''	O	A			M
322	8¾'''	O	A	15/17	m	M
332	8¾'''	O	A	15/17	m	M
335	8¾'''	O	A	15/17	m	M
F	8¾''' x 12'''	F	A		m	
523	10½'''	O	A	9	m	k
526	10½'''	O	A	16	m	k
410	10½'''	O	A		m	k
412	10½'''	O	A		m	M
420	10½'''	O	A	15/17	m	k
421	10½'''	O	A	15/17	m	k
422	10½'''	O	A	15/17	m	M
1055	10½'''	O	A		m	M
425-1	10½'''	O	A		m	M
425	10½'''	O	A	17/21	m	M
1032	10½'''	O	A	17/21	m	M
1035	10½'''	O	A	17/21	m	M
430	10½'''	O	A	17/21	m	M
430-1	10½'''	O	A		m	M
435	10½'''	O	A	17/21	m	M
440	10½'''	O	A	17/21	m	M
441	10½'''	O	A	17/21	m	M
443	10½'''	O	A	17/21	m	M
445	10½'''	O	A	17/21	m	M
446	10½'''	O	A	17/21	m	M
450	10½'''	O	A			
450-2	10½'''	O	A			
450-3	10½'''	O	A			
451	10½'''	O	A		m	M
451-2	10½'''	O	A		m	M
451-3	10½'''	O	A		m	M

Besonderheiten	ab	bis
21.600 Hs, Datum, Springsek., Schnellkorr.	1972	
21.600 Hs, Datum, Tag	1972	
21.600 Hs, Datum, Tag	1972	
21.600 Hs, Datum, Digitalanzeige	1972	
Chronometerwerk	1957	1958
	1958	1964
	1958	1964
sog. Laco-eclectric, 21.600 Hs	1959	ca. 1970
Lady-elect., electromech., 21.600 Hs, Dat.	vor 1972	
electromech., 21.600 Hs	vor 1972	
electromech., 21.600 Hs, Datum	vor 1972	
21.600 Hs.	1972	
21.600 Hs., 24-h-Zeiger	1972	
21.600 Hs., Datum, Tag	1972	
	1952	1958
	1952	1956
Basis Kaliber 420	1952	1956
Basis Kaliber 422	1952	1956
Basis Kaliber 425	1951	
Basis Kaliber 425, Datum		
Basis Kal. 440, Autom. Baugruppe 562	1956	
Datum	1956	
Datum		
Datum		
Datum		
	1956	vor 1964
	1956	vor 1964
1162 mit Datum	1956	vor 1964
	1964	1956
Datum	vor 1962	
	vor 1962	
Datum	vor 1962	
	vor 1962	
Datum	vor 1962	

TABELLE 19: **KALIBER-LISTE DUROWE (DEUTSCHE UHREN ROHWERKE) PFORZHEIM (FORTS.)**

Kaliber	Größe	Form	Hemmung	Steine	Aufzug	Sekunde
7536	11½'''	O	A		a	M
7537	11½'''	O	A		a	M
7538	11½'''	O	A		a	M
7539	11½'''	O	A		a	M
630	13'''	O	A	21	m	M
632	13'''	O	A	17/21	m	M
625	13'''	O	A	15-21	m	k
861		O		12		
900	6¾''' x 8'''	O		8		
870	13½'''	O		7		M
880	13½'''	O		7		M
7410	10½'''	O	A		m	M
7411	10½'''	O	A		m	M
7412	10½'''	O	A		m	M
520	11½'''	O	A	15/17	m	k
522	11½'''	O	A	15/17	m	M
540	11½'''	O	A		m	M
542	11½'''	O	A		m	M
550	11½'''	O	A	22	a	M
552	11½'''	O	A	22	a	M
562	11½'''	O	A	25	a	M
585	11½'''	O	A	25	a	M
570	11½'''	O	A	25	a	M
576	11½'''	O	A	25	a	M
580	11½'''	O	A	25	a	M
585	11½'''	O	A		m	M
586	11½'''	O	A	25	a	M
590	11½'''	O	A	25	a	M
1132	11½'''	O	A	17/21	m	M
1162	11½'''	O	A	25	a	M
1172	11½'''	O	A	25	a	M
1258	11½'''	O	A		m	M
1260	11½'''	O	A		m	M
1265	11½'''	O	A		m	M
1266	11½'''	O	A		m	M
1268	11½'''	O	A	25	a	M
1278	11½'''	O	A	25	a	M

Besonderheiten	ab	bis
Kupplungsaufzug	1956	vor 1964
Kupplungsaufzug	vor 1958	
Kupplungsaufzug	vor 1962	
Kupplungsaufzug	vor 1962	
Kupplungsaufzug	1958	vor 1964
	1964	1970
21.600 Hs	1970	
	1970	
	1953	vor 1964
Kal. 61 mit Mittelsekunde		
Kupplungsaufzug	vor 1962	1956
	1964	1966
	1966	1969
21.600 Hs	1969	
Kupplungsaufzug	vor 1962	
Kupplungsaufzug	vor 1962	1968
	1959	
	vor 1942	
Kupplungsaufzug	vor 1942	1958
	vor 1934	
	vor 1940	
höherwertige Ausführung von Kal. 512	vor 1940	
Kupplungsaufzug, später Zentralsek.	vor 1942	
21.600 Hs, Datum	1972	
21.600 Hs, Datum, Tag	1972	
21.600 Hs, Minutenstop	1972	
21.600 Hs, Datum, Schnellkorrektur	1972	
221.600 Hs, Datum, Tag, Schnellkorrektur	1972	
21.600 Hs, Datum, Tag	1972	
21.600 Hs, Datum, Tag	1972	
21.600 Hs, Springsekunde	1972	
21.600 Hs, Datum, Tag, Springsek., 24-h-Zeiger	1972	
21.600 Hs, Datum, Springsekunde	1972	
21.600 Hs, Datum, Tag, Springsek.	1972	
21.600 Hs, Minutenstop, Springsek,	1972	
Datum, Springsek., Schnellkorrektur	1972	

TABELLE 19: **KALIBER-LISTE DUROWE (DEUTSCHE UHREN ROHWERKE) PFORZHEIM (FORTS.)**

Kaliber	Größe	Form	Hemmung	Steine	Aufzug	Sekunde
56	5¼'''	F	A		m	X
58	5¼'''	F	A		m	
59	5¼'''	F	A		m	
60	5¼'''	F	A		m	
70	5½'''	F	A	17	m	
71	5½'''	F	A		m	
72	5½'''	F	A		m	
75	5½'''	F	A		m	
AS 1977	5½'''	F	A		m	
61	6¾''' x 8'''	F	A	15/17	m	X
65	6¾''' x 8'''	F	A		m	M
69	6¾''' x 8'''	F	A		m	
89	6¾''' x 8'''	F	A		m	
89-1	6¾''' x 8'''	F	A		m	
FHF 69-21	6¾''' x 8'''	F	A		m	
260	7¼'''	O	A		m	M
261	7¼'''	O	A		m	M
270	7¼'''	O	A	25	a	M
550	7¾''' x 11'''	F	A		m	
275	7¾''' x 11'''	F	A	15/17	m	k
	8¾'''	O	A	7/15	m	
512	8¾'''	O	A	9	m	
514	8¾'''	O	A	16	m	
318	8¾'''	O	A		m	k/M
7522	11½'''	O	A			M
7523	11½'''	O	A		a	M
7524	11½'''	O	A		a	M
7525	11½'''	O	A	25	a	M
7526	11½'''	O	A	25	a	M
7527	11½'''	O	A	25	a	M
7528	11½'''	O	A	25	a	M
7530	11½'''	O	A		a	M
7531	11½'''	O	A		a	M
7532	11½'''	O	A		a	M
7533	11½'''	O	A		a	M
7534	11½'''	O	A		a	M
7535	11½'''	O	A		a	M

Besonderheiten	ab	bis
Kaliber 600 mit Datum	1963	vor 1967
Datum	1963	vor 1967
21.600 Hs	1967	1970
21.600 Hs	1967	1970
21.600 Hs, Datum	1967	1970
21.600 Hs, Datum	1967	1970
Stoßsicherung, 21.600 Hs	1968	1970
Stoßsicherung, 21.600 Hs, Datum	1968	1970
Stoßsicherung, 21.600 Hs, Datum, Tag	1968	1970
Stoßsicherung, 21.600 Hs, Minutenstop	1968	1970
21.600 Hs	1972	1970
21.600 Hs, 24-h-Zeiger	1972	1970
21.600 Hs, Datum	1972	1970
21.600 Hs, Datum, Tag	1972	1970
21.600 Hs, Minutenstop	1972	1970
21.600 Hs, Datum, Schnellkorrektur	1972	1970
21.600 Hs, Datum, Tag, Schnellkorrektur	1972	1970
21.600 Hs, Datum, Tag	1972	1970
21.600 Hs, Datum, Tag	1972	1970
21.600 Hs, Springsekunde	1972	1970
21.600 Hs, Springsekunde, 24-h-Zeiger	1972	1970
21.600 Hs, Datum, Springsekunde	1972	1970
21.600 Hs, Datum, Tag, Springsekunde	1972	1970
21.600 Hs, Minutenstop, Springsekunde	1972	1970
Datum, Tag, Springsek., Schnellkorrektur	1972	1970
Datum, Tag, Springsek., Schnellkorrektur	1972	1970
21.600 Hs, Minutenstop, Springsekunde	1972	1970
21.600 Hs, Minutenstop, Springsekunde	1972	1970
Mit automatik Baugruppe AS 1902	1972	1970
21.600 Hs, 24-h-Zeiger	1972	1970
	1953	vor 1964
	vor 1934	
	vor 1940	
Höherwertige Ausführung von Kal. 501	vor 1940	
Kupplungsaufzug	vor 1942	
Kupplungsaufzug	vor 1952	1956

WERKETABELLEN

TABELLE 19: KALIBER-LISTE DUROWE (DEUTSCHE UHREN ROHWERKE) PFORZHEIM

Kaliber	Größe	Form	Hemmung	Steine	Aufzug	Sekunde
610	11½'''	O	A	25	a	M
615	11½'''	O	A			M
601	11½'''	O	A	25	a	M
606	11½'''	O	A	25	m	M
611	11½'''	O	A	25	a	M
616	11½'''	O	A	25	a	M
471	11½'''	O	A	17	m	M
471-2	11½'''	O	A	17	m	M
471-3	11½'''	O	A	17	m	M
471-4	11½'''	O	A	17	m	M
7420	11½'''	O	A		m	M
7421	11½'''	O	A		m	M
7422	11½'''	O	A		m	M
7423	11½'''	O	A		m	M
7424	11½'''	O	A		m	M
7425	11½'''	O	A		m	M
7426	11½'''	O	A		m	M
7427	11½'''	O	A		m	M
7428	11½'''	O	A		m	M
7430	11½'''	O	A		m	M
7431	11½'''	O	A		m	M
7432	11½'''	O	A		m	M
7433	11½'''	O	A		m	M
7434	11½'''	O	A		m	M
7435	11½'''	O	A		m	M
7436	11½'''	O	A		m	M
7437	11½'''	O	A		m	M
7438	11½'''	O	A		m	M
7520	11½'''	O	A	25	a	M
7521	11½'''	O	A		a	M
735	5'''	F	A	15/17	m	X
	5¼'''	F	A	7/15	m	
501	5¼'''	F	A	9	m	
503	5¼'''	F	A	16	m	
50	5¼'''	F	A		m	X
55	5¼'''	F	A	15/17	m	X

Kaliber	
717 765	
6497/6498	
7750	
7000/7001	

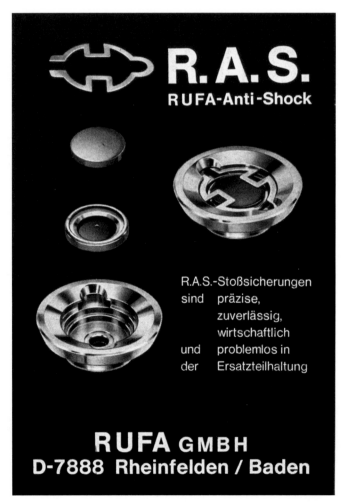

Shock proof thanks to RUFA: A construction made by Stowa
Stoßgesichert dank RUFA: Konstruktion aus dem Hause Stowa.

TABELLE 17: **HISTORISCHE AUSLÄNDISCHE WERKE, IN D GENUTZ**

Name	Firma
Eta	Ebauches S.A.
AS	A. Schild, heute zu Eta gehörig
Felsa	Felsa S.A., 1969 zu Eta
EB	Baumgartner
Unitas	Heute im Portfolio der Ebauches S.A. = Eta
Valjoux	"
Peseux	"

TABELLE 18: **HISTORISCHE NICHT MECHANISCHE WERKE**

Firma	Typ/Bezeichnung	Größe
Arctos Quarz *	375	13½
Junghans *	600	"
Junghans *	600.10	"
Junghans *	600.12	"
Junghans *	666 Quarz	13
Laco *	861	13½
Laco *	870 = Timex M 84	
Laco *	880 = Timex M 85	
Laco *	900 = Timex M 82 Lady-electric	
Porta(PUW) *	1000/1001 elechron	
Porta(PUW) *	2000/2002 electronic	
Porta(PUW) *	3000 Ladychron	
Porta(PUW) *	Lip R 27	
UMF *	25-10 25-12	12
UMF *	25-80 25-82	"
UMF *	26	"

* Daten ermittelt nach Flume K3, 1972/92

Hinweis: Die nachfolgenden Listen deutscher Werkehersteller wurden mit großer Sorgfalt aus Verzeichnissen von Flume, Ronda, der „Ersatzteil-Brücke" von F.W. Schmid, dem Buch üb. d. Pforzh. Uhrenind. v. Pieper und weiteren Quellen zusammengestellt. Dennoch ist es möglich, dass nicht alle Werke enthalten sind, auch differieren oder fehlen manche Angaben. Ergänzend empfiehlt sich u. a. ein Besuch im Technischen Museum der Stadt Pforzheim mit Exponaten aus der Uhrengeschichte der Stadt. Die Kaliber-Listen von Durowe wurden von Jörg Schauer, Uhrenmarken Jörg Schauer und Stowa sowie heutiger Inhaber der Markenrechte Durowe, freundlicherweise zur Verfügung gestellt. Sie sind auch im Internet zu finden. <u>Abkürzungen:</u> Technik: AUT = Automatik, CLD = Kalender, SCD = Zentralsekunde-direkt, SCI = Zentralsekunde indirekt, SC = Zentralsekunde, QG = Datum-Fenster. Stoßsicherungen: A.Shoc/Ant = Anti-Shoc, CoSh = Contra-Shock, DUSW/DUS = Duroswing, Farr = Farr, Inc = Incabloc, Kif = Kif, MoR = Monorex, Otex = nur bei Otero-Werken, PTX = Protax, RUF = Rufarex, RuSh = Ruby-Shock, SPR = Shockproof, SR = Shock-Resist, SSPR = Super-Shockproof, SSR = Super-Shock-Resist, Unish = Unishock, Uwersi = nur bei VUFE-Werken

A simple swing is sufficient – the automatic starts running. Caliber 78 made by Epple/ Otero.
Ein Schwung genügt: Und die Automatik läuft – Kaliber 78 aus dem Hause Epple/ Otero.

224

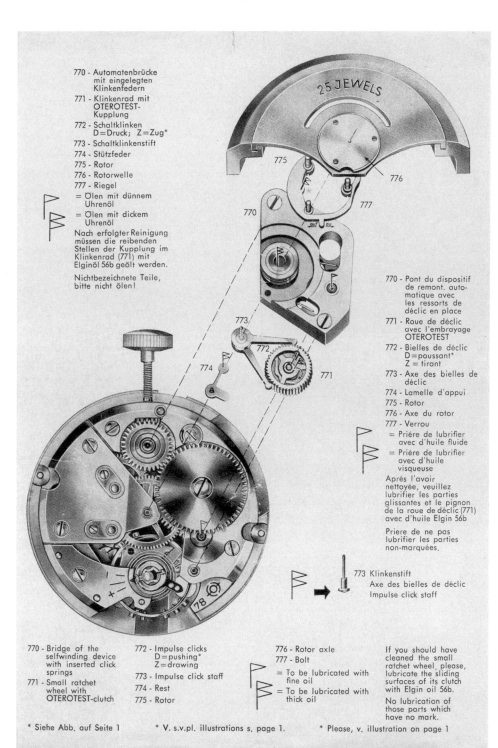

770 - Automatenbrücke mit eingelegten Klinkenfedern
771 - Klinkenrad mit OTEROTEST-Kupplung
772 - Schaltklinken D=Druck; Z=Zug*
773 - Schaltklinkenstift
774 - Stützfeder
775 - Rotor
776 - Rotorwelle
777 - Riegel

= Ölen mit dünnem Uhrenöl
= Ölen mit dickem Uhrenöl

Nach erfolgter Reinigung müssen die reibenden Stellen der Kupplung im Klinkenrad (771) mit Elginöl 56b geölt werden.

Nichtbezeichnete Teile, bitte nicht ölen!

770 - Pont du dispositif de remont. automatique avec les ressorts de déclic en place
771 - Roue de déclic avec l'embrayage OTEROTEST
772 - Bielles de déclic D=poussant* Z=tirant
773 - Axe des bielles de déclic
774 - Lamelle d'appui
775 - Rotor
776 - Axe du rotor
777 - Verrou

= Prière de lubrifier avec d'huile fluide
= Prière de lubrifier avec d'huile visqueuse

Après l'avoir nettoyée, veuillez lubrifier les parties glissantes et le pignon de la roue de déclic (771) avec d'huile Elgin 56b

Prière de ne pas lubrifier les parties non-marquées.

773 Klinkenstift
Axe des bielles de déclic
Impulse click staff

770 - Bridge of the selfwinding device with inserted click springs
771 - Small ratchet wheel with OTEROTEST-clutch
772 - Impulse clicks D=pushing* Z=drawing
773 - Impulse click staff
774 - Rest
775 - Rotor
776 - Rotor axle
777 - Bolt

= To be lubricated with fine oil
= To be lubricated with thick oil

If you should have cleaned the small ratchet wheel, please, lubricate the sliding surfaces of its clutch with Elgin oil 56b.

No lubrication of those parts which have no mark.

* Siehe Abb. auf Seite 1   * V. s.v.pl. illustrations s. page 1.   * Please, v. illustration on page 1

Von-bis/Version*	Besonderheiten
Bis 1947	
	17 Steine
1948–	Entwickelt ab 1942, vorgestellt 1948, Pfeilerwerk
Ab 1950?	Abgerundete Ecken
Ab 1952?	Abgerundete Ecken, Zentralsekunde
Nach 1947	Massives Werk, 1002 f. Zentralsekunde
Nach 1952	Massives Werk, abgerundete Ecken, 1004 f. Zentralsekunde
Ab 1951	Massives Werk, abgerundete Ecken
Ab 1950	
Ab 1952/3?	Fast abgerundete Ecken, auch mit Zentralsekunde
Abgerundete Ecken	
1948–	

* Daten ermittelt nach Flume Werksucher I u.a.

Bemerkungen

„Volksautomatik"

Vertriebsorganisation, keine eigene Werkeprod.

Vertriebsorganisation, keine eigene Werkeprod.

TABELLE 15: **HISTORISCHE FORMWERKE NACH 1945 (GRÖSSE FÜR HERRENUHREN GEEIGNET)**

Hersteller	Bezeichnung	Größe
Alpina	847	8¾ x 12
Laco	550	7¾ x 11
Osco	Kal. 42	8¾ x 12
	Kal. 50	8¾ x 10
	Kal. 52	8¾ x 10
Mauthe	1001/1002	8¾ x 12
	1003/1004	8¾ x 12
PUW	501	8¾ x 12
Förster	2080	8¾ x 12
	2091/2	8¾ x 12
Vufe/Uwersi	47/11	1952–
	57/12	
Bigalu	111	8¾ x 12

TABELLE 16: **HERSTELLER HISTORISCHER DEUTSCHER AUTOMATIKWERKE**

Name	Firma	Ab wann/ bzw. Daten
Junghans		Zw. 1953–1957
Kienzle		Zw. 1953–1957
H P	Henzi & Pfaff	
Hirsch		
AHO	August Hohl	
Kasper		Zw. 1953–1957
AHS	Neue Lord-Werke	
Bifora	Bidlingmaier	1951
Durowe	Lacher & Co	1951
Dugena		
B.F.	Bernhard Förster	Zw. 1953–1957
GUB	Glashütter Uhren-Betriebe	
GUBA	Gustav Bauer	
HB	Hermann Becker	
Osco	Otto Schlund	
Otero	Otto Epple	Zw. 1953–1957
PUW	Porta	Zw. 1953–1957
Uwersi	Epperlein & Reisig	
Zentra		
Lange		

Von-bis/Version	Besonderheiten
1933-	15 Steine, Nachkriegsversion mit 16 Steinen
Vor 1948	15 Steine
Vor 1948	15 Steine
	17 Steine
1934?	15 Steine
	15-21 Steine Das Urmodell ab 1943 besitzt 15 Steine. Unter der gleichen Bezeichnung Kal. 22 wurde später ein Werk mit abgerundeten Ecken vorgestellt.
Vor 1947	Abgekantete Ecken ähnlich Urofa 58
Vor 1947	Halbkreisförmige Seiten
Ab 1936?	15 Steine
	J 96 = Stiftanker
Nach 1947. Vom Grundkaliber 98 gibt es mehrere Varianten! Genauer aufgeschlüsselt bei der neuen, 5-stelligen Junghans-Nomenklatur, z.B. J 98 = 698.70	Abgerundete Ecken
Ab 1928	
Ab 1934?	Veredelung als „Tutima"
1939-	
	Stiftanker Diese Werke wurden nach 1945 auch unter der neuen Bezeichnung UMF eine Zeit lang hergestellt, obwohl UMF damals begann, Ankerwerke herzustellen.
	Stiftanker
	Stiftanker
	Stiftanker

TABELLE 14: **HISTORISCHE FORMWERKE VOR 1945 (GRÖSSE FÜR HERRENUHREN GEEIGNET)**

Hersteller	Kaliber	Größe	Technische/ formale Details
Alpina	475	7¾ x 11	
	476/P 76	"	
	490/P 49	8¾ x 12	
	490 A		
PUW	Bis 1947 in mind. drei Versionen, später bezeichnet als 500	8¾ x 12	
Durowe/Laco	10½ F	8¾ x 12	
	275	7¾ x 11	7
	550	"	
Förster	2075		
Otero	22	8¾ x 12	
Tschudin	25/19		2 Versionen
	250		
Hanhart	36/38	8¾ x 12	
Junghans	63/64	8¾ x 12	
	86	8¾ x 12	
	95 957		
	967		
	97		
	98		
Bifora	2025		8¾ x 11
	2030		8¾ x 11
	711		7¾ x 11
	812		8¾ x 12
Urofa	58		9 x 13
	581		"
Thiel	Hector		8¾ x 12 (8¾ x 10?)
Kienzle	49/9		8¾ x 12
	59/9		8¾ x 12
Eppler	3 F		10½ x 12

219

Up to the 50ths: Cylinder movements – simply robust
Bis weit in die 1950er: Zylinderwerke, einfach robust.

Nur kurzzeitig, da von Fa. Julius Epple übernommen

Noch in den frühen 1950er-Jahren gefertigt

Noch in den frühen 1950er-Jahren gefertigt

TABELLE 12: **HISTORISCHE WERKELIEFERANTEN STIFTANKERWERKE**

Name	Firma	Daten*
Emes	Müller-Schlenker	Vorkrieg/Nachkrieg
Kienzle		Vorkrieg/Nachkrieg
UMF	Thiel/Ruhla	Nachkrieg
Uwersi = EUW = Vufe	Epperlein & Reisig	1952–1962
W. Eppler		Nachkrieg
Palmtag		Nachkrieg
Enz		1948–1956
Isgus	Schlenker-Grusen	Nachkrieg
A. Hanhart		Ab 1934
Thiel		Vorkrieg
Würthner		Vorkrieg/Nachkrieg
Kaiser		Nachkrieg
Jäckle		Nachkrieg
Lord	AHS (Alfred Hirsch Schwenningen)	Nachkrieg

TABELLE 13: **HISTORISCHE WERKELIEFERANTEN ZYLINDERWERKE**

Name	Firma	Ab wann
Aristo	Julius Epple	1935
Otezy	Otto Epple	
Maurer und Reiling		1934
H.F. Bauer		1932
Favor	Schätzle und Tschudin	1934
Kasper		1932
Junghans		
PUW		
Urofa		1929
Förster		1934?
Drusus	Paul Drusenbaum	1920 im Prospekt
	Kienzle	

	Besonderheiten
1.11.1990 zu SMH (Schweiz)	Nach 1980 nur noch Quarzwerke
1959 Laco-Timex, 1964 Ebauches S.A., 1983 erloschen	
Beginn evtl. eher	
Ankerwerke ca. 1936– 1962	
Werke erst Nachkriegszeit	
1 Kaliber nach 1945	
Nur Damenuhrwerke	
Anker 10½	Kaliber erwähnt 1939
10½ (Anker?)	Kaliber gefunden in Ronda-Katalog, 5. Ausgabe 1953, gefertigt verm. wesentlich früher

* Daten ermittelt nach Flume Werksucher I u.a.

TECHNISCHE DATEN: WERKETABELLEN

TABELLE 11: **HISTORISCHE WERKELIEFERANTEN ANKERWERKE:**

Name	Firma	Daten*
PUW		1932–1980
Durowe	Lacher & Co	1932–1959
Asco	A. Steudler	1936–1960
HB	Hermann Becker	1921–1980
HFB	Herm. Wilh. Bauer	1932–1962
Förster	Bernhard Förster	1934–1972
Guba	Gustav Bauer	1948–1967
GUB	Glashütter Uhren-Betriebe	Nach 1945–ca. 1993
Otero	Otto Epple (Eppo)	1944–1980
Osco	Otto Schlund	1948–
Vufe-Uwersi	Epperlein und Reisig	1952–1962
HPP Hercules	Henzi & Pfaff	1945–1972
Kasper	Fa. Wagner	1935–1980
Bigalu	Albrecht Kappis	1948–1951
Mauthe		
Hanhart		
Kienzle		Beginn circa frühe 1930er-Jahre m. Stiftanker, Ankerwerke erst 1960er/1970er-Jahre
Kaiser		
Intex	Willi Friesinger	1956–1964
Aho	August Hohl	1930–1968
Imaco???		
Urofa		1929?–ca. 1951
Lange	A. Lange & Söhne	
Dr. Kurtz		Ca. 1945–1959
Grau & Hampel ??	Fa. Stahl	1956–1958
Aristo	Julius Epple	1934–
Drusus	Paul Drusenbaum	

HERMANN STAIB

Milanaise Polonaise Ketten

Grimmigweg 27, 75179 Pforzheim

WWW.STAIB.DE

Damals Zentralsekunden-Uhr der Zukunft: Die Futura von Paul Weisz spielt aggressiv mit der geballten Wucht der 1970er-Jahre.
Watch of future: Centre second hand! The ⟦Futura⟧ by Paul Weisz shows the strength of the 70ths in an aggressive way

Kleine Sekunde
Unablässig bei den klassischen Rechteckuhren war die „kleine Sekunde". Diese war üblicherweise am unteren Rande in Höhe der 6 untergebracht. Ihre Optik variierte von der runden Indikation mit Zahlenangaben (15, 30, 45, 60) wie bei der althergebrachten Taschenuhr zu tonneau- und eckigen Außenformen ohne Zahlenangaben, nur noch mit wenigen Strichen versehen. In den frühen Jahren der Armbanduhr findet man allerdings, wie auch bei den letzten mechanischen Armbanduhren, noch keine Sekundenindikation.

Zentralsekunde
Die sogenannte Zentralsekunde, also die Sekunde aus der Mitte her, wo die Stunden- und Minutenzeiger angebracht sind, kommt bei deutschen Uhren etwa in den frühen 1950er-Jahren in Mode, zuerst bei der Zwischenmode der fast quadratischen Uhrgehäuse, dann bei den nun folgenden runden Gehäusen. Hier variieren wiederum die Sekundenzeiger. Von ausgeprägt pfeilförmigen Spitzen bis hin zu komplett roten Zeigern gibt es hier eine gewisse Bandbreite.

ZEIGER

Hier verändern sich die Formen erheblich. Im vereinfachten Durchlauf sieht es so aus: Ganz frühe Zeiger sind extrem verschnörkelt, dann werden sogenannte Kathedralzeiger besonders beliebt, es folgen die Form „Modernes", meist gebläut, wonach oft Breguet-Zeiger folgen. Die beliebten schlichten Zeigerformen, aufgefüllt mit Leuchtmasse, kommen dann in Mode. Kurzzeitig sieht man angespitzte metalleinheitliche Stabzeiger, meist vergoldet. Typische Zeiger um 1955 sind die sogenannten Dauphine-Zeiger.

Auch die Sekundenzeiger gehen mit der Mode. Unablässig bei der Überholung und gegebenenfalls Rekonstruktion einer alten Armbanduhr ist die Auswahl der stilechten Zeiger oft eher ein Problem, als diese zu erhalten.

GLÄSER

Uhrengläser wurden aus einfachem Glas, aus Plexiglas oder aus mineralischem Glas gefertigt. Es gibt von den damaligen Lieferanten (etwa Sternkreuz) ganze Kataloge mit subtil ausgetüftelten Formgruppen in diversen Größenabmessungen, aus denen sich der Uhrmacher das passende Ersatzglas genauestens heraussuchen konnte.
Weitverbreitet bei älteren Armbanduhren sind Plexi- oder Cellon-Gläser. Diese sind bedauerlicherweise sehr kratzempfindlich, außerdem vergilben sie.

Schwierig zu erhalten sind heute Form oder Fassongläser, also Gläser für rechteckige Armbanduhren. Runde Gläser dagegen sind eher Standardware. Oft müssen (rechteckige) Gläser vom Uhrmacher noch passend gemacht werden, wenn er entsprechende Lagerware überhaupt noch erhält. Nachdem alte Plexigläser gerne locker werden, können sie mittels Klebstoff zumindest provisorisch befestigt werden.

Lederbänder wurden bei den alten Uhren über die festen Stege gezogen und dann vernäht, wobei meist echtes Leder genommen wurde, oft aber auch (wegen des Materialmangels im Kriege?) papierartige Lederimitationen zu finden sind. Später kamen die Wechselbänder auf, bei denen ein oder zwei Metallclips durchgesteckt werden. Außerdem wurden Klemmbänder angeboten, die man offen über die Stege klemmen konnte. Dann gab es (und gibt es immer noch) Klebebänder, die um die Stege gelegt und dann auf der Rückseite verklebt wurden. Zur Mode der 1960er-/1970er-Jahre gehörten dann Bänder aus weichem Kunststoffmaterial wie „Corfam" oder aus Gummi („Tropic"). Außerdem kam noch der modische Rallye-Look auf, deutlich dokumentiert durch Einstanzen verschieden großer Löcher (im Sinne von Gewichtseinsparung durch Loch-Ausbohren, eine bei Rallye-Fahrzeugen seit Jahrzehnten gern geübte Praxis).

Bei moderneren Uhren mit Federstegen hilft uns jedes Kaufhaus mit Uhrenabteilung mit einer üppigen Auswahl an Bändern von der Stange. Bei den alten Uhren, so man wieder eine „ergattert" hat, werden Klebebänder und wenige Klemmbänder noch angeboten. Bei letzteren ist die Farb- und Strukturauswahl leider recht gering geworden. Schwieriger hingegen ist es, heute noch stilechte alte Bänder mit passender Schließe zu finden. Selten tauchen solche Restposten auf, meist nur nach Auflösung eines alten Herstellers oder Händlers auf dem Flohmarkt oder auf einer Uhrenbörse.

ZIFFERBLÄTTER

Diese waren bei den ganz frühen Armbanduhren aus Email hergestellt, später setzten sich bedruckte Metallzifferblätter durch. Im Laufe der Zeit veränderten sich besonders die Zahlen. Zuerst gab es wie bei der Taschenuhr Antiqua-Zahlen in Schwarz, wobei die 12 meist in Rot ausgeführt wurde. Danach folgten die typischen Jugendstil-Zahlen, diese hielten sich überraschenderweise bis Anfang der 1930er-Jahre.

Es folgten für lange Zeit als Dominanz Grotesk-Zahlen, außerdem gab es noch eine Zeitlang kursive Antiqua-Zahlen. Waren die Zahlen eine Zeit lang noch ausgestanzt und aufgeklebt (aufgelegt) worden, so wurden dann für lange Zeit Zahlen einfach aufgedruckt. Um die 1950er-Jahre herum wechselten sich dann Zahlen in der für die Zeit typischen Optik und Indices (Dreiecke, Punkte, Linien, blattartige Formen) ab, um in den 1960er-Jahren nur noch Indices in Strichform anzubieten. Außer weißen Zifferblättern gab es auch farbige, meist goldfarbige, und als Mode aus der Militäruhrenoptik schwarze Zifferblätter.

Eine zeitlose Mode waren auch kupferfarbene Zifferblätter. In den 1950er-Jahren kamen auch Zifferblätter mit innerem schwarzem Ring in Mode. Daneben gab es auch blattartig, mehreckig gespreizte Innenflächen. Umrandet waren die Zahlen bei der klassischen Rechteck-Armbanduhr von einer Art Schienenlinie. Ebenfalls in Mode waren eine Zeit lang Zahlen aus der Mitte, wodurch bei Rechteckuhren eine runde Wirkung erzielt wurde. Manchmal wurden in Verbindung hiermit auch römische Ziffern gesehen.

Die bei Uhren bis in die 1950er-Jahre hinein gebräuchlichen Lötstege (fest mit den Anstößen verbunden) bedingen in den frühen Jahren bei den Rechteckuhren Bandbreiten um 18 mm, teilweise sogar 20 mm, dann folgt eine lange Periode der recht schmalen Rechteckformen mit Bandbreiten von 16 mm, manchmal sogar nur von ca. 14 mm! Bei alten Uhren mit den festen Stegen ist es also wichtig, zu wissen, dass uns hier nur 16er-Bänder helfen. Band-Zwischengrößen gibt es auch, zum Beispiel 15 oder 19 mm. Andererseits kann man natürlich auch etwas zu schmale oder etwas zu breite Bänder verwenden. Zu breite sehen eher „richtig", zu schmale eher deutlich unpassend aus.

Die Bänder der ganz alten Armbanduhren bestanden, von der Schmuckindustrie herkommend, aus verziertem Metall, meist verchromt oder vergoldet. Oft besitzen sie als späte Nachfahren des Art-déco-Ziselierungen oder Gravierungen in abstrahierter Form. Diese Bänder sind doppelt übereinandergezogen und per Clip in der Länge verstellbar. Eine Mode der Nachkriegszeit waren die elastischen Metallbänder, unter solchen Namen wie Fixoflex oder Elastofix in verchromter und vergoldeter Ausführung bis heute bekannt. Hier konnten Kettenglieder problemlos vom Fachmann ausgewechselt werden und damit das Band passend gemacht werden. Diese Metallbänder waren auch in den 1960er-/1970er-Jahren wieder ein Thema, und heute werden sie wie alltäglich zu neuen Uhren angeboten.

Im Stil der Zeit: Uhrenmoden wechselten häufig. Hier zeigen Felsus und UMF/Ruhla den gleichen Zifferblatttyp. Rowi lieferte das Gehäuse für die Ost-Uhr! Kaliber li. PUW 501, re. UMF Präzisa mit Antichoc 51.
Watch fashion permanently changing with the time. Felsus and UMF/Ruhla used the same type of dial. Rowi supplied the case of the "East Watch". Caliber Puw 501 (left), UMF Precisa with shock absorber 51 (right)

Auch runde Gehäuse, wie sie nach 1945 in Mode kommen, besitzen meist einen aufgepressten Rückdeckel. Später kommen verschraubte Rückdeckel in Mode, für die man einen zweiteiligen Öffner benötigt. Man kann aber auch, so man so etwas noch besitzt, ein Mikrometer nehmen, und – um den Rückdeckel nicht zu verkratzen, sollte man besonders feinmotorische Hände besitzen – die Mikrometer-Spitzen vorsichtig mit winzigen Stückchen von Papiertaschentüchern abdecken. Manchmal besitzen die verschraubten Rückdeckel zwecks Feuchtigkeitsabdichtung innen noch einen eingelegten Gummiring, welcher sich bei Öffnung oft abspringt und dann nicht mehr passt.

Wasserdichte Gehäuse wurden eine große Mode schon in den 1930er-Jahren. Verschiedenste Methoden wurden angewandt, um Dichtigkeit zu erreichen. Nötig war das durchaus bei den alten Rechteckuhren. Bei ihnen traten Staub und Feuchtigkeit durch die Krone und Aufzugswelle, ferner besonders durch die Stelle zwischen Ober- und Untergehäuse ein.

Einige wenige dieser Rechteckuhren wurden etwa durch eine Art elastischer Gummimasse zwischen den beiden Gehäuseteilen abgedichtet. Auch gab es bei der Aufzugswelle eine Art herausragendes Rohr, in dem die eigentliche Welle abgedichtet lief. Findet man so eine alte Uhr im Gebrauchtzustand, so ist bei genauerer Betrachtung zu konstatieren, dass jede Menge Staub, Feuchtigkeit, Dreck und Handschweiß hineingelangt ist, was alles sich nur mit Mühe bei einer Generalreinigung entfernen lässt.
Bei den runden Nachkriegsuhren wurde meist durch Verschraubung des Rückdeckels für eine gewisse Feuchtigkeitsresistenz gesorgt. Nicht zuletzt deshalb steht auf vielen Gehäusedeckeln „Water resistant", es steht aber nichts von „Wasserdichtigkeit" darauf!

ANSTÖSSE, STEGE UND BÄNDER

Die Verbindung der Uhr mit dem Armband geschieht durch die sogenannten Anstöße, eigentlich Verlängerungen des Gehäuses, zwischen denen ein Steg quer hindurchläuft, über den das Band gezogen wird. Bei Federstegen, heute allgemein gebräuchlich, kann der Steg links und rechts an den Anstößen herausgenommen werden, um ein neues Band befestigen zu können.
Formen der Anstöße verändern sich auch jeweils explizit mit der Mode, wie unsere Bilder zeigen. Besonders auffällig ist dies in der Zeit nach dem Zweiten Weltkrieg (um etwa 1949), als aus den üblicherweise stabförmig/rechteckigen Anstößen plötzlich, der letzten Mode entsprechend, tropfenförmige Teile werden, im Stil der in den 1930er-Jahren dominanten „Stromlinie". Nur ist die Stromlinien-Mode im Design nach 1945 eigentlich „out". Warum sie trotzdem so urplötzlich auftritt, dass ihr ziemlich jeder (Gehäuse-)Hersteller folgen zu müssen glaubt, ist ein Phänomen, vielleicht aus der ungefähr gleichzeitig auftretenden, ähnlich formalen Ansicht bei amerikanischen Armbanduhren verständlich.

Auch die Formen der Schließe bei Lederbändern verändern sich mit den Zeiten, typisch für die Zeiten vor dem Kriege bis in die 1940er-Jahre hinein sind oben links und rechts schräg abgekantete.

Einen großen Einfluss hatte dies jedoch auf die deutschen Uhrenrohwerkefabriken kaum, weil man in solchen Fällen gewöhnlich Fassonwerke mit Einsätzen in größere runde Gehäuse eingesetzt hat." Unter Fassonwerken verstand Hottenroth Formwerke.

Die runden Uhren der 1950er-Jahre sind allerdings meist auch für unseren heutigen Geschmack im Diameter zu klein, eher das, was man mal als „Boy Size" bezeichnete. Kurzzeitig, wohl so um 1949, hat es mal eine Mode der übergroßen runden Uhren gegeben, wobei man dann rund um die Werke eine Metalllage einziehen musste, um diesen gewaltigen Durchmesser zu füllen.
Die üblichen runden Uhren werden im Laufe der 1950er-/1960er-Jahre wieder größer, entsprechen aber auch immer noch nicht so ganz den Maßstäben von heute.

VOM SCHARNIER- ZUM SCHRAUBGEHÄUSE

Frühe Gehäuse, meist rund oder tonneauförmig, besitzen im Allgemeinen einen per Scharnier angebrachten Rückdeckel. Ähnlich ist es bei frühen Rechteckuhren mit runden Werken. Rechteckuhren mit Formwerken besitzen meist ein zweiteiliges Gehäuse, das Oberteil mit Glas und das aufgepresste Unterteil, in welchem das Werk eingelegt ist. Diese Gehäuse lassen sich mit einem Uhrmachermesser per Hebelwirkung öffnen. Manche Sammler sollen in Ermangelung eines passenden Messers angeblich ihre Fingernägel dafür benutzen.

Schema Scharnier: frühes Armbanduhrengehäuse am Beispiel einer klassischen Laco-Uhr.
Example of a wrist watch case: a classic Laco watch to show the scheme of hinges

Von elegant bis sportlich: Männeruhren aus Pforzheimer Produktion.
From elegant to sporty: Gents watches of Pforzheim productions
Photo: Alexander Piaskovy

STILVERÄNDERUNGEN

Hier folgt auf Tonneau mit rundem Einsatz das klassische Rechteck, die Tonneau-Form, dann das Quadrat, wieder das Rechteck oder fast Quadrat in längerer Form mit besonderen Anstößen. Spezialitäten sind getreppte Querformen bei den Anstößen, stark gewölbtes Glas sowie gewölbte Uhren an sich, in den USA damals von einem Hersteller als „Curvex" bezeichnet, woraus fast ein Gattungsbegriff resultierte. Es folgen die runden Formen mit unterschiedlichen Anstößen. Quadratische Uhren folgen ihnen nach.

> *„An Armbanduhren waren hervorragend schöne Stücke zu sehen, wobei speziell bei den Herrenarmbanduhren neben der runden Form das quadratische Muster mit hoch gewölbten Glas besonders in den Vordergrund zu rücken scheint."*
>
> Neue Uhrmacher-Zeitung, 31. Oktober 1949, zur Frankfurter Herbstmesse 1949.

Davon abgeleitet werden die gebogen-quadratischen großen Gehäuse der 1960er-Jahre mit rundem Glas. Sonderformen für die 1970er-Jahre folgen nach, so auch quer orientierte Uhren mit digitaler Anzeige (die es übrigens schon einmal in den frühen 1930er-Jahren als Modeerscheinung gab). Eine weitere Mode bildeten die Miniwecker, gestaltet mit nach links und rechts ausziehbaren Gehäusen, wodurch in der Mitte eine kleine Uhr etwa in Armbanduhrgröße sichtbar wurde. Bekannt sind die Stowa-Modelle, die sich stark am Klassiker dieser Art, dem schon in den 1930er-Jahren angebotenen Modell „Ermeto" des Schweizer Herstellers Movado, orientierten. Dieser wiederum wurde vor einigen Jahren als Reproduktion seiner selbst kurzzeitig in einer limitierten Serie wieder angeboten. Und normale Armbanduhrwerke, untergebracht in Gehäusen von üblicher Armbanduhrgröße, wurden mit einem Aufhänger wie bei Taschenuhren ausgestattet, um als Anhängeührchen für Damen in den 1970er-/1980er-Jahren zu punkten.

GRÖSSENVERÄNDERUNGEN

Waren die ersten Armbanduhren noch meist in runder Glasform in einem eher zierlichen Tonneau-Gehäuse ausgeführt, so bildeten sich bei den frühen Rechteckformen so um 1931 ziemlich massive Größen heraus, heutzutage durchaus wieder tragbar. Dann folgt eine Periode der Verkleinerung der Rechteckuhr, bis sie in der frühen Nachkriegszeit uns wirklich zu klein für heutige Handgelenke erscheint. Die letzten Rechteckformen (um 1951) werden wieder deutlich größer und insbesondere länger, bis die Quadratformen erscheinen. Danach beginnt der Siegeszug der runden Uhren. Hottenroth schreibt dazu in seinem Buch *„Die Taschen- und Armbanduhr"*, Band I, 1950: *„Die Kaliberform ist dem Wandel der Zeit, richtiger gesagt, der Mode stark unterworfen. In der Zeit kurz nach dem zweiten Weltkrieg wurden am meisten große runde Kaliber (13-linige Werke) verlangt, während heute schon wieder die Fassonwerke dominieren. (Möglicherweise lag das an den ähnlich aussehenden Militäruhren, die ja auch weiterverkauft wurden. Anm. des Verfassers)*

„Die Fachmesse Uhren und Schmuck

Die neun Pforzheimer Epora-Uhrenfabriken wiesen Einzelstände auf, die aber äußerlich zu einem Ganzen zusammengefasst waren. Unter den Neuheiten ist das 10 ½ ''' Ankerwerk mit kleiner Sekunde zu nennen, das schon recht gut beurteilt worden ist. Die Epora-Firmen beweisen ihre Regsamkeit auch durch die Entwicklung der Stoßsicherung Unishock, welche die Exita-Uhrenfabrik konstruiert hat.

Auf eine vierzigjährige Erfahrung in der Armbanduhrenherstellung kann die Uhrenfabrik Paul Raff zurückblicken. Ihre jeweiligen Neuheiten an Para-Uhren für Damen und Herren sind bis zu einem gewissen Grade mitbestimmend für die Gestaltung der modernen Uhr. Philipp Weber berichtete im Rundfunk über seine modernen Damen-Schmuckbanduhren, die Floralia, und zeigte sehr geschmackvolle Arctos-Automatics für Herren, ferner die Kugeluhr Golfer und als Modell eine in der Entwicklung befindliche Uhr, die Arctos-Weltzeit.

Lacher & Co. stellt als Spezialität Sportuhren für Damen und Herren her, wasserdicht, bruchsicher, antimagnetisch und mit 17 oder 21 Steinen. Die Laco-Automatic hat sogar 25 Steine, ist ebenfalls wasserdicht usw. Durch die stets gleichbleibende Spannung der Zugfeder hat sie eine außergewöhnlich gute Ganggenauigkeit. Hier sah man außerdem stilvolle Armbanduhren für Herren nach der letzten modischen Linie und feinste Damenuhren mit zuverlässigen Ankerwerken. Eine weitere Spezialität sind die Laco-Tobbogan-Uhren in Schiebe-Etuis aus Leder oder ziseliertem Metall.

Die Porta-Uhrenfabrik Wehner KG bietet mit ihrer Camping-Armbanduhr eine dreifach bruchgesicherte Sportuhr für verwöhnte Ansprüche. Sie lässt ihre Uhren serienmäßig prüfen und erhielt auf dem amtlichen Prüfschein häufig ein Sonderlob für besonders gute Gangleistungen. Die Unruh ist federnd gelagert, die Aufzugswelle ebenfalls gegen Bruch geschützt und das Werk gegen Stoß federnd gesichert.

Weitere Besonderheiten von Porta waren Serienchronometer, wasserdichte Skelett-Uhren und kleinste Damenarmbanduhren mit großer Gangreserve (5''', Gangdauer 48 Stunden). Die Uhrenfabrik Adolf Blümelink jun. präsentierte in einem schönen und interessant gehaltenen Stand eine gute Auswahl ihrer Armbanduhren. Erwähnung verdienen auch die Roxy-Armbanduhren von Helmut Castan sowie die Tierkreiszeichen-, Monogramm- und Ornamentuhren.

Die Kollektionen der Uhrenfabriken Stowa Walter Storz wurden sehr beifällig aufgenommen, darunter klassische Sportuhren. Auch die ausländischen Besucher der Messe waren angenehm überrascht über die Fülle der Muster."

Deutsche Uhrmacher Zeitschrift Nr. 9, September 1954

Interessen vertreten und Veränderungen beschleunigen. Seit über 60 Jahren.
Bundesverband Schmuck und Uhren.

1948
Uhrenhersteller gründen den „Fachverband der Deutschen Taschen- und Armbanduhren e. V. Pforzheim". Aufgaben:
- Wahrnehmung gemeinsamer wirtschaftspolitischer, fachlicher und sozialpolitischer Interessen der Mitglieder

1968
Gründung des „Verbands der Deutschen Uhrenindustrie" (VDU) mit Geschäftsstellen in Schwenningen, Bad Godesberg und Pforzheim. Der Uhrenindustrieverband Pforzheim nimmt die Interessen der Kleinuhrenhersteller wahr.

Aus dem „Fachverband der deutschen Taschen- und Armbanduhren e. V. Pforzheim" geht der „Uhrenindustrieverband Pforzheim e. V." (UIV) hervor.

1996
Die Uhrenindustrieverbände VDU und UIV fusionieren zum VDU mit Sitz in Pforzheim. Intensive Kontakte zwischen VDU und VDSI.

1999
Nach dem Motto „Gemeinsam sind wir stärker" verschmelzen die beiden deutschen Branchenverbände VDU und VDSI an der Schwelle des 21. Jahrhunderts zum „Bundesverband Schmuck, Uhren, Silberwaren und verwandte Industrien e. V.

2005
Mit neuer Ausrichtung, vor allem als Schaufenster auch für das breite Publikum, wird die ehemalige „Ständige Musterausstellung" als Branchenwelt in die 2005 eröffneten SCHMUCKWELTEN PFORZHEIM eingegliedert.

Heute
Der BV Schmuck+Uhren ist bundesweit Wirtschaftsfachverband und regionaler Arbeitgeberverband für die Schmuck- und Uhrenindustrie und nimmt auf nationaler, europäischer und internationaler Ebene die Interessen seiner Mitgliedsunternehmen wahr.

250 Jahre Goldstadt Pforzheim
Jubiläumsfestival 2017

BV Schmuck+Uhren
Bundesverband der Hersteller und Zulieferindustrien

Die Bill'schen Zifferblattgestaltungen setzten offenbar einen Trend. Bald danach fanden sie sich auch bei anderen Uhrenfirmen wieder, so enthält der Jubiläumskatalog von Arctos („1923 – 1963") mit der Referenz 112500/I ein entsprechendes Modell.

Last but not least gab es in den 1970er-Jahren auch Armbanduhrenentwürfe des bedeutenden deutschen Designers Luigi Colani. Diese waren natürlich, wie bei dem Meister der spektakulären Formgestaltung fast unvermeidlich, von eher excentrischer, sprich ungewöhnlicher Form, damals durchaus nicht einfach, wo doch fast alle Armbanduhren ein ausgefallenes Äußeres besaßen, aber aus heutiger Sicht betrachtet waren sie lange nicht so spektakulär, wie man vom „Bürgerschreck" Colani erwartet hätte. Inwieweit sie realisiert wurden, lässt sich heute kaum noch feststellen. Vermutlich dienten sie eher als Fingerübung beziehungsweise Schaustück dafür, dass er auch solche kleinen Objekte gestalten konnte und wollte. Bedauerlicherweise waren die Vorschläge nicht für deutsche Uhren vorgesehen. Es gab Zeichnungen für die „Citizen Watch of Tomorrow", 1978, außerdem eine Autofahreruhr, eine Quarzuhr aus solidem Gold, ursprünglich für Citizen entwickelt, aber um 1981 als Teil der Colani-Collection auf dem deutschen Markt erhältlich, eine im Schweizer Design-Center von Colani entwickelte „Colani Watch", ein mechanisches Luxusprodukt, 1984 für den harmlosen Betrag von 37.500 Schweizer Franken erhältlich, die sogenannte Ulna-Watch, 1983 als Prototyp vorgestellt, und weitere Entwürfe.

Aber auch der Designer des berühmten und heute schon als Klassiker gesehenen Porsche 911, Ferdinand Alexander Porsche, meist kurz und bündig nur als F.A. bezeichnet, gehört in unsere Annalen des Designs. Nach der Arbeit am hauseigenen Sportwagen baute der Enkel des großen Ferdinand Porsche, der an der berühmten Hochschule für Gestaltung in Ulm studiert hatte, 1972 in Stuttgart ein Studio für Industriedesign auf, das zwei Jahre später nach Österreich verlegt wurde. Hier wurden Armbanduhren im „Porsche-Design" gestaltet, die ersten für einen so großen Namen in der Uhrenszene wie IWC. Später kam eine enge Verbindung mit der Schweizer Marke Eterna dazu, die dann nur folgerichtig von Porsche aufgekauft wurde.

Es gab auch woanders deutsches Industriedesign ausgerechnet für Schweizer Armbanduhren. Das geschah bei VDO-Design. Dazu muss man etwas ausholen:

Das Unternehmen VDO als spezialisierter Zulieferer für die Auto-Industrie hatte 1978 die Uhrenfirmen IWC, Jaeger-LeCoultre, Favre-Leuba und Lange übernommen. Für IWC, so erinnert sich der seinerzeitige Leiter Design bei VDO, der Bildhauer und Designer Kurt Heinrich, habe man mit seinem Team Entwürfe angefertigt und diese sogar in der Schweiz vorgestellt. Bei der übernommenen Firma Lange hingegen mischte sich die Unternehmensleitung nicht ein. Auch den Namen Kienzle lesen wir im Uhren-Portefeuille der Firma, allerdings wurde wegen des Interesses von VDO an Fahrtenschreibern nur diese ausgelagerte Kienzle-Sparte übernommen. VDO kam bekanntlich 1991 zu Mannesmann, diese Firma wiederum ging an das englische Unternehmen Vodafone. Die speziellen Bereiche von VDO wurden allerdings von Siemens übernommen.

Formgebung für Uhren führte auch der Betrieb von Richard Hörl aus. Hörl, Jahrgang 1905, besaß ein Uhrengeschäft in Augsburg, dem ein Fabrikbetrieb in Göggingen angegliedert war, der sich mit Uhrenausrüstung (was immer man damals darunter verstand) und Formgebung befasste.

> „Herr Hörl ... erlernte das Uhrmacherhandwerk und machte eine Volontär-Lehre als Goldschmied durch. Er ist auch Uhrensammler und verdankt seine reiche Erfahrung in der Formgebung seiner Sammlung."
>
> Deutsche Uhrmacher-Zeitschrift, Nr.5, 1965

1956 schrieb der Verband der Taschen- und Armbanduhrenindustrie zum ersten Male einen „Internationalen Uhrenwettbewerb" für junge Künstler des In- und Auslands aus. Initiiert hatte ihn Fritz Soellner, der 1901 geborene langjährige Inhaber der Uhrengehäuse-Firma Gebr. Kuttroff in Pforzheim. Er pflegte eine enge Verbindung zur damaligen Kunstgewerbeschule, der heutigen Hochschule Pforzheim mit der Fakultät Gestaltung. Auch Fachzeitschriften ebenso wie Einzelbetriebe führten Gestaltungswettbewerbe durch.

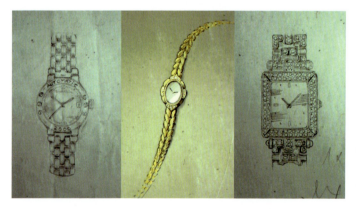

On paper: Sketches of watches, around millenium. There is a permanent creation of top jewel wrist watches in Pforzheim

Auf Papier: Uhrenentwürfe um die Jahrtausendwende. Hochwertige Schmuckuhren entstehen immer aufs Neue in Pforzheim.

1953 war auf der Hannover-Messe eine jährliche Designschau namens „Die gute Industrieform" begründet worden. Diese stellte immer wieder ausgewählte deutsche Armbanduhren vor, so 1964 eine goldene Mars-Herrenuhr Ref. Nr. 1322. Mars war das Markenzeichen von Adolf Gengenbach in Pforzheim, eine heute unter dem Handelsnamen Jean Marcel wiedererstandene Uhrenfirma.

Junghans in Schramberg hatte sich schon in den 1950er-Jahren die Mitarbeit des berühmten Schweizer Konstruktivisten, Bildhauers, Malers, Produktdesigners und ehemaligen Rektors der Hochschule für Gestaltung in Ulm, Max Bill, für eine neue Uhrenkollektion gesichert. 1956/7 entstanden runde Wanduhren sowie 1962 ähnlich gestaltete runde Armbanduhren mit verschiedenen, streng und klar gestalteten Zifferblättern.

Die Armbanduhren als auch die Wanduhren wurden vor einiger Zeit im Zuge der Retro-Welle für mechanische Uhren wiederaufgelegt. Restposten von mechanischen Uhrwerken aus der Schweiz standen für die Armbanduhren zur Verfügung, um diese Designklassiker anzutreiben.

Ähnliche Uhren gestaltete Prof. Walter M. Kersting als einer der wenigen im Deutschland der frühen Jahre überhaupt bekanntgewordenen berufsmäßigen Formgestalter für Kieninger & Obergfell (Kundo), St. Georgen im Schwarzwald, nach dem Zweiten Weltkrieg. Kersting war den Fachleuten nicht nur durch seine Arbeit an der Kunstgewerbeschule in Köln in den 1920er-Jahren ein Begriff, sondern ihm gebührte konkret auch der Ruhm, das später „Volksempfänger" genannte Einheitsradio entworfen zu haben. Interessanterweise hatte er dieses aus Bakelit gefertigte Produkt im schlichtfunktionellen Look schon 1928 vorgestellt, während es erst nach 1933 unter den Fittichen der Nationalsozialisten in Großserie ging, zu einer Zeit, als die Radiogeräte immer aufwendiger und vermittels Holz- und Stoffapplikationen „wohnlicher" gestaltet wurden.

Erst ziemlich spät, so in den 1960er-Jahren, wird manchmal konkret auf einen Designer hingewiesen, der eine Kollektion oder ein einzelnes Modell im Auftrag entworfen hat.

So schreibt die Pforzheimer Firma Kiefer in ihrem Jubiläumskatalog anlässlich ihres 25-jährigen Bestehens 1963: *„1958 – Der holländische Formgestalter C. J. Uittenhot entwirft für uns die Herrenarmbanduhr „formatic", die als einzige Armbanduhr in die ständige Ausstellung „Die gute Industrieform" in Essen aufgenommen wird."* Kiefer war durch das „Expandro"-Metallarmband bekannt geworden, hatte aber schon immer Armbanduhren gefertigt (als Logo diente die graphische Umsetzung einer Kiefer) und ging 1962 eine enge Zusammenarbeit mit der Uhrenfirma Schätzle und Tschudin, Markenname „Favor", in Pforzheim ein. Nachdem deren Inhaber Emil Schätzle 1964 gestorben war, wurde die Firma aufgelöst, kam zu der Bandfirma Unidor und wurde circa 1996 von der Pforzheimer Fa. Schabl & Vollmer (Leitung: Inge Baumann) übernommen. Ursprünglich kam die Familie Schätzle aus der Schweiz, wo sie auch seit 1909 einen Betrieb zur Erzeugung von Taschenuhren führte. Der Teilhaber Tschudin war Uhrentechniker gewesen.

On the drawing board: Designer creates the "lines of time"
Am Reißbrett: Der Konstrukteur zeichnet die Linien der Zeit.

WER GESTALTETE DEUTSCHE ARMBANDUHREN?

Das Uhrendesign zumindest in Pforzheim scheint eher handwerklich vorgenommen worden zu sein. Der Chef sagte, was er sich vorstellte, meist nach dem Besuch einer Uhrenmesse und/oder Kundenbesuchen, der Kabinettmeister erarbeitete danach eine Rohform aus Metall (Messing), unterstützt von Goldschmieden und Stahlgraveuren. Selten gab es direkte Anregungen aus Gewerbeschulen, die Formgebung war also meist „hausgemacht". Hier befindet sich die deutsche Uhrenindustrie von früher in eklatantem Wiederspruch zur entsprechenden amerikanischen Industrie, die sich immer von freien Profigestaltern zusätzlich beraten ließ. Die Uhrenfirma Junghans stellte ihre Ansätze zum Thema „Design" in den 1920er-Jahren folgendermaßen formuliert in ihrem Jubiläumsband „Ein Jahrhundert Junghans 1861-1961" vor:

> „Nunmehr war die Zeit gekommen, dass der künstlerische gebildete Formgeber und Gestalter, der „industrial designer", seinen Einzug in die Industrie hielt. Ihm obliegt es, die äußere Form mit den von der Industrie gegebenen Fertigungsvoraussetzungen bei gleichbleibender Berücksichtigung der Rationalität in Einklang zu bringen, was Qualitäts- und Wertunterschiede nicht ausschließt und im Laufe der Jahre zur Entwicklung eines eigenen Stiles führte, dessen klare Form, angefangen bei der Küchenuhr bis zum Wecker, Schönheit mit Zweckmäßigkeit in wohlausgewogener Weise paart."

Viel Erfahrung: Seiten aus dem „Arbeitsbuch" eines langjährigen Mustermachers (= Formgestalter)
Top professional experience of many years: Pages of the "working report" written by a "Mustermacher" (Designer, creator)

DESIGN, AUSSTATTUNG, DETAILS

KLASSISCHES DESIGN
zwischen Sachlichkeit und dekorativem Zeitgeschmack: von den 1920er- bis zu den 1980er-Jahren.

Much curved: When spectacularly rounded watch glasses were in fashion.
Stark gewölbt: als spektakulär gerundete Fassongläser in Mode waren.

Alle internationalen Stile und ihre Veränderungen, von spätem Art déco und modernistisch-schlichter Formgebung über den Massengeschmack der Nachkriegszeit bis hin zu den eher schrillen Produkten der 1970er-Jahre, wurden bei der deutschen Uhrenindustrie getreulich übernommen und eingesetzt. Rarer sind wirklich ausgefallene Formgebungen, wie sie besonders die amerikanischen Armbanduhren auszeichneten. Richtige „Curvex"-Formen oder besonders ungewöhnliche Anstöße entdeckt der Sammler hier eher selten.

Art-Deco-Look: Decorated shape cases of the early 30ths. Left and right: two most important manufacturers: Gebr. Kuttroff and Kollmar & Jourdan. Right: New watch hands.
Im Art-déco--Look: dekorierte Gehäuseformen der frühen 1930er-Jahre. Links und rechts die bedeutendsten Hersteller, Gebrüder Kuttroff und Kollmar & Jourdan. Rechts neuere Zeiger.

WAS IST EINE GANGRESERVE-ANZEIGE?

Gemeint ist nicht das Getriebes Ihres Autos (wer hätte nicht manchmal noch gerne einen Gang in Reserve!), sondern ein Hinweisgeber auf die noch mögliche Laufzeit eines Automatikuhrwerkes. In den frühen Jahren der Automatik traute man ihr wohl nicht so besonders, deshalb kam diese Anzeige oft zum Einsatz. Heute gehört diese Zusatzfunktion zum oben erwähnten Bereich der sogenannten Komplikationen.

HABEN SIE HEMMUNGEN?

So könnte man einen Lieferanten von Uhrenzubehör scherzhafterweise fragen.
Er wird natürlich keine haben, wenn er Ihnen oder Ihrem Uhrmacher Hemmungssysteme für die zu reparierenden Uhren anbietet. Unter Hemmung versteht er das technische Teil, welches die von der Uhrfeder, auch Zugfeder genannt, produzierte Kraft quasi in Teile zerhackt, sodass einmal aufziehen am Morgen für einen ganzen Tag Uhrenlauf ausreicht (und meist noch für einige Überstunden). Der Fachmann weist jetzt auf die Schweizer Ankerhemmung hin, unablässlich für qualitätsvolle mechanische Uhren. Und wir weisen vorsorglich darauf hin, dass in der Geschichte der Uhrenindustrie auch noch weitere Hemmungswerke für lange Zeit eine Rolle spielten, was man einer alten Armbanduhr nicht auf Anhieb ansieht. Das bei Armbanduhren am frühesten verwendete System ist das der Zylinderhemmung, laut üblichen Uhrenbüchern ungenau und reparaturanfällig. Nach den Erfahrungen des Autors kann man auch mit solchen Werken leben. Oft stecken sie in Deutschland noch in Uhren der 1940er-Jahre. Außerdem gibt es noch die sogenannte Stiftankerhemmung, im Qualitätsniveau zwischen Anker und Zylinder liegend. Auch mit schönen Uhren dieser Werkebestückung kann man gut auskommen, so unser Uhrmacher sich vorher liebevoll mit ihnen beschäftigt hat.

IST EINE SCHRAUBENUNRUH WIRKLICH DER HINWEIS AUF BESSERE WERKEQUALITÄT?

Heute eher nicht, würden wir sagen, denn schon vor Jahrzehnten war die Uhrentechnik in der Lage, ohne die gewichtsregulierenden winzigen Schräubchen auszukommen. Eingebürgert hat sich aber der Gedanke, dass mit Schräubchen bestückte Unruhen ein Qualitätsindiz seien, was sie ohne Zweifel vor vielen Jahrzehnten auch waren. Dazu wäre aber auch zu sagen, dass manche Hersteller aus Traditionsgründen dabei blieben, ihre teuren Uhrwerke trotz in der Unruh inzwischen eingesetzter modernster Metalllegierungen noch mit Schräubchen auszurüsten. Sinn und Zweck dieser Mikro-Teile war es, einerseits der damals unvermeidlichen Größenveränderung des Unruhmaterials bei gravierenden Temperaturunterschieden Herr zu werden, andererseits aber die Unruh zwecks perfekten Rundlaufs genauestens auswuchten zu können. Diese Feinarbeit konnte später eine Auswuchtmaschine, ähnlich wie es bei Reifen praktiziert wird, übernehmen. Überraschenderweise gab es aber auch bei einfachen Stiftankerwerken oft Schraubenunruhen, und andererseits erkannte man die schlichten Zylindertriebwerke meist auf einen Blick daran, dass an der Stelle der Unruhe nur ein simpler Ring zu finden war.

Tröstlicherweise kann der Uhrmacher auch heute noch bei einer alten Uhr zerbrochene Steine durch solche der korrekten Größe ersetzen, meist muss er ein Sechserpack vom Uhrenteile-Großhändler beziehen. Der Autor hat sogar schon von alten Uhren einfacheren Werkezuschnitts mit weniger Steinen gehört, bei denen der Besitzer simple Metalllagerungen durch Steinlagerungen ersetzt haben wollte. Alles machbar!

Das führt uns zu dem Punkt, dass es Uhren mit 15 Steinen gibt, lange Zeit ausreichend. Dann kamen 17-steinige, denen manchmal noch 21-Steiner folgten, wobei die 17-steinigen durchaus für eine vernünftige Gangqualität ausreichend sein sollten. (Zwischentypen besaßen manchmal 16 oder 19 Steine). Alles das gilt für Uhren ohne Sonderfunktionen oder Komplikationen und Ankerwerke. Automatikuhren und andere Sonderfälle werden oft mit 25 Steinen ausgerüstet, je nach technischer Notwendigkeit. Manchmal lieferten die Uhrenhersteller aber Billigversionen ausgerüstet mit nur sieben Steinen. Und Zylinder- oder Stiftankerwerke besaßen meist erheblich weniger Lagersteine, bei Billigstausführungen sogar überhaupt keine.

WIE UNTERSCHEIDE ICH AUF EINEN BLICK MECHANISCHE ARMBANDUHREN VON SOLCHEN MIT QUARZWERKEN?

Betrachten Sie den Sekundenzeiger. Er gibt Ihnen Aufschluss über die Uhrenart: Läuft er gleichmäßig mit winzigen kaum erkennbaren Schritten weiter, so handelt es sich um einen mechanischen Antrieb. „Springt" er dagegen von Sekunde zu Sekunde, so wird diese Uhr von einem Quarzwerk angetrieben.

WAS IST EIN SCHNELLSCHWINGER?

Der sogenannte Schnellschwinger ist kein spezieller Schlag bei Boxern, wie der Name irrtümlich vermuten lässt, sondern die Bezeichnung für Armbanduhrkaliber mit 36.000 Halbschwingungen.

Uhrwerke laufen mit einer bestimmten Geschwindigkeit, gemessen in sog. Halbschwingungen, später wurden diese mit der Maßangabe Hertz bezeichnet.

Alte Werke, circa bis in die frühen 1950er-Jahre hinein, sowohl Taschen- wie auch Armbanduhrwerke, wurden von 18.000 Halbschwingungen vorangetrieben. Als Neuerung und ausschließlich für Armbanduhrkaliber gebräuchlich, kamen dann die schnelleren Werke mit 21.600 HS auf, nur noch übertroffen von den heute üblichen 28.800-Schwingern.

Der ultraschnelle Werketyp, wie er oben erwähnt wird, hat zwar für wesentlich verbesserte Präzision bei der Uhrzeit-Genauigkeit gesorgt, unterlag aber auch bei seinen Werketeilen einem erhöhten Verschleiß und konnte sich somit nicht durchsetzen. Folglich wiederum sind neuere Armbanduhren, ausgerüstet mit dieser Konstruktion, eher selten und spornen engagierte Sammler zur Raritätensuche an.

✧STOWA schön. gut. wahr.

Mit DUROWE Uhrwerk.
Für Sammler.
Limitiert.

Marine Blue Limited.
Deutsche Uhren-Rohwerke Pforzheim.

Gegründet im Jahr 1933, war die DUROWE GmbH einer der größten Hersteller von mechanischen Uhrwerken. Die Marke gehört seit vielen Jahren zu STOWA. Jörg Schauer als Markeninhaber kümmert sich um die Wahrung des guten Namens und der Tradition. Aus sammelwürdigen historischen Uhrwerken baut er immer wieder besondere Uhren. Zum Jubiläum der Pforzheimer Traditionsindustrie wird eine Serie von 250 Uhren mit dem Automatik Kaliber DUROWE 7526-4 aufgelegt. Sammelwürdig. **www.stowa.de**

Überraschenderweise haben viele alte Armbanduhren von rechteckiger äußerer Form ein rundes Werk in ihrem Inneren. Das wiederum ist auch zeittypisch.
Manchmal liegt der Grund auch in der größeren Breite der Uhr bei Tonneau- („Tönnchen"-) formen. Runde Uhren wiederum besitzen manchmal überraschenderweise ein Formwerk in ihren Inneren.

WARUM WERDEN UHRWERKE IN LINIEN GEMESSEN?

Linien sind ein althergebrachtes, auf der alten französischen Einheit des Fußes („Fuß des Königs"/„Pied du Roi") basierendes Maß in der Uhrmacherkunst. Eine Pariser Linie entspricht 2,2558 mm, aufgerundet 2,26 mm, und abgekürzt wird die Linie durch das Zeichen '''. Nachdem diese Branche sehr konservativ-traditionell eingestellt war und die Handwerks-„Kunst" das Höchste war, blieb man bis in die neueren Jahre, bis zum Untergang der mechanischen Uhr an sich, bei dieser Maßeinheit.

WOZU BENÖTIGT EINE ARMBANDUHR STEINE?

Räder in einer Uhr werden wie Achsen in einem Auto genutzt, und diese müssen bekanntlich in geölten Lagern geführt werden, um nicht bei Beanspruchung trocken zu laufen. Vergleichbar auch mit einem Automotor, in welchem die Kolben im Zylinder ohne Öl ihre Arbeit verrichten müssen, was ihnen nicht guttut – irgendwann bleibt der Motor stehen.

Die Steine in der Uhr, manchmal auch „Jewels" oder „Rubis" genannt, sind die Lagerungen für die Achsen der Uhr. Früher wurden Edelsteine, meist Rubine verwendet, in den 1930er-Jahren wurden zunehmend synthetische Rubine oder Saphire verwendet.

In diesen Steinen befindet sich eine beulenförmige Bohrung, welche nicht nur die Achsspitzen aufnimmt, sondern gleichzeitig auch ein Ölreservoir ist, in welchem die Zapfen (= Achsen der Uhr) laufen. Deshalb auch ist eine regelmäßige Ölung einer Uhr so wichtig – irgendwann ist das Öl verbraucht oder nach langem Nichtgebrauch verharzt. In beiden Fällen leidet die Uhr erheblich, von der entstehenden Gangungenauigkeit oder dem Nichtlaufen mal ganz abgesehen. Bei Einblick in eine Uhrwerk sieht man im allgemeinen drei oder vier rote Punkte, das sind die auf den ersten Blick sichtbaren „Steine". Solche Steine wurden bei alten Uhren manchmal, rundum mit einem Metallfutter versehen, in die zuständige Bohrung eingeführt. Dieses Futter, Chaton genannt, wurde manchmal auch noch mit winzigsten Schräubchen befestigt. In den neueren Jahren wurden die Steine einfach nur noch eingepresst.

Und in den 1970er-Jahren mit ihrer Fortschrittseuphorie wurde sogar ein alter Traum aller Uhrmacher in Form der selbstschmierenden Lager verwirklicht. Ein Uhrwerk aus Kunststoff wurde erfunden – passend dazu wagte man sich auch an Bakelitgehäuse. Realisiert wurde das Ganze aber in der ansonsten uhrentechnisch gesprochen doch eher konservativen Schweiz.

⎔ STOWA schön. gut. wahr.

Für große und kleine Abenteuer!

Die STOWA Fliegeruhr.

Das STOWA Original aus dem Jahre 1940.

STOWA. Pforzheim.

Stowa baut seit 1927 Uhren. Ununterbrochen. Darunter auch die legendären Original Fliegeruhren.

Vom unverzichtbaren Instrument zur schicken Alltagsuhr.

Eine der erfolgreichsten Uhren-Gattungen überhaupt, ist die der Fliegeruhr. Ihre Beliebtheit hat mit ihrem unverkennbaren Design zu tun und dieses wiederum mit ihrer bewegten Geschichte: Als sich der Mensch in die Lüfte erhob, wurden Zeitmesser zum unverzichtbaren Instrument. Ein eigener Typus entwickelte sich – die Fliegeruhr.

Es waren die verrückten Männer in ihren fliegenden Kisten, die in den Anfängen des 20. Jahrhunderts für Aufregung sorgten. Mobilität gewann an Bedeutung. Pferdefuhrwerke wurden von Benzindroschken abgelöst, Eisenbahnen verbanden zahlreiche Metropolen miteinander und in der Luft bewegten sich die Piloten mit Nerven aus Stahl – die Fliegerei war zur damaligen Zeit gefährlich.

Zwar sind heute die Zeiten vorbei, in denen jeder Flugkapitän eine spezielle Uhr zur Unterstützung benötigte – moderne Messinstrumente und nicht zuletzt GPS, das globale Navigationssatellitensystem zur Positionsbestimmung und Zeitmessung, sind heute die erforderlichen Arbeitsmittel – was aber bleibt, ist der typische Look: Mit ihrem klassischen Design gehören Fliegeruhren zu den geschätzten Favoriten mancher Uhrenkollektion. STOWA, als einer der großen Fliegeruhrenhersteller, baut seine charakteristischen Uhren in verschiedensten Ausführungen. Mittlerweile hat sich die Fliegeruhr etwas gewandelt, von der reinen Pilotenuhr hin zum Zeitmesser für moderne **Abenteurer.** Die gute Ablesbarkeit - auch bei Nacht - sind dabei sehr nützlich.

Mit Handaufzugswerk, Automatikwerk oder als Chronograph. Jeder Uhrenliebhaber und Abenteurer dürfte für sich das richtige Modell in dieser hochwertigen Kollektion finden.

www.stowa.de/flieger

WAS IST EIN MASSIVES WERK?

Manchmal liest man in Uhrenbeschreibungen von massiven oder auch von Pfeilerwerken. Manche Uhrwerke hatten auf ihrer Grundplatte die oberen Teile per kleinen Säulen oder „Pfeilern" gestützt. Das waren die Billigkonstruktionen. Die anderen bestanden aus massiven Metallplatten, waren also durchgängig konstruiert.

WAS IST EIN FORMWERK?

Uhrenwerke sehen entweder rund aus, wie sie seit Generationen bei Taschenuhren üblich waren, oder sie übernehmen die Form der modischen rechteckigen Uhren, wie sie bei Armbanduhren seit deren Entstehen üblich wurden. Eigentlich müsste man diese Kaliber folglich als eckige Werke (im Gegensatz zu runden Werken) bezeichnen, aber eingebürgert hat sich der Begriff Formwerke. Dabei können diese Werke rein rechteckig, kantig abgeschrägt, in Tönnchenform oder sonstwie modifiziert sein, alles ist möglich, nur rund sind sie definitiv nicht.

Mit Streifenschliff und 17 Steinen: klassisches Formwerk für die Stowa-Topqualität.
Hersteller ohne eigene Werke versahen Fremd-Kaliber (hier ETA 735) gerne mit Fantasiebezeichnungen (hier Stowa 700). Das ETA 735 beeinflusste Pforzheimer Formwerk-Konstruktionen von PUW und Durowe, hier Laco/Durowe 550.
Stripe cutting and 17 jewels: A classic shape movement to equip Stowa top quality watches. Watch manufacturers without own movements liked to give calibers from others (Eta 735) fancy names (here: Stowa 700). The movement Eta 735 influenced the construction of shaped movements by Puw and Durowe, here Laco/Durowe 550.

Erst in den späten 1990er-Jahren änderte sich das, als ein deutscher Hersteller Billiguhren unter der Markenbezeichnung Anker anbot. Ein deutsches Großversandhaus lieferte andererseits jahrzehntelang Armbanduhren unter dem Namen Meister-Anker. Diese Uhren kamen in den frühen Jahren von der Uhrenindustrie der DDR. So wurde der ehemalige Qualitätsbegriff Anker in der Neuzeit tatsächlich zu dem, was er früher vorspiegelte, nämlich zu einem Markennamen. (Nebenbei: Die französischsprachige Uhrenindustrie bezeichnete diese Werke mit „Ancre", und war ein Stiftankertriebwerk eingebaut, so konnte man „Goupilles" oder „Ancre Goupilles" lesen.) Heute gibt es tatsächlich einen Hersteller von Kleinuhren mit der Firmenbezeichnung Anker.

WIE FUNKTIONIERT EINE MECHANISCHE ARMBANDUHR?

Energie, erzeugt durch eine aufgezogene Metallfeder, wird über ein System von verschiedenen Zahnrädern zu einer Art von Zeitzerhacker, der sogenannten Unruh, geleitet, welche die nun getakteten Zeiteinheiten über einen Taktgeber, den Anker, im Rhythmus auf andere Zahnräder weitergibt. Die Feder führt ihre Kraft kontrolliert ab, und diese langt bei einmaligem komplettem Aufziehen für 24 Stunden Dauerbetrieb der Uhr. Danach ist meist noch eine ähnlich große Reserve vorhanden, bei der sich aber die Genauigkeit des Zeitablaufs zunehmend verringert. Damit ist auch klar, warum sich ein tägliches Aufziehen der Uhr empfiehlt.

WAS IST EIN KALIBER?

Mit dieser Bezeichnung arbeiten nicht nur Kriminalisten im Fernsehen, wenn sie die Größe einer Feuerwaffe angeben wollen, dieser Begriff, auch Caliber geschrieben, bezeichnet nach Hottenroth „ ... *Form und Größe einer Uhr*". Genauer, er bezeichnet die Werkgröße. Hottenroth weist uns auch auf die ursprüngliche Bedeutung hin: *„Das Wort Kaliber stammt aus dem Arabischen und bedeutet soviel wie Form oder Größe."*

Bei Armbanduhrwerken haben sich einige gängige Maße herausgebildet. Damenuhren besaßen meist 5 ¼ '''-Werke, Herrenuhren die Größen 8 ¾ bis 10 ½ ''' und Uhren mit Formwerken entweder 7 ¾ x 11 oder 8 ¾ x 12 Linien. Größere runde Werke hatten erst in den späten 1950er-Jahren ihren Durchbruch, und Chronographenwerke waren oft größer gehalten, nachdem man bei größeren Werken immer von besserer Genauigkeit ausgehen konnte. So besaßen Taschenuhren und Stoppuhren meist Werke zwischen 16 und 19 Linien.

WAS IST EIN ROHWERK?

Hier geht es nicht um die unsanfte Behandlung von technischen Teilen, gemeint ist ein Uhrwerk, welches von anderen Firmen in ihre Uhren eingebaut wird. Oft erhält dieses Werk dann noch den Namen der (fremden) Uhrenfirma.
Oft werden Serien eines Werkes ausschließlich für einen Besteller reserviert, und entsprechend wird meist ein kennzeichnender Buchstabe auf der Bodenplatine eingeschlagen.

EINIGE DER MEISTGESTELLTEN FRAGEN ZU DEUTSCHEN UHREN UND ZU ARMBANDUHREN ALLGEMEIN:

WAS BEDEUTET DER NAME „ANKER"?

Auf vielen deutschen Uhren der Vor- und Nachkriegszeit findet man den Namen Anker. Er ist definitiv kein Herstellername, sondern einfach eine Qualitätsbezeichnung, nur verständlich, wenn man weiß, dass lange Zeit Zylinder- und Ankertriebwerke nebeneinander produziert wurden. Zylinderhemmungen fungieren als sehr einfache und meist auch sehr ungenaue Antriebssysteme. Außerdem sind sie sehr billig zu produzieren. Um nun deutlich zu machen, dass man eine Qualitätsuhr vor sich hatte, wurde die Ankerhemmung durch den Namen Anker auf dem Zifferblatt verewigt. Das führte nur insofern zu Missverständnissen, dass meist außer „Anker" nichts Weiteres auf dem Zifferblatt zu lesen war. (Ausnahme: Uhren mit der Bezeichnung Anker 100 auf dem Zifferblatt. Dazu wäre nur zu sagen, dass der Uhrmacher sich entsetzt zeigte, als er um Überholung gebeten wurde. Grund: Im Inneren tickte ein Stiftanker-Kaliber allerbilligster Ausführung, gefertigt im Osten Deutschlands.)

Elegantly proportioned and attractive. Case made by Rowi, movement by PUW (500)
Formschön und attraktiv: das Gehäuse von Rodi & Wienenberger, das Werk von PUW (500).

„Am 16. November begeht die Firma Richard und Ernst Schieron, ein Meisterbetrieb im Einzelhandel von Uhren, Juwelen, Gold- und Silberwaren, Lautenschlagerstraße 10 und Calwer Straße 38, ihr 25-jähriges Bestehen. Bald nach der Eröffnung im Jahre 1936 erfreute sich das Geschäft eines guten Zuspruchs. Im Jahre 1944 wurde es total vernichtet. Der Werkstattbetrieb, der für die Marine und Luftwaffe Präzisionsuhren produzierte, war, da es sich um einen der ganz wenigen Betriebe Deutschlands handelte, die diese Uhren fertigten, nach Schwäbisch Gmünd verlagert worden. Dadurch blieben die kostbaren Einrichtungen erhalten. Nach dem Krieg nach Stuttgart zurückgekehrt, begann von einer Wohnung aus der Aufbau. Wenige Tage nach der Währungsreform wurde Königstraße 1 wieder ein schöner Laden eröffnet. Der Teilhaber Ernst Schieron war nach dem Krieg kommissarisch zum Obermeister der Uhrmacher-Innung Stuttgart bestellt worden. 1946 wurde er zum Landesinnungsmeister gewählt."

Deutsche Uhrmacher-Zeitschrift Nr.11, November 1961

(Ernst Schieron fungierte bei der „Neuen Uhrmacher-Zeitung" als Verantwortlicher für den fachlichen Teil.)

Military clarity: Service watches of the old army (Wehrmacht). A Junghans watch has crept into the picture!
Militärisch klar: Wehrmachts-Dienstuhren. Da hat sich doch glatt eine „Junghans" ins Bild geschlichen ...

For observers: The legendary Laco watch, much appreciated in circles of collectors and nowadays offered at astronomical prices. Also available as replica
Für den Beobachter: die legendäre Laco-Uhr, in Sammlerkreisen hochgeschätzt und heute zu astronomischen Summen angeboten, für den historisch Interessierten auch als Replik zu erhalten.

Werkgröße/bezeichnung	Werkhersteller	Bemerkungen
9 x 13	Urofa	Andere Militäruhren? Andere Werke?
10½		Schwarzes Einheitszifferblatt
22, D5	Durowe, urspr. AS	Zentralsekunde
		Kl. Sekunde
22	Unitas	
		Schwarzes Einheitszifferblatt
13	AS	
		Schwarzes Einheitszifferblatt
		Schwarzes Einheitszifferblatt
Kaliber JPU	Wehrmachtswerk, Herstellung 1941	
		Schwarzes Einheitszifferblatt

Hinweis:
Militäruhren mit schwarzem Einheitszifferblatt wurden von weiteren Herstellern hergestellt. Diese wurden oft noch nach 1945 verkauft. Andere Werke wurden darin remontiert. Gesichert PUW 500, Förster 2075, Henzi & Pfaff 101.

TABELLE 10: HERSTELLER VON WEHRMACHTS-, FLIEGER-/BEOBACHTUNGS-/MARINE- UND BORDUHREN FÜR FLUGZEUGE

Firma	Marke	Typ
Julius Epple	**Aristo**	Militäruhr RLM
Weber & Aeschbach	**Arctos**	Borduhren f. Ju 87, Wehrmachtsuhr f. Einsatz in Nordafrika
Beutter	**Berg**	Fliegeruhr
Durowe/Laco	**Laco**	Soldatenuhr
"	"	Fliegeruhr
"	"	Kriegsmarine
"	"	Deckuhr f. Kriegsmarine
Walter Storz	**Stowa**	Fliegeruhr
"	"	Militäruhr
Lange & Sohn		
Wempe		
Uhrenfabrik Laufamholz, Fa. Köhler		Soldatenuhr oder Fliegeruhr?
Junghans		Borduhr Flugzeuge
Schieron, Stuttgart		Marine- und Luftwaffe-Uhren
Andere Herst. Pf.		Soldatenuhr
? Karl Stahl Wagner	**Hado** **Kasta** **Wagner**	Militäruhr
Paul Gärtner	**Page**	Militäruhr
PUW	**Porta**	Militäruhr
Kienzle		Militäruhr Borduhr Flugzeuge (zivil + Militär)

Der Zeit immer einen Schritt voraus

1947 begann auf einem verglasten Balkon im zerstörten Nachkriegs-Pforzheim die Geschichte der Helmut Klein GmbH, Elektronische Zeitmesstechnik. Der Radiomechanikermeister Helmut Klein reparierte dort in seiner „Werkstatt" defekte Volksempfänger und fertigte eigene Radios. Über diese Reparaturtätigkeiten wurden erste Kontakte zu namhaften Pforzheimer Uhrenherstellern geknüpft, und durch Reparaturen an Uhrenprüfgeräten vollzog sich dann der Einstieg in die Zeitmesstechnik.

Mitte der 50er Jahre übernahm Helmut Klein den Vertrieb und Kundendienst eines damaligen deutschen Uhrenprüfgeräte-Herstellers bis 1960 Gerhard Klein – als Vertreter der zweiten Generation- in den elterlichen Betrieb mit eintrat. Die Service- und Vertriebsaktivitäten wurden ausgeweitet und für die Schweizer Marke „Vibrograf" übernommen.

Den Durchbruch brachte 1970 die erste Eigenentwicklung, der TIMOMAT, eine schreibende Zeitwaage für mechanische Uhren. Bald musste das Unternehmen vergrößert werden und man zog in das neu erstellte Firmengebäude in Pforzheim-Eutingen. Der Bereich der Zeitmesstechnik konnte nun weiter verstärkt entwickelt und gefertigt werden. Ebenso wurde in den darauffolgenden Jahren das Sortiment um die Produktion von automotiven Anwendungen wie z. B. Fahrtenschreiber-Prüfgeräten und Anzeige-Instrumenten erweitert.

Als 1989, Roland Klein – als Vertreter der dritten Generation – begann, aktiv im Familienbetrieb mitzuwirken konnte man ein Jahr später eine Aktien-Beteiligungen am damaligen Schweizer Konkurrenz-Unternehmen Greiner Electronics AG in Langenthal erwerben, bis 1991 dann die 100%-ige Übernahme und Umfirmierung auf Greiner Vibrograf AG erfolgte. Dort werden heute vor allem Industrie-Geräte für die Uhrenmanufakturen hergestellt. Das sind unter anderem Geräte zum Auswuchten von Unruhen, Spiralschneidwerkzeuge, Nietwerkzeuge für Spiralrollen und Geräte zum Klassieren oder Abzählen von Unruhen und Spiralfedern.

Somit umfasst das Portfolio heute Uhrenprüfgeräte aller Art für mechanische Uhren, Quarzuhren und Pendeluhren, sowie Wasserdichtigkeitsprüfgeräte und Uhren-Reinigungsmaschinen. Vervollständigt wird die Produktpalette durch Entmagnetisiergeräte, Poliergeräte, Hängebohrmaschinen, Kleingalvanikanlagen, sowie diverse andere Geräte für die Uhren- bzw. Schmuckbearbeitung.

Zum diesjährigen 70-jährigen Firmenjubiläum präsentiert sich die Helmut Klein GmbH in den 2008 bezogenen, neuen vergrößerten Räumlichkeiten und ihrem Schweizer Pendant - der Greiner Vibrograf AG in Langenthal - als vollumfänglicher Partner in allen Bereichen der Uhren- und Schmuckindustrie in Topform und gut gerüstet für die Herausforderungen der kommenden Jahre.

Helmut Klein GmbH
Fritz-Neuert-Str. 31, D-75181 Pforzheim
Deutschland / Germany
Tel : +49 / (0)72 31/95 35-0
Fax : +49 / (0)72 31/95 35-95
E-Mail : info@klein-messtechnik.de
www.greinervibrograf.ch

Greiner Vibrograf AG
Mittelstr. 2, CH - 4900 Langenthal
Schweiz / Switzerland
Tel : +41 /(0)62/916 60 80
Fax : +41 /(0)62/916 60 81
E-Mail: info@greinervibrograf.ch
www.greinervibrograf.ch

Manchmal besaßen auch nur die Rückdeckel Auto-Motive. Das waren dann oft Hinweise auf die erfolgreiche Absolvierung einer bestimmten Kilometerzahl (meist 100.000 km). Am bekanntesten wurde wohl die VW-Uhr, den stolzen Besitzern nach einer Laufleistung von 100.000 km als Präsent überreicht. Es handelte sich hier um eine runde Serienuhr von Mauthe. Das Thema Auto-Uhr wurde getoppt mit einem Entwurf von Richard Feil(†). Sein Berufsleben war eigentlich die klassische Uhrenkarriere mit den üblichen Lehr- und Wanderjahren bei diversen Uhrenfirmen, dann nach langen Jahren bei Laco Tätigkeiten in den USA, um hochbetagt in seine Heimatstadt Pforzheim zurückzukehren. Er entwarf eine Armbanduhr in Form eines VW Käfer, von der auch wirklich drei Prototypen gebaut wurden.

Auto-Uhren sind in gewisser Weise heutzutage wieder ein Thema, denn bedeutende Autohersteller in unserem Lande (Audi, BMW, Mercedes, Porsche, VW) bieten in ihrem Accessoiresprogramm auch Armbanduhren an, meist sportlich ausgerichtet. Das bedeutet im Allgemeinen Chronographen, ausgerüstet mit Quarzwerken oder bei den besseren Qualitäten mit noch produzierten Handaufzugs- oder Automatikwerken. Das Design dazu wird oft bei den Design-Zentren der Hersteller selber entwickelt. Der glückliche Käufer kann also manchmal wirklich behaupten, dass seine frisch erworbene Uhr von dem bedeutenden Auto-Designer X gestaltet wurde …

Markenstolz: Auto-Uhren gab es nicht nur in den 1950er-Jahren. Auch heute gibt es sie im Pforzheimer Produktionsprogramm.
Pride and joy: Watches in automobile style were available not only in the 50ths, they are still living in Pforzheim watch productions

die Spitzenqualitäten der 1950er-Jahre, angeboten von Junghans und Bifora. Obwohl beide Hersteller eigentlich wie die Mehrzahl der historischen Uhrenfirmen zur Mittelklasse gehören, wagte man sich doch an diese Sonderqualitäten. Natürlich wurde bei den Kalibern 120 Unima (Bidlingmaier) und J 82/2 beziehungsweise J 82/3 (Junghans) noch mehr an Verfeinerung geboten. Neue mechanische Armbanduhren bieten solche Verfeinerungen als Selbstverständlichkeit, dafür sind ihre Preislagen allerdings auch sehr verfeinert ...

BESONDERHEITEN:

MILITÄRUHREN
Diese runden Uhren besaßen ein schwarzes Zifferblatt, ausgestattet mit gut ablesbaren Leuchtziffern und -zahlen. Hergestellt wurden sie in identischer Optik von fast allen Herstellern in Deutschland, aber bestückt mit unterschiedlichen Werken. Überraschenderweise sind auch manche dieser Uhren definitiv nach Kriegsende hergestellt worden, es fragt sich nur, warum und für wen.

BEOBACHTUNGSUHREN
Diese Uhren sind für äußerst genaue Zeitmessungen gemacht, deshalb besitzen sie meist spezielle Schweizer Werke, manche haben aber auch verfeinerte deutsche Werke im Inneren.

FLIEGERUHREN
Diese sind ähnlich angelegt wie die vorigen, aber meist von größerem Diameter, um über dem Handgelenk oder Jackenärmel getragen werden zu können. Außerdem kann man mit ihnen oft auch so etwas wie die Position am Himmel per Stundenwinkel oder Ähnliches bestimmen.

AUTO-UHREN
Eine Spezialität deutscher Hersteller waren in den 1950er-Jahren Armbanduhren mit Auto-Motiven. Teils wurden auf dem Zifferblatt Firmennamen aufgedruckt, ansonsten waren es übliche Uhren der Zeit ohne weitere Besonderheiten.

The beetle on wrist:
VW-watch by
Richard Feils
Der Käfer am Handgelenk: Richard Feils VW-Uhr, 1956.

To improve quality of life: Blind man's watch made by Ickler
Praktische Lebenshilfe: Blindenuhr, gefertigt von der Fa. Ickler.

Und zum Abschluss wollen wir noch auf eine weitere Spezialität hinweisen: Blindenuhren, hergestellt von Stowa und Sinn. Nach Abklappen des Glases war eine Zifferblattoberfläche taktil wahrzunehmen, die dem Behinderten die Zeitangabe lieferte. Apropos Behinderung: Da findet der Autor doch noch einen Hinweis in der „Neuen Uhrmacher-Zeitung" (Nr. 13, 1950):

> „Armamputierte im Uhrmacherberuf.
> Im Nachgang zu unserem Aufsatz in Nr. 11 unter der obigen Überschrift teilt uns die Firma Wilhelm Speer, Hamburg 1, Kleine Johannisstraße 4, mit, dass sie Patentarmbanduhren liefert, welche den Einarmigen in die Lage versetzt, die Uhr selbst schnellstens an- und abzulegen. (Siehe die diesbezügliche Anzeige in Nr. 6, 3. Umschlagseite.)"

VERFEINERUNGEN

... gibt es nicht nur beim Kochen. Auch Uhrwerke bieten dem Kenner so manches Geschmäcklerische. Die Feinregulierung oder Reglage, geeignet zum sekundengenauen Einstellen der Uhr, gehört besonders dazu. Ausgestattet damit wurden in Deutschland

oder französisch „Chronometre" auf ihrem Zifferblatt, ohne im klassischen Sinne ein echter Chronometer zu sein, weil nie auf ihre Gangqualitäten geprüft.

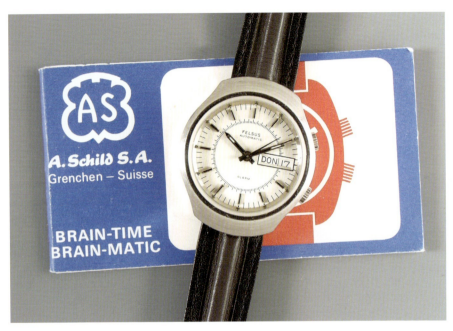

Der Wecker am Handgelenk: Dank Fells & Co. beginnt der Tag pünktlich.
Alarm clock on the wrist: Thanks to Feils & Co the daily life can start punctually

Echte Chronometer im Sinne von Armbanduhren mit durch Spezialinstitute geprüften Ganggenauigkeitswerten und darüber ausgestellten Zertifikaten lieferten bei uns in den Nachkriegsjahren sowohl Junghans (Kal. J 82/1, J 85 und J 83 Automatik)als auch Bifora mit seinem Unima-Kaliber (Kal. 120) ab. Auch bei Kienzle gab es solch ein Produkt, den Superia-Chronometer mit dem Kaliber 081/21, im Gegensatz zu den einfachen Stiftankerwerken von früher ein richtiges „klassisches" Ankerwerk, ausgerüstet mit 21 Steinen.

Die Pforzheimer Uhrenindustrie beeilte sich nachzuziehen und bot zumindest ein solches Produkt an, das war der Porta Chronometer. Porta war ja bekanntlich die Herstellermarke der Fa. Wehner als Besitzer der PUW (Pforzheimer Uhren Rohwerke). Auch der Konkurrent Laco zog mit und lieferte ein entsprechendes Modell. Eppo, Exquisit und Blumus als weitere Marken ließen entsprechende Uhren bei der Uhrenprüfstelle als Chronometer zertifizieren. In der DDR kam von GUB das Kaliber 70.3.

Das heute so beliebte Thema „Chronograph" bedeutet Folgendes: Diese Art Uhr besitzt einen an- und abschaltbaren Zeiger zum Messen, ferner meist einen 30-Minuten-Zähler. Zur Standardausstattung gehört ferner eine kleine Sekunde. Manchmal gibt es auch noch einen 12-Stunden-Zähler. Messbar mit dem großen Zeiger sind entweder Geschwindigkeiten (Tachymeter), Entfernungen (Telemeter) oder Pulsschläge (Pulsations).

Vor dem Kriege lieferte Urofa mit seinem Kaliber 59 einen echten Chronographen ab, außerdem bot Hanhart etwas Entsprechendes an. Abnehmer dürfte in beiden Fällen das deutsche Militär gewesen sein. Bifora wagte sich zwar an einen Prototyp, nicht aber an die Serienproduktion. Bei A. Lange und Söhne wurden offenbar einige wenige Stücke auf spezielle militärische Veranlassung angefertigt.

Nach 1945 bot auch Junghans einen Chronographen an. Dieser Junghans-Flieger-Chronograph im Design von 1955 wurde 1998 in einer weltweit auf 1000 Exemplare limitierten Edition wiederaufgelegt, angetrieben von einem noch verfügbaren Schweizer Handaufzugswerk. Für heutige Verhältnisse hielt sich dabei der Ladenpreis sogar in Grenzen. In der Nachkriegszeit lieferte auch Hanhart wieder einen Chronographen. Später wird man auch deutsche Uhren anderer Hersteller mit Chronographen-Einrichtung finden. Der Blick ins Innenleben zeigt aber, dass hier ein Schweizer Triebwerk eingesetzt wurde.

Als erwähnenswerte Besonderheit deutscher Hersteller müssen die Kurzzeit-Stoppuhren genannt werden, wie sie in den 1960er-Jahren (auch als internationale Mode) angeboten wurden. In Deutschland fertigte zum Beispiel Laco mit seiner Werke-Schwester Durowe solche runden Armbanduhren (Kaliber 471-4 „Min-stop") mit einem halbkreisförmigen Ausschnitt im oberen Zifferblatt, der Werbung nach sehr geeignet für Kurzzeitmessungen wie etwa Parkuhrüberwachungen oder Küchenarbeiten. Auch der Konkurrent Stowa hatte so etwas im Programm.

Und, wer hätte es gedacht, sogar Weltzeituhren kamen auf den Markt der Besonderheiten, so der „Horometer" von Arctos mit optisch sehr interessant gestaltetem Zifferblatt oder ein ähnliches Modell von Stowa, angeboten um 1955. Diese Produkte lehnten sich natürlich stark an die internationale Uhrenmode an. Boten beispielsweise die Schweizer Hersteller so etwas an, so zogen die bedeutenderen deutschen Firmen sogleich nach, sicherlich nicht zuletzt aus Imagegründen. GUB in der DDR hatte in den 1970er-Jahren eine (vereinfachte) Weltzeituhr im Programm, ausgerüstet mit dem langjährig produzierten Automatik-Kaliber 75.

In der Nachkriegszeit gab es auch Uhren mit Weckwerk aus deutscher Produktion, angeboten von Junghans und Hanhart. Junghans stellte auch eine Automatikuhr mit Gangreserve-Anzeige vor. Schaut man sich das Innenleben an, so wirkt es eher wie Grobschmiedarbeit denn wie verfeinerte Uhrentechnik für Liebhaber.

Auch deutsche Armbanduhren anderer Hersteller mit Wecker gibt es, die im Inneren aber Schweizer Technik besitzen (meist AS-Werk mit zwei Federhäusern). Viele frühe Uhren als auch Nachkriegsuhren tragen manchmal stolz die Bezeichnung „Chronometer", „Chrono"

Partner der Uhrenindustrie seit 1945 und Pforzheimer Familienunternehmen in dritter Generation. Zuverlässig wie ein Schweizer Uhrwerk.

ERMANO UHRWERKE GMBH • Bismarckstraße 56 • 75179 Pforzheim • www.ermano.de

PRAKTISCHER TEIL: UHRENTYPEN

KOMPLIKATIONEN

Hiermit ist nicht das oft schwierige Zusammenleben mit dem Ehepartner gemeint (besonders, wenn man alte Uhren sammelt!), sondern angesprochen werden Uhren, die Besonderes außer der üblichen Zeitangabe bieten können. Zu den klassischen Komplikationen gehören Chronographen, Chronometer, Wecker, Stoppeinrichtungen, besondere Anzeigen für Kalender (Zahlen, ausgeschriebene Tage), Gangreserveanzeigen, Mondphasenanzeigen, Anzeigen für zwei oder mehrere Zeitzonen. Im gewissen Sinne können Uhren mit Automatikwerken auch als Komplikationen dienen. Fast alles davon können deutsche Uhren der frühen Jahre nicht. Die Parat-Gruppe stellte 1951 ihr Kalendermodell vor, welches mit einem zusätzlichen Zeiger die umlaufenden Zahlen für Tage anzeigte. Also eine recht einfache Lösung, die von der Parat-Gruppe in ihrem Werbeheftchen auch deutlich vertreten wurde. Von echten Komplikationen hielt man hier nichts, im Rückblick sicherlich nur aus dem besonderen Blickwinkel der frühen Nachkriegszeit mit ihren ganz anderen Sorgen und Problemen verständlich. Später wurden Kalenderuhren eher gewöhnlich. Ansonsten kamen ab 1951 Automatikwerke auf; Bifora und Laco waren die ersten Hersteller, diverse andere folgten. Sogar Kienzle mit seinen Billigwerken wollte sich diesem Trend nicht verschließen und entwickelte relativ spät seine sogenannte Volksautomatic, eine übliche Rotorkonstruktion, aber aus Kostengründen mit nur 17 Steinen ausgestattet, folglich wesentlich eher dem Verschleiß unterworfen als übliche Automatiks mit 25 Steinen.

Termin am 19.: Komplikation aus der Parat-Gruppe, die Uhr mit Pointer-Zeiger für das tägliche Datum. Vorgestellt 1950.
A date on the 19th: Complication watch offered by Parat group, the watch equipped with a pointing hand to show today's date

Das Außenleben heißt Roberta, das Innenleben heißt Valjoux: Zeitmessung aus Pforzheim per Automatik-Chronograph.
Outer part made by Roberta, inner life comes from Valjoux: Time measuring by automatic-chronograph made in Pforzheim

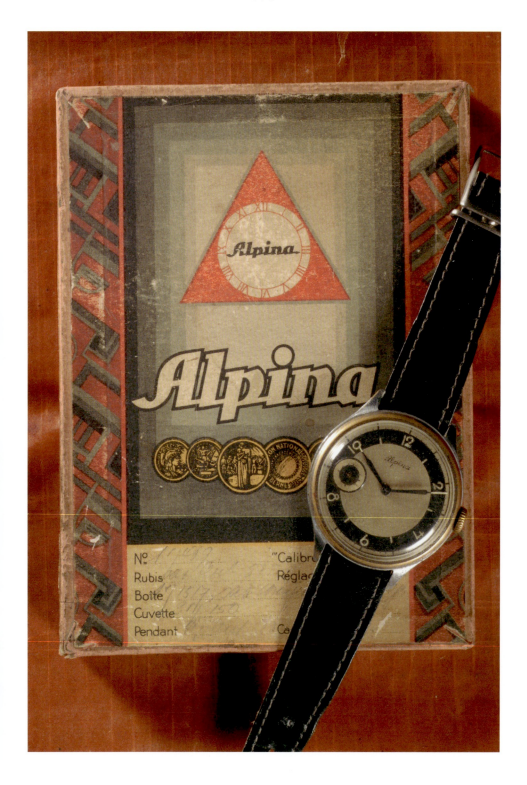

Giving presents means pleasure!
Wholesale brands offered an actual
selection. Production, of course,
was made in Pforzheim
**Schönes schenken: Die Großhandels-
marken boten zeitgemäße Auswahl.
Produziert wurde natürlich in Pforzheim.**

Daten	Erwähnung/Besonderheiten
Gegr. 1937, 1991 Übernahme	1943, 1951, 1968, 1971, 1972, 1987
	1925, 1927/8, 1930, 1943, 1951, 1968, 1971, 1972
Gegr. 1997	
Gegr. 1920	1991
Entstand 2005 aus Fa. Karl Schär, gegr. 1926	1991 (Karl Schär)
	1968, 1971
Gegr. 2004	Existiert heute
Gegr. 1907, 1987 Übernahme	1943, 1951, 1968, 1971, 1972, 1987

EL, VERTRIEBSGRUPPEN

Daten	Werke	Besonderheiten
Die deutsche Alpina-Uhrmachergenossenschaft ging 1919 aus der Schweizer Vereinigung hervor. Etwa nach 1942 musste der Name in Dugena geändert werden, zwischen circa 1945 und 1949 keine Betriebstätigkeit möglich, in den 1950er-Jahren rascher Aufstieg zur Marke	Zeitweilig Zusammenarbeit mit Festa, CH	Submarke Nachkriegszeit: Prätina, Nebenmarke Vorkriegszeit: Siegerin
1927 gegründet als centra, später Zentra, nach 1945 ZentRa	Diverse aus D,CH	
1925–1943 1949–		
1950: Verbund aus drei Großhandelshäusern(Carl Engelkemper, Münster/Westf., F.W.Schmid, München, Peter Münster, Darmstadt)		
	Gehäuse und Werke oft von Pforzheimer Herstellern wie etwa Herm. Friedr. Bauer	Gegründet als Handels-/Vertriebsmarke von Wilhelm Ulrich ab 1925
Vorkrieg		
Siehe unter Kap. Pforzheim		
"		
«		
«		

Hinweis: Die aktuelle Großhandels-/Vertriebsgruppe wurde unter der Bezeichnung CEM Engelkemper von der Familie Abeler in Münster gegründet. Unter anderem wird hier die von der ehemaligen Fa. Adolf Rapp, Schwäbisch Gmünd, seinerzeit registrierte Marke Adora benutzt.

UHREN- UND ZUBEHÖR-HERSTELLER

TABELLE 8: **HERSTELLER VON UHRZEIGERN AUS PFORZHEIM/UMFELD**

Name/Firma	Ort	Marken
August Erhard	Pf.	
Erwin Hermann	Pf.	
Manke & Müller	Ispringen	
Reinhardt Zeigerfabrik	Villingen-Schwenningen	
Volker Schaer	Villingen-Schwenningen	
Universo (CH) Hermann Schuster	Pf.	
UTM	Schramberg	
Vogel & Dangelmaier	Pf.	

UHRENFIRMEN GROSSHAN

TABELLE 9: **HERSTELLER AUS GROSSHANDEL, VERTRIEBSGRUPPEN**

Firma	Ort	Marke	Gruppe
Alpina/Dugena	Pforzheim	Rena Rio wwBlondi 444 ... Tropica Monza Jongster usw.	
ZentRa	Senden	Zentra	
Ankra Einkaufs- und Garantiering deutscher Uhrmacher		Ankra	
Konnexa		Konnexa	
Tellus-Uhr Gemeinschaft deutscher Uhrmacher e.V.	Frankfurt	Syntakt Zeitpunkt Tellus Wiking Herold?	
Gedu Gemeinschaft deutscher Uhrmacher		Gedu	
Parat		Parat und Hersteller	
Epora		Epora und Hersteller	
Pallas		Pallas und Hersteller	
Regent		Regent und Hersteller	

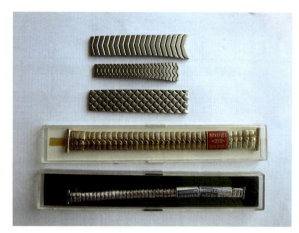

Bracelets of various designs and qualities: Glauner & Epp, later on joining the Unidor group. Products made by Hermann Staib.
Well known Flex bracelets made by Rodi & Wienenberger.
Andreas Daub.

Armbandqualität aller Art: Glauner & Epp, später bei der Unidor-Gruppe, Herstellung bei Fa. Hermann Staib, die bekannten Flexbänder aus dem Hause Rodi & Wienenberger; Fa. Andreas Daub.

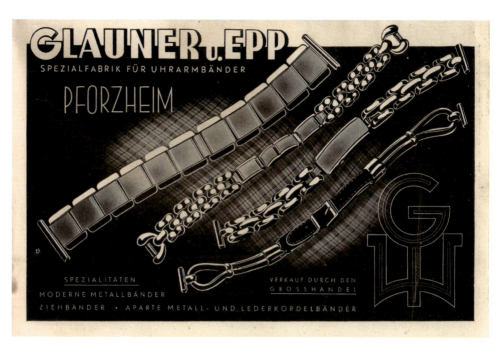
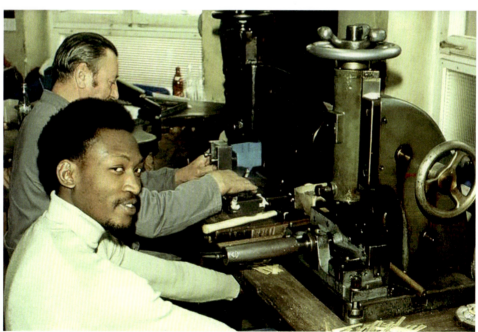

Daten	Erwähnung
	1943
	1968
	1939, 1943
	1923, 1939, 1943
	1939
	1921, 1923
	1971, 1972
	1921, 1923
	1921
	1921, 1923
	1927/8, 1930, 1939
	1921
	1971, 1972
	1921
Gegr. 1922 in Birkenfeld, 1949 Pforzheim, 1998 Ernst Vollmer GmbH & Co, 2005 Aristo Vollmer GmbH	1939, 1968, 1971, 1972, 1987
	1921
	1972
	1972
	1971
	1925
	1968, 1971, 1972, 1987
Gegr. 1991	
	1968, 1971, 1972, 1987
	1939, 1943, 1968, 1971, 1972
	1939, 1943
	1968, 1972
	1968, 1971
	1972

TABELLE 7: **HERSTELLER VON UHRARMBÄNDERN, UHRANSATZBÄNDERN UND SCHLIESSEN (LEDER & METALL) AUS PFORZHEIM/UMFELD (FORTS.)**

Name/Firma	Ort	Marken
Wilhelm Staib		
Hermann Staiger	Nöttingen	
Steudle & Cie.		
Stockert & Cie.		
Emil Stöffler		
Ph. Stöhrle	Pf.	1923 auch Uhrhalterbänder
Hermann Stoppa	Pf.	
Gottfried Taafel	Pf.	Uhrbügel
Talmon, Gros & Häußer	Pf.	
Ph. Trunk	Pf.	1923 auch Uhrhalterbänder
Emil Tuteur	Pf.	
M. Uhle	Pf.	
UNIDOR Expandro	Birkenfeld	
Volle & Krauth	Pf.	
Ernst Vollmer	Pf.	Pico, Robusto, Robusto-Flex, Flat-Flex, Ervoflex
Ferd. Wagner AG	Pf.	Uhrbügel
Oswald Weber		
Weikelmann & Co.		
Welz & Co.	Ellmendingen	
Franz Werndle	Pf.	Schließen
Karl Wiedmann	Pf.	
K. Wildenmann		
Wilhelm Wildenmann	Birkenfeld	**Wilcolux**
Alfred Wipfler	Pf.	
Theodor Wolf	Pf.	
Gustav Wolf	Pf.	
Max Wünsch	Pf.	
Wyrich & Co.		

165

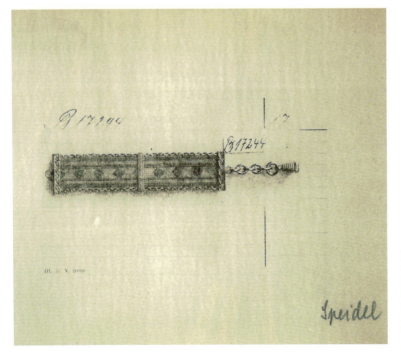

Variety in metals: Jewellery bracelets of many decades. Examples made by Hermann Staib and Ernst Vollmer/ Aristo

Metallische Vielfalt: Schmuckarmbänder aus vielen Jahrzehnten. Beispiele der Firmen H. Staib und Ernst Vollmer/ Aristo.

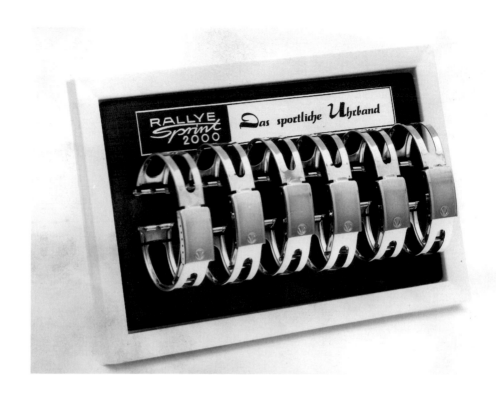

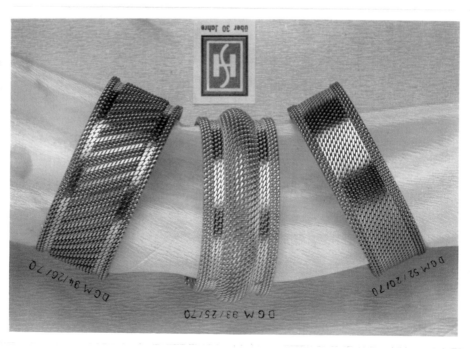

Daten	Erwähnung
	1921, 1923
	1939, 1943, 1968
	1968, 1971
	1968, 1971
	1939
	1943
	1968
	1921, 1939
	1923
	1968, 1971, 1972
	1921
	1921
	1921
	1921
	1927/8, 1930, 1939, 1943
	1939
	1939
	1921
	1968, 1971
	1939, 1943
	1939, 1943
	1925
	1927/8, 1939, 1943 Moritz Schweickert, 1968
	1923
	1921
	1921
	1939
	1921
Gegr. 1868	1923, 1939, 1968, 1971, 1972
	1921, 1923
Gegr. Ende 1945, 2009 Insolvenz, heute neue Firma	1968, 1971, 1972, 1987
Gegr. 1922	1951

TABELLE 7: HERSTELLER VON UHRARMBÄNDERN, UHRANSATZBÄNDERN UND SCHLIESSEN (LEDER & METALL) AUS PFORZHEIM/UMFELD (FORTS.)

Name/Firma	Ort	Marken
Rothacker & Müller	Pf.	
Rudolph, Ernst	Pf.	
Christian Schaan	Wurmberg	Schnallen u. Beschläge
Oskar Schaan	Pf.	Schnallen u. Beschläge
Schaible Karl		
Schenkel Adolf		
Edmund Schlemer	Pf.	
Schlesinger S.B & Co.		
Karl Scheufele		1923 auch Uhrhalterbänder
Emil Schmidt	Pf.	
Schmidt & Bruckmann	Pf.	Uhrbügel
Hch. Schober & Co.	Pf.	
Schönemann & Räuchle	Pf.	
Aug. Schofer	Pf.	
Louis Schofer Wwe.		
Eugen Schofer		
Schreiber & Hiller		
Schuler & Kun	Pf.	
Herbert Schwarz	Pf.	
Sickinger Otto Eugen		
Schwalbe Max		
Moritz Schweickert	Pf.	Verschlüsse
Adolf Schweickert	Pf.	
Artur Schweigert	Pf.	1923 auch Uhrhalterbänder
Math. Seitz	Pf.	
K. Sonnet	Pf.	
Späth Christian		
Alb. Speck	Pf.	
Fr. Speidel	Pf.	1923 auch Uhrhalterbänder **Elasta Flexa**
Oswald Staerker	Pf.	1923 auch Uhrbügel
Friedrich Stahl	Birkenfeld	**FS Multora** (1954) **Euraflex Multiflex Moflex**
Hermann Staib	Pf.	**HeSta DPMA: HSP im Dreieck,** (reg. 1991, gel. 2002) **Bohemia** (reg. 1992, gel. 2002) **HS** (reg. 1996, gel. 2005) **HS** (reg. 2004), **GWC** (reg. 2007), **US8** (reg. 2009), **Q8** (reg. 2008) **Bracelet-for-watches** (angem. 2015) **RoMe** (ex K. Metzger-Pegau, 2014 H. Staib **Adolph Eisenmenger seit 1857** (reg. 2004 **GMC German Mesh Company**

Daten	Erwähnung
	1923
	1930
	1921
	1971, 1972, 1987
	1943, 1968, 1972
	1939, 1943
Gegr. 1922, ab 1935 Uhransatzbänder, ab 1948 Metalluhrbänder, heute Präz.-Industrie	1939, 1971, 1968, 1972, 1987
	1921
	1939
	1921, 1923
Handelsuntern.	1939, 1943, 1968, 1971, 1972, 1987
	1939
	1987
	1968, 1972
	1921
	1972
Gegr. 1885. Rowi Schmuckwaren, ab 1920 Taschenuhrgehäuse, 1923 Uhrhalterbänder, ab 1929 Metallbänder und Armbanduhrengehäuse. 1988 Zusammenschluss mit PUW/Porta zur Porta Mikromechanik. Seit 2000 Sparte Präzisionstechnik	1923, 1939, 1943, 1968, 1971, 1972, 1987
	1921

TABELLE 7: HERSTELLER VON UHRARMBÄNDERN, UHRANSATZBÄNDERN UND SCHLIESSEN (LEDER & METALL) AUS PFORZHEIM/UMFELD (FORTS.)

Name/Firma	Ort	Marken
Lorenz Manz	Pf.	
Karl Maurer	Pf.	
R. Metzger	Pf.	
Peter Michla	Pf./Niefern-Öschelbronn	
Theodor Nonnenmann	Pf.	
Otto Panitz & Co.		
Aug. Pfisterer jr.	Pf.	**Pfistra**
Friedr. Pfisterer	Pf.	
Albert Popp	Pf.	
Paul Raff	Pf.	
Udo Ratz	Pf.	
Reiling Rudolf		
Eugen Rühle	Pf.	
Friedrich Rentschler vorm. Eugen Hellmuth	Pf.	
Gust. Rieber	Pf.	
Erich Ritschel		
Rodi & Wienenberger „Rowi"	Pf.	**Guerrier,** 1930/1934? **Rowiag,** reg.1950, gel. 2001 **Peixe de Ouro,** reg. 1952 **Admira,** reg.1952, gel. 2011 **Flexolux,** reg.1952, gel. 2011 **Eleganta-Fixoflex,** reg. 1956, gel. 200 **Rowiflex,** reg. 1956, gel. 2006 **RoWi,** reg. 1961, gel. 2002 **Uniflex,** reg. 1964, gel. 2014 **Identic,** reg. 1964, gel. 2014 **RoWi-Matic,** reg. 1964, gel. 1997 **Prima Fixo-Flex,** reg. 1964, gel. 1997 **RoWi Carat,** reg. 1965 **RoWi Proof,** reg. 1982 **Rowiplana,** reg. 1986 **HPB Creation by RoWi,** reg.1989 **Fletch,** reg. 1989, **Monaro,** reg. 1990 **Elastofixo,** reg. 1958 **Fixoflex,** reg. 1958 **Rowi HiTec Gold,** reg. 1995 **Eleganta-Fixoflex,** reg. 1956 **Rowiag,** Basis-Anm., 1949 **RoWi,** reg. 1961 **Monaro,** reg. 1990 **Checcella,** reg. 1993 Verm. weitere Marken benutzt, angemeldet, aber nicht auffindbar bei DPMA Heutige Uhrenmarken: **ROWi MetalCH**
Ed. Roeck	Pf.	

Daten	Erwähnung
	1923
	1968, 1987
	1943, 1968, 1971, 1972
	1921, 1923
	1968
	1923
Siehe UNIDOR	1968, 1971
	1921
	1921
	1968
Gegr. 1885, 1896 Umfirmierung, 1898 AG, 1977 Konkurs	1923
	1939, 1943, 1972
	1921
	1968, 1971
	1921, 1923
Gegr. 1882, Fa. kam später zur Unidor-Gruppe. 1977 geschlossen?	1923
	1939, 1943, 1972
	1939, 1943
	1943
	1939, 1943
	1972
	1972
Gegr. 1979	Existiert heute
	1971
	1939
	1939, 1943
	1930, 1939, 1943
	1939, 1943
	1972
	1939, 1943
	1972
	1923
	1939
	1923
	1968, 1972
	1968
	1968
	1972

TABELLE 7: HERSTELLER VON UHRARMBÄNDERN, UHRANSATZBÄNDERN UND SCHLIESSEN (LEDER & METALL) AUS PFORZHEIM/UMFELD (FORTS.)

Name/Firma	Ort	Marken
Alb. Aug. Huber	Pf.	Uhrbügel
Gustav Iffert	Tiefenbronn-Mühlhausen	
Heinrich Kaese	Pf.	
Kaeser & Walter	Pf.	
KAMEKO	Wurmberg	
Emil Keller & Co.	Pf.	
Kiefer	Pf.	
Köhle & Wild	Mühlhausen	Uhrbügel
Kohm & Haller	Pf.	
E.& G. Kohm	Wurmberg	
Kollmar & Jourdan AG Kollmar & Jourdan	Pf.	1923 auch Uhrhalterbänder
A. Kopp	Pf.	
Korff Elsbeth	Pf.	
Adolf Kümmerle	Pf.	
Gebr. Kuttroff	Pf.	Uhrhalterbänder
Heer & Wipfler		
Hirlinger & Merkle		
August Höfflin		
Holl Ludwig Otto		
Huber & Co. (GH)		
Hummel & Cie.		
Axel Jost		
Kameko	Wurmberg	
Jos. Kast		
Friedrich Keck		
Hermann Klittich		
Friedrich Klumpp		
E. u. G. Kohm		
König & Cie.		
E. Korff		
E. Lang	Pf.	**Elan**
Karl Lauser		
Carl Lay	Pf.	
E. Layer		
LEWA	Uhingen/Pf.	
Sebastian Lichtenwimmer		
Lotte Weber (LOWE)		

Daten	Erwähnung
	1923
	1968, 1971
	1923
	1968, 1972
	1923
	1923
	1943
	1939, 1943
	1939, 1943, 1968, 1971, 1972
	1921, 1923
	1939, 1943
	1921
	1987
	1939, 1943
	1921, 1925
Siehe UNIDOR	1968, 1971
	1923
	1923
	1921
	1921
	1972
	1923
	1971
	1921, 1923
	1921
Seit 1921	1972
	1939
	1968, 1972
	1921
	1939
	1939
	1943
	1923
	1987
	1923
	1921, 1923
	1968
	1921, 1923

TABELLE 7: **HERSTELLER VON UHRARMBÄNDERN, UHRANSATZBÄNDERN UND SCHLIESSEN (LEDER & METALL) AUS PFORZHEIM/UMFELD (FORTS.)**

Name/Firma	Ort	Marken
Paul Drusenbaum	Pf.	
Walter Dürrwächter	Pf.	
Wilhelm Ecker	Pf.	
Adolf Egetemeyer	Pf.	
J. Emrich	Pf.	
Julius Epple	Pf.	
August Fenchel		
Gebrüder Feßler		
Artur Fischer	Pf.	
L. Fießler & Co. Louis Fießler & Cie.	Pf.	
W. Freivogel		
Chr. Frey	Pf.	
Walter Fricker	Pf.	
Jakob Gänger		
Fr. Geiger	Pf.	Uhrbügel
Glauner & Epp	Pf.	
J.F. Glebe	Pf.	Uhrhalterbänder
Richard Göckler	Pf.	
Rich. Göhler	Pf.	
H. Göpper	Pf.	
Guba		
E. Guinand	Pf.	
Güther Anna	Pf.	
Emil Hager	Pf.	Uhrbügel
Wilh. Haußmann	Pf.	
Heinrich Heidecker		
Hellmuth Eugen	Pf.	
Hellmuth Ewald	Pf.	
Hch. Henkel & Co.	Pf.	
Friedrich Henn		
Henne & Kaese		
Henne E.		
Henne Fr.	Pf.	Uhrhalterbänder
Erich Hermann	Keltern-Niebelsbach	
Andreas Hess	Pf.	1923 auch Uhrhalterbänder
E. Hettler Nchf.	Pf.	1923 auch Uhrhalterbänder
Otto Hoffmann	Mühlhausen	
Alb. Hopf	Pf.	Uhrbügel

Daten	Erwähnung
	1921, 1939, 1943, 1971, 1972
1922 Adam & Vollmer	1939, 1943
	1972
	1939
	1939, 1943
	1987
	1939, 1943, 1972
	1972
	1968, 1971, 1972, 1991
	1921, 1923
	1939, 1943
	1939, 1943
	1943, 1968
	1923
	1921
	1987
	1921, 1923
	1939, 1943
	1923
	1972
	1921
	1943
	1939, 1943, 1968, 1971, 1972
	1987
	1939
	1923
	1921
	1923
Gegr. 1919	1968, 1971, 1987, 1991
Gegr. 1874	1943, 1968, 1971, 1972; heute bedeutender Schmuckhersteller
	1943
	1921, 1923

UHREN- UND ZUBEHÖRHERSTELLER

TABELLE 7: **HERSTELLER VON UHRARMBÄNDERN, UHRANSATZ-BÄNDERN UND SCHLIESSEN (LEDER & METALL) AUS PFORZHEIM/UMFE**

Name/Firma	Ort	Marken
Abel & Zimmermann		
Friedr. Adam		
Willy Abraham		
Augenstein Eug.		
Bastian Peter		
Gustav Bauer	Keltern-Ellmendingen	
Herm. Wilh. Bauer & Co.		
Bäuerle & Schwarz		
Eugen Beck (1991 H. und E. Beck)	Mühlhausen	
Beck & Turba	Pf.	Uhrhalterbänder
Wilhelm Becker		
Bechtold & Härter		
Behner & Cie.	Pf.	Be
Eugen Bing & Co.	Pf.	
Aug. Birle	Pf.	
Astrid Bischoff	Engelsbrand-Grunbach	
Gebr. Bischoff	Pf.	
Max Bischoff	Pf.	
Bohnenberger & Böhmler	Pf.	
Böhmler & Schmauderer		
C.F. Bosch	Pf.	
Bossert Max		
Bürkle Fritz	Schwann	**Comforta Flex**
Rolf Bürkle	Straubenhardt-Schwann	
Heinrich Bürk		
Burghard & Zaiss	Pf.	
Burkhardt & Cie.	Pf.	
Burkhardt & Co.	Pf.	
Heinrich Craiss	Wurmberg/Mühlacker	**Hecra**
Andreas Daub	Pf.	**AD Novaflex Milaflex Mylord Mylady Serpenta** usw.
Diehlmann Friedr.		
Ph. Döppenschmitt	Pf.	

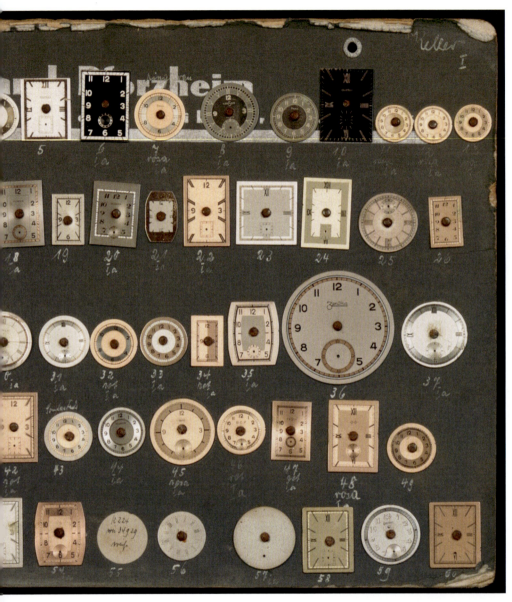

Weber & Baral – a pioneer: great varieties shown by Arthur Weber have become guarantors of good sales

Weber & Baral, der Pionier: Vielfältige Ideen von Arthur Weber sorgten für guten Umsatz.

Dials representing the Zeitgeist: Professional reviews were thoroughly dealing with trends of creativity.

Zifferblätter im Zeitgeist: Die Fachpresse setzte sich ausführlich mit aktuellen Gestaltungstrends auseinander.

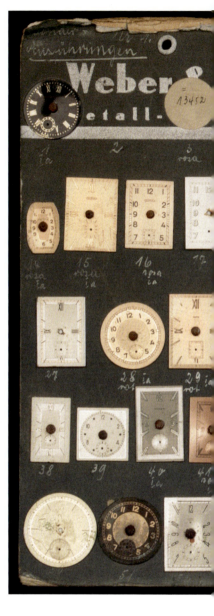

A wonderful find:
Original samples
of dials, made in
the earlier years
Ein wunderbarer
Archivfund:
originale Ziffer-
blattmuster der
frühen Jahre.

Daten	Erwähnung
	1971
Schweizer Grundlage. Seit über 55 Jahren	Existiert heute
	1987
Seit über 100 Jahren	Existiert heute
	1972
	1972
Seit 1939	Existiert heute
	1930, 1939
	1925, 1927/8, 1930, 1943, 1968, 1971, 1972
	1951, 1968, 1971, 1972
	1968
	1939, 1943
Gegr. 1949, 1992 Insolv., 2007 endgültig gelöscht	1951, 1968, 1971, 1972, 1987, 1991
	1939, 1951
	1951
	1951, 1972
	1951, 1968, 1971, 1972
	1951
	1939
	1939, 1943
	1951
	1951
	1971, 1972
Angebl. erste Zifferblattfirma	1968, 1971, 1972, 1987
2005 verkauft an Swatch Group	1968, 1971, 1972, 1987
	1972
	1968, 1971
	1968
	1943
	1939, 1943, 1971, 1972, 1987
	1925
Zifferblattmalerei?	1939, 1943

UHREN- UND ZUBEHÖRHERSTELLER

TABELLE 6: **HERSTELLER VON ZIFFERBLÄTTERN AUS PFORZHEIM/UMFELD**

Name/Firma	Ort	Marken
Otto u. F. Andraschko	Pf.	**Votava**
CADOR		
Groh + Ripp	Idar-Oberstein	Spezial-Zifferblätter
Schätzle & Cie	Lörrach	
Paul Schätzle & Sohn		
Georg Bauder	Pf.	
Richard Bethge		
Albert Ranft & Co.		
Weber & Baral	Pf.	
Baral & Hüf	Pf./Bad Liebenzell	
Georg Bauder	Pf.	
Heinrich Bischoff		
Bock & Schupp	Pf.	
Wilhelm Cammert		
Kitzenmaier & Reister		
Oskar Reister		
A. & K. Klittich	Pf.	
Hermann Knöller		
Kreder & Co.		
Mahler & Braun		
Otto Manz		
Melter & Staib		
Staib & Co.	Pf.	
Melter & Kühn	Pf.	
Th. Müller	Pf.	Deutsche Zifferblatt-Manufaktur
Helmut Ochs		
Oskar Reister	Eutingen	
Staib & Co.	Pf.	
Tammert Wilhelm		
Karl Uebelhör	Pf.	
Erwin Winkler	Pf.	
Karl Zimmermann	Pf.	

Watch cases shaped in a complex way, thanks to a press body. Here an example offered by the company Ickler
Komplex geformte Uhrengehäuse dank des „Presspfaffen": hier ein 1931er-Exemplar aus dem Hause Ickler.

Daten	Erwähnung
Gegr. 1974	Existiert heute
Gegr. 1866 1974 v. H.J. Vogler übernommen	1925, 1927/8, 1930, 1943, 1951, 1968, 1971, 1972
	1951, 1968, 1971, 1972
	1943
	1972
	1971, 1972

UHREN-UND ZUBEHÖRHERSTELLER

TABELLE 5: **HERSTELLER VON UHR-KRONEN AUS PFORZHEIM/UMFELD**

Name/Firma	Ort	Marken
Vogler	Pf.	
Chr. Haulick		
Richard Dürr	Pf.	Ridü
Raible August		
Schneider Julius		
Idler Karl		

Daten	Erwähnung/Besonderheiten
Gegr. 1911 Fa. existiert noch	1951, 1968, 1971, 1987
	1987
	1968, 1971
	1987
	1971
	1943, 1951, 1968
	1925
Fa. 2001 liq.	1930, 1943
	1925, 1930
	1927/8
	1951
	1925, 1927/8, 1930, 1943
	1921, 1923, 1925, 1927/8, 1930
	1951
Später Stephan Vögele?	1951
	1951
	1943
gegr. 1922	seit 1970 Bandgehäuse
	1987
	1951
	1968, 1971, 1987
	1925
1936–1985 übernommen von A. Heinz (Fa. Holborn)	1943, 1951, 1968, 1971
	1925
	1968, 1971
	1951
	1925

TABELLE 4: **GEHÄUSEHERSTELLER AUS PFORZHEIM/UMFELD (FORTS.)**

Name/Firma	Ort	Marken
Schabl & Vollmer	Pf.	
Oscar Schaan		
Viktor Scherer		
Scheuhing Hermann		
Siegfried Schmid	Pf.	**SSCH**
Albert Schneider	Huchenfeld	
Gerhard Schneider	Pf.	
Schöninger Karl		
Hermann Schuster Alleinvertr. D. f. Alber Frerses J Monnier & Cie Generale Or Besancon	Pf.	
Schwarz Hans	Pf.	
Oris Watch Inh. Emil Schweigert u. Karl Küderle	Pf.	
Seitz Mathias	Pf.	**Sepo MS**
Sickinger German	Pf.	**Gersi**
Theodor Slepoj	Pf.	
Söllinger Metallwarenfabrik		
Speck Albert		**ASP**
Staerker Oswald	Pf.	**Badenia**
Stehle & Sparn		
Vetter & Sickinger		
Fritz Vögele		
Heinrich Vogt		
Volle & Krauth		
Ernst Vollmer (Gehäuse)		
Lotte Weber	Engelsbrand	
Karl Weiß		
Karl Wiedmann	Pf.	
Diego Wenning	Pf.	
Wössner Eugen	Pf.	
Alfred Wolf	Pf.	
Robert Wolter	Pf.	
Max Wünsch		
Georg Zabukosek & Karl Bickel	Pf.	

Daten	Erwähnung/Besonderheiten
	1930, 1943, 1951, 1968, 1971 (s. Unidor) Bedeutender Hersteller
	1927/8
	1923, 1925, 1927/8, 1930, 1943
	1930
	1923, 1927/8, 1930, 1951
	1968, 1971
1951–	1968, 1971, 1987, 1991
	1930
	1943
	1923, 1925
	1951
	1943
	1927/8, 1930
	1951, 1968, 1971
	1968, 1971
	1968, 1987
	1951
	1930, 1943, 1968, 1971, 1987
	1968, 1971
1937–1985 Übernahme durch Reister & Nittel Fa. RP	1943, 1951, 1968, 1971 wasserdichte Gehäuse Discu-Safe
	1925
	1923, 1925, 1927/8, 1930, 1943, 1951, 1968, 1971, 1987
	1925, 1927/8, 1930, 1987
	1927/8, 1930, 1943, 1951, viele Taschenuhrgehäuse, wenige (seltene) Armbanduhren, Firma existiert noch
	1951, 1968, 1971, 1987
	1987
	1943, 1951
1932–	1943, 1951, 1968, 1971, Fertiguhren ab 1964
	1930, 1943, 1951, 1968, 1971, 1987, bedeutender Hersteller
	1951
	1925
	1943

TABELLE 4: **GEHÄUSEHERSTELLER AUS PFORZHEIM/UMFELD (FORTS.)**

Name/Firma	Ort	Marken
Gebr. Kuttroff	Pf.	G Stern Halbmond K
Lacher Fr.	Pf.	
Lacher & Co	Pf.	**Laco**
Lang Adolf	Pf.	
Lang E.		**Elan**
L.A.V.I.O. Gebr. Sella	Pf.	
Lust GmbH & Co	Pf.	
Maurer Karl		
Messer Willi		
Mock & Reiss	Pf.	
Morlock Willi		
Müller-Bögner Fritz		
F. Müller & Cie. Müller F.	Pf.	
Erwin Niebel	Pf.	
Karl Ochs	Hamberg	
Helmut Ochs	Keltern-Dietlingen (1968 Birkenfeld)	
E. Oehlert		
Friedrich Pfisterer	Pf.	**Efpe**
Julius Pfisterer	Birkenfeld	**JFP**
Richard Pfisterer	Pf.	
Pollak GmbH	Pf.	
Raff Paul	Pf.	**Para**
Raisch & Wößner	Pf.	**Ormo**
Gustav Rau	Pf.	**Büffel**
Franz Regelmann	Pf.	**FR**
Reister & Partner	Pf.	
Rentschler		
Karl Rexer	Pf.	**Karex, K R**
Rodi & Wienenberger	Pf.	R Ankersymbol, W in Kartusche
Roller Hermann		
Adolf Rothschild	Pf.	
Ruf Gustav		

Daten	Erwähnung/Besonderheiten
	1923, 1925, 1927/8
	1925, 1927/8
	1927/8, 1930, 1943, 1951, 1968, 1971
	1925
	1951, 1968, 1971, 1987
	1951
	1925, 1927/8, 1930, 1943, 1951
	1925, 1927/8
	1951, 1968, 1971
	1971, 1987
	1987
	1925
	1968, 1971
	1951
	1943
	1943
1922	1927/8
1918 gegr., ab 1949 Gehäuse	1968, 1971, 1987
	1943, 1951
	1951
	1927/8, 1930, 1943, 1951, 1968, 1971
1924 gegr., existiert	1927/8, 1930, 1943, 1951, 1968, 1971, 1987
	1968, 1971
	1987
	1925, 1927/8
	1971, 1987
	1951
	1943, 1951
	1943, 1951
	1943
	1951
	1943
1882–1978	1927/8, 1930, 1943, 1951, 1968, 1971 bedeutender Hersteller
	1927/8
	1923, 1925, 1927/8
	1987

TABELLE 4: **GEHÄUSEHERSTELLER AUS PFORZHEIM/UMFELD (FORTS.)**

Name/Firma	Ort	Marken
E. Guinand	Pf.	
Habmann Karl & Wein Max	Pf.	
Habmann Karl 1927/8 Habm. Karl Fr.	Pf.	**Kaha, Habmann**
Emil Haller	Pf.	
Hanagarth Albert	Pf.	
Artur Härter		
Härter Ernst		
Otto Hartmann	Pf.	Auch Uhrwerke (?)
Robert Hasenmayer		
Hans Heimerdinger	Würm	
A. Heinz	Pf.	
Gebr. Herion	Pf.	
Adolf Hermann	Pf.	
Heß Erwin		
Heß Friedrich		
Fritz Hess		
Hess & Co.		
Hirsch KG Hirsch & Co.	Dietlingen	
Emil Hochmuth		
August Hohl		**Aho**
Huguenin Arist	Pf.	
Ickler Karl	Pf.	
Jewellers Product Co.	Pf.	
Karl Jock	Pf.	
Franz Jordan	Pf.	
Roland H. Jung	Pf.	
Richard Rudolf Käser	Pf.	**Rika**
Erwin Kammerer		
Kasper		
Karl E. Keppler		
Kiehnle Robert		
Gottlob Klumpp		
Berthold und Viktor Knörr		
Kollmar & Jourdan	Pf.	K Pfeilsymbol J
Kohm & Co.	Pf.	
Eugen Kraut	Pf.	
Kühn Apparatebau	Straubenhardt-Ottenhausen	

Daten	Erwähnung/Besonderheiten
	1951, 1968, 1971, 1972, 1987 von Fa. Braun (CCM Braun) übernommen
	1951, 1968, 1971
	1951, 1968, 1971
	1930, 1943
	1943, 1951, 1968
	1943, 1968, 1971. Aus dieser Firma ging nach 1945 der Radiohersteller Becker hervor
	1925
	1927/8, 1930
	1987
	1951, 1968
	1943
	1968, 1971, 1987
	1925, 1927/8, 1930
	1927/8
	1925
	1987
	1951
	1951
	1987
	1951, 1968, 1971
	1943
	1971
	1923
	1987
	1923
	1925
	1923, 1943, 1951, 1968, 1971, 1987
	1951
	1951
	1943, 1951
	1968, 1971, 1987
	1987
	1951
Seit über 30 J.	1987

UHREN- UND ZUBEHÖRHERSTELLER

TABELLE 4: **GEHÄUSEHERSTELLER AUS PFORZHEIM/UMFELD**

Name/Firma	Ort	Marken
Antritter & Schick	Pf./Birkenfeld 1	
Erwin Bartholomä	Huchenfeld	
Hermann Friedrich Bauer	Pf.	
Bauer Hermann Wilhelm		
Becker Hermann		
Becker Wilhelm	Pf.	
Adolf u. Gustav Belmonte	Pf.	**Belmona**
Beutter Wilhelm		**Berg Bergana**
Ruth Binninger	Pf.	
Eugen Birle		
Max Bischoff	Pf.	
Gebr. Bischoff	Dietlingen	
Bittmann Otto	Pf.	
Otto Bossert	Pf.	
Karl Braun	Pf.	
Siegfried Braun	Pf.	
Emil Josef Brenk	Pf.	
Brenk & Bischoff		
Broß & Zimmermann		
Wilh. Bohnenberger / Wilhelm Bohnenberger & Sohn	Winsheim	
Albert Bührer		**Albü**
Hermann Buggle	Pf.	
Burkhardt & Co.	Pf.	
Helmut Christmann	Birkenfeld 1	
Wilhelm Ecker	Pf.	
L. Eisele	Pf.	
Julius Epple	Pf.	**Aristo**
Decker & Reisert		
Degenhart u. Ohnmacht		
Johann Feigel		
Artur Fischer	Pf.	
Louis Fiessler	Pf.	
Erwin Fränkle		
Fricker, Walter Fricker	Büchenbronn	

Gründung bzw. Armbanduhren ab	Anmerkungen
1921	
1924	
1924	
1923	Früher begonnen
1927	
Ca. 1927	
1923	
1922	
1927	Noch nicht in Pf.
A.-Uhren ab 1927	
	1925 mehr als 25 Beschäftigte
	″
	″
	″
	″
	″
	″
1922	
1919 A.-Uhren ab 1924	

UHREN- UND ZUBEHÖRHERSTELLER

TABELLE 3: **FRÜHE HERSTELLER IN PFORZHEIM, SCHON IN DEN 1920ER-JAHREN PRÄSENT**

Name	Marke bzw. spätere Marke
Frieda Lacher, Lacher & Co	**Laco** **Erich Lacher**
Walter Kraus	**Weka**
Rudolf Fischer	**Eref**
Hermann Friedrich Bauer	**HFB**
Hermann Rivoir	**Comos**
A. Nirschl	**Nila**
Weber & Aeschbach	**Arctos**
Eugen Siegele	**Eusi**
Walter Storz	**Stowa**
Paul Raff	**Para**
Mathias Seitz	**Sepo**
Albert Speck	**ASP**
Gustav Rau	**Büffel**
Franz Werndle	
Franz Jourdan	
Siegele & Gerwig	
Julius Epple	**JE** **Aristo**
Schätzle & Tschudin	**Favor**
Franz Schnurr	**Provita**
Bechthold & Härter	**BeHa**

Dank hoher Kapazitäten kann das Unternehmen heutzutage auch als Zulieferer für eine Vielzahl renommierter internationaler Uhrenmarken agieren. Aufgrund der immer größeren Spezialisierung der Bauer-Walser AG (Scheideanstalt, Edelmetall-Halbzeuge, ...) wurde die Fertiguhrenproduktion 2011 an die Partnerfirma ASTRATH in Pforzheim abgeben. Sie hat seither Fertigung, Vertrieb und Service der Uhrenmarken H. F. Bauer und Priosa erfolgreich übernommen. Heute fertigt die Bauer-Walser AG präzise und außergewöhnliche Uhrenrohteile, wie z. B. Uhrengehäuse, Lünetten, Schließen…. aus Gold, Silber und Platin. Neben der bestehenden Kollektion werden auch Uhrenrohteile auf Kundenwunsch gefertigt. Eine Vielzahl der Luxusuhren der Marke H. F. Bauer, sowie speziell und exklusiv auf Kundenwunsch gefertigte Gold- und Platinuhren bietet die Firma ASTRATH an.

BAUER·WALSER AG

Bunsenstraße 4-6 | 75210 Keltern/Germany
Tel. +49 7236 704-0 | Fax +49 7236 704-270
info@bauer-walser.de | www.bauer-walser.de

ASTRATH

Ostendstr. 12/1 | 75175 Pforzheim/Germany
Tel. +49 72 31 585 38-10 | Fax +49 72 31 585 38-11
info@hfbauer-astrath.de | www.hfbauer-astrath.de

H. F. Bauer – Die Traditionsmarke für Zeitmesser aus der Goldstadt Pforzheim

Namensgeber der Luxus-Uhrenlinie war der Goldschmied Hermann Friedrich Bauer, der im Jahre 1924 mit seinen Söhnen und drei weiteren Mitarbeitern begann, goldene Uhrgehäuse und Uhrenbänder zu fertigen. Keine zehn Jahre später produzierte das florierende Unternehmen auch eigene Uhrenwerke, als eines der ersten in Deutschland. Im Zweiten Weltkrieg, dem Pforzheim in besonderer Schwere zum Opfer fiel, wurden die Betriebsgebäude der Firma zerstört. Unter der Regie von Edwin Walser und seiner Ehefrau Ruth, geb. Bauer, der Enkelin des Firmengründers, begann der Wiederaufbau der Firma. H. F. Bauer. Sie entwickelte sich wieder zu einer der führenden Firmen der deutschen Uhrenindustrie. In den Folgejahren entstand eine ganze Firmengruppe, deren Produktionsprogramm durch eine eigene Schmelzerei, die Fertigung von Halbfabrikaten und von Schmuck, sowie die Herstellung von Maschinen für die Schmuckindustrie erweitert wurde. In Keltern bei Pforzheim entstand ein zweites Werk, in dem auch die Schmelzerei ansässig ist. So wird in der Scheideanstalt je nach Anforderung und Modell die passende Legierung erstellt. Aus verdichtetem Rohmaterial werden Gehäuse und weitere Uhrenbauteile gestanzt oder gefräst. Im Prüflabor werden alle Chargen der Produktion auf deren homogene und korrekte Legierung überprüft. Durch den Einsatz der neuesten CNC-Technik werden Uhrgehäuse vom Prototyp bis hin zur Großserie, schnell und kostengünstig hergestellt. Das hochwertige Finish wir nach wie vor durch reine Handarbeit erreicht.

Damals: Fertigung in Pforzheim - 1924

Heute: Feinste CNC-Dreh- und Frästeile der Bauer-Walser AG

Daten	
Nachkrieg	
Vorkrieg/Nachkrieg	
Nachkrieg	
Z. B. 1936	Name auch nach d. Kriege verwendet, Zusammenhang mit Fa. Arbeid/NL?
Nachkrieg	
1940-/50er-Jahre bis heute	Heute Kaufhausmarke
Nachkrieg	
Vorkrieg	
Nachkrieg	
Nachkrieg	
Nachkrieg	

Mit Duo-Dial und roter Zentralsekunde: charmante Unbekannte aus der deutschen Uhrenlandschaft. Bestückt mit einem Kaliber von August Hohl (Aho). Olympia bleibt sportlich, dank einem modifizierten Durowe-Formwerk.

With Duo-Dual and red centre second hand: a charming Unknown in the German watch landscape. On the left: equipped with a caliber from August Hohl (AHO). Olympia remains sporty thanks to a modified Durowe shaped movement.

TABELLE 2: **UNGEKLÄRTE HERSTELLER/NAMEN (FORTS.)**

Name	Mögliche Firma/Ort	Gehäusehersteller
L-K-E		
Magnus		
Meteor	Pforzheim?	
Moda		
Mögus		
Olympia	Pforzheim?	
Ore		
Planeta		
Reloxa		
Rica	Pforzheim?	
Rivado		
Roland		
Rowa		
Seco		
Sifa	Pforzheim?	
Silberta		
Steco		
Tang	Pforzheim?	
Tima		
Uva		
Waritt		
Werba		
Zewa		

Daten	
Nachkrieg	
Vorkrieg	
	Zumindest Quarzuhren
Nachkrieg	
Vorkrieg	
Nachkrieg	
Nachkrieg	
	Zusammenhang mit Fa. Otto Epple?
	Großhändler?
Nachkrieg	
Nachkrieg	Zusammenhang mit Taschenuhrenhersteller 1920er-Jahre (Pforzheimer Gehäuse) Hartina?
Nachkrieg	
Nachkrieg	
Vorkrieg	
Nachkrieg	
Vorkrieg	

UHREN- UND ZUBEHÖRHERSTELLER

TABELLE 2: **UNGEKLÄRTE HERSTELLER/NAMEN**

Name	Mögliche Firma/Ort	Gehäusehersteller
Alba	Pforzheim?	
Aleph		
Atlantis		
Baldur		
balwa		
Begu		
Bergfirst		
Castell		
Correx		
d'orville		
Duv		
Eket	Pforzheim?	
Eschu	Erich Schupp?	
Erweco	Raisch & Wössner?	
Eweco		
Eusb	Pforzheim?	
Explorer	Pforzheim?	
Falta		
Fama		
Fawe	Eugen Fazis & Sohn	Weil/Rhein
First		
Freiwa		
Gico		
Glamour	Pforzheim?	
Harta		
Herold		
HJZ		
Jagu		
Kurfürst		
Lasa	Pforzheim	
Leca		
Lex		
Lisaar	Untermarke von HFB? Pforzheim?	

Daten	Bemerkungen
	Erwähnt 1951, 1971, s. auch Castan & Kotalik
	Erwähnt 1925, 1927/8, 1930
	Erwähnt 1951
	Erwähnt 2000
	Erw. 1972
	Erwähnt 1925
	Erwähnt 1930, 1939, 1943, 1951, 1968, 1971, aufgekauft von Exquisit. Der Name existiert wieder
	Erwähnt 1968, 1987, 2000
	Erwähnt 1930
	Erwähnt 1987
	Existiert noch?
	Erwähnt 1923
	Erwähnt 1951
	Vertrieb Emka(CH) Uhren, erwähnt 1968, 1971
	Erwähnt 1951, 1968, 1971, Lebensdaten 1906–1988?
Gegr. 1927	Erwähnt 1951, 1968, 1971, 1987, 1989, 1991, 2000 (1987 Inh. G. Schäfer)
Bis 1965?	Erwähnt 1968, 1971, 1987, 2000, seit 2007 Fa. pret uhren+schmuck avantgarde gmbh
	Erwähnt 1951, 1968, 1971
1932–1945	Erwähnt 1939, 1943, ab 1945 ohne Hermann Merkle?
	Erwähnt 1968, 1971

Zu beachten ist auch, dass viele spätere Uhrenfabrikanten ihre Tätigkeit als Uhrmacher oder Remontagebetriebe begonnen haben und deshalb in den Branchenverzeichnissen ab 1921 noch nicht als Uhrenhersteller aufgeführt wurden.
Manche anderen Betriebe begannen mit Schmuck- oder Kleinteilefertigung, oft auch mit Gehäuse- oder Bänderfertigung, bevor sie Uhrenhersteller wurden.
Viele im Internet zu findende Markennamen wie auch ihre zugehörigen Daten konnten nicht verifiziert werden.
Sämtliche erwähnten Marken- und Herstellernamen sind Eigentum ihrer jeweiligen Besitzer und werden in diesem Werk ausschließlich zum Zwecke der Information genannt, ohne jedwede Urheberrechte zu tangieren.

TABELLE 1: **UHRENFIRMEN PFORZHEIM/UMLAND (FORTS.)**

Firma	Ort	Marke	Gruppe
Emil Werner	Pf.	**Supera** (1971 Marke **Roxy**)	
Franz Werndle	Pf.	**Arminia** **F.W.**	
Alfred Wickersheim	Pf.	**AWI**	
H. Wiedmann	Pf.	**Maddox** (Marke reg. 1971, gelöscht 2011. Neue Marke M. in Spanien)	
Alfred Winkler	Pf.		
C. Fr. Winther	Pf.		
Otto Wiemer	Pf.	**Otimo** **Otimeo**	Epora
Alfred Wittenauer	Pf.	**Silvia**	
Albert Wittum	Pf.	**A.W.**	
Erwin Wolf	Pf.		
P.H. Wolf	Pf.		
Theodor Wolf	Pf.	**Tewor**	
Wilhelm Wolf	Pf.		
Alfred Zeller	Pf.		
Erwin Ziegler	Pf.	**Tegula** (angem. 1965)	
Georg Ziegler	Pf.	**Genaue Zeit Gezet GZ**	
Ziemer (Ziemer & Co.) Neue Marke seit 1989: Claude Pascal	Pf.	**Zico** **Claude Pascal** reg. 1989, **CP Claude Pascal seit 1989** reg. 2011 **CP Claude Pascal Germany** reg. 2011 **Pierre Renoir** reg. 1989, gelöscht 2010 (alle Daten DPMA)	
Ludwig Zinner & Sohn Zinner GmbH	Birkenfeld	**Juta**	
Hermann Zoll	Pf.		
Zoll & Merkle	Pf.	**ZoMe**	
J.F. Zorn	Pf.	**Turalto**	
Otto Zubke	Wilferdingen	**Zeta**	

Hinweis zu den Herstellerangaben und Markennamen:
Diese wurden ermittelt aus Uhrmacher-Nachschlagewerken, Uhrmacher-Adress- u. Branchenbüchern, weiteren Branchenverzeichnissen, Adressbüchern, Deutsches Patent- u. Markenamt (DPMA), Deutsche Digitale Bibliothek, Wirtschaftsarchiv Baden-Württemberg/Uni Hohenheim, Bundesfirmenregister (www.bfr.de), tmdb.de (Markensuchmaschine), gen-wiki (Wiki-de.genealogy.net/Adressbuch), watch-wiki, mikrolisk, Veröffentlichungen des Amtsgerichts Pforzheim, people-check.de, div. Wirtschaft-Nachschlagewerke im Internet, z. B. firmenregister.de, firmenwissen.de, pforzheim.gewerbe-meldung.de, moneyhouse.de, Angaben privater Sammler, Angaben ehemaliger Mitarbeiter, div. private Uhren-Blogs, Uhrenzeitschriften, sonstige Quellen.

Daten	Bemerkungen
	Erwähnt 1951, 1968
1933–	Erwähnt 1939, 1943, 1951, 1968, 1971, 1987
Gegr. 1849, 2008 v. ZAPP-Gruppe übernommen	
	Erwähnt 1968, 1971
	Erwähnt 1951
	Erw. 1939, 1943
	Erwähnt 1927/8, 1930, 1943, 1951, 1968, 1971
Schon 1930er-Jahre, Fa. existiert noch	Erwähnt 1939, 1943, 1951, 1968, 1971, 2000
	Erwähnt 1951, 1968
	Erw. 1951, 1968, 1971, 1972, 2000, scheint noch zu existieren
	Erwähnt 1987, 1989, 2000
1923–1994?	Erwähnt 1925, 1927/8, 1930, 1939, 1943, 1951, 1968, 1971, 1987, 1991. Zur Weber'schen Firmengruppe gehörte auch die 1922 gegr. Fa. A. Steudler & Co. (Asco), 1936 übern., 1995 zwangsversteigert. Die Marke Arctos bzw. Arctos Elite wird von einer neuen Firma wiederverwendet (seit 2004). Philipp Weber, der Gründer, lebte von 1890–1962.
1990 übern. von SMH (CH)	Erwähnt 1968, 1971. PUW Fertigung ab 1933, Vorkrieg Besitz Fa. Wagner. Wehner übernahm 1929 die Fa. Paul Drusenbaum, bei der er vorher Betriebsleiter war.
	Erwähnt 1925, 1927/8, 1930
1950 (1952)–1985(?)	Erwähnt 1968, 1971, 1987
	Erwähnt 1951
	Erwähnt 1925
	Erwähnt 1953

TABELLE 1: **UHRENFIRMEN PFORZHEIM/UMLAND (FORTS.)**

Firma	Ort	Marke	Gruppe
Walter Voigt	Pf.	**Voigt** -Atlantic	
Ernst Wagner	Pf.	**Wagner** -Select **Erwa Extra W Cornett** (reg.1953)	Epora
Ferd. Wagner	Pf.	**Corex**	
Friedrich Wilhelm Wagner	Pf.	**FWW Sappho Majestic** (reg. 1959) **Convair** (reg. 1960)	Epora
Walter Wagner & Co.	Pf.		
Wagner & Hürlimann	Pf.		
Walch Ludwig	Pf.		
Theodor Waldhauer	Pf.	**TW** (?)	
Hermann Walter	Pf.	**Herva**	
Heinz Walther	Pf.	**H.W.**	
Ernst Wamsler	Pf.	**Ewa**	
Kuno Weber	Straubenhardt-Langenalb	**Kubela**	
Philipp Weber (Weber & Aeschbach)	Pf.	**AWC WAP Arctos** -Glashütte **Arctos** -Elite **Arctos** (ab 1947) **Arctos** -Parat **Arctos** -2000 **Steco** (Marke angem. v. Fa. Steudler)	Parat
Rudolf Wehner	Pf.	**Porta Atropa** (reg. 1986)	
Fritz Weimar	Pf.		
Hugo Weinmann	Pf.	**Exquisit** (Marke angem. 1955, 1997 umgeschrieben auf LaModa-Uhren, gelöscht 2001) Marke Exquisit von Pallas genutzt **Shamrock** (Marke eingetr. 1968) **Exponent**	Pallas
Siegfried Weiss	Pf.		
Diego Wenning	Pf.		
Albert Werner	Pf.	**Rotos**	

Daten	Bemerkungen
	Erwähnt 1951
	Erwähnt 1987
	Erwähnt 1968, 1971, 1987, 2000
1927, 1935 in Pf., 1938 eig. Gebäude in Pf., –1996	Erwähnt 1939, 1943, 1952, 1951, 1953, 1968, 1971, 1987. Bis 1980 Eigenfertigung, danach nur noch Komplettierung bzw. Einkauf ganzer Uhren, nach 1996 Markenübernahme durch Jörg Schauer
B. S. ab 1957 in Uhrenbranche 1967–2000 Atelier Glashütte, 2008 erstes eig. Mechanikwerk	Erwähnt 1987, 1991, 2000
	Erwähnt 1930
	Erwähnt 1951
	Erwähnt 1951, 1968, 1971, 1972, 1987
	1960er-Jahre?
	Erwähnt 1968
	Erwähnt 1987, 1989. Erwähnt 2000
	Erwähnt 2000
	Erwähnt 1951
1871–	Erwähnt 1951, 1968, 1971, 1972
	Erwähnt 1930, 1939, 1943, 1951
	Erwähnt 1968, 1971
1932–	Neubeginn 1947, erwähnt 1951, 1952, 1968, 1971, 1987. Patent auf Autoselbstaufzuguhr, veröff. 1956, Fa. existiert noch in Kämpfelsbach, Inh. Dagmar Vögele
	Erwähnt 1968
	Vantage war eine Nebenmarke der US-Firma Hamilton. Erwähnt 1971
	Erwähnt 1951
2007 gelöscht	Erwähnt 1951
Schon 1930er-Jahre	Erwähnt 1939, 1943, 1951
	Erwähnt 1925, 1927/8
	Erwähnt 1951, 1968

TABELLE 1: **UHRENFIRMEN PFORZHEIM/UMLAND (FORTS.)**

Firma	Ort	Marke	Gruppe
Steudle & Cie.	Pf.		
Philipp Stöhrle	Pf.	**PSP** **Philippe d'Arcy** **Philippe Charriol**	
Lothar Stoll	Pf.		
Walter Storz	Rheinfelden/Pf.	**Stowa** (Basisanmeld. 1939, reg. 1959) -Extra-Parat-Memo-Time **Abstrakte Bildmarke** (Logo) Basisanmeld. 1958 **Stowa Seatime** (reg. 1963, Schutzende 1992) **Rowa** (Reg. 1950?)	Parat
Gebr. Söhnle H. & G. Söhnle Bruno Söhnle Uhrenatelier Glashütte/Sa.	Wurmberg/ Glashütte	Versch. Marken, dann aktuelle Marke, div. Produktnamen, s. Website	1978 zu Pallas Regent
Stöckl & Co.	Pf.		
Franz H.T. Stoehlke	Pf.		
Theilmann Erwin	Pf.	**Jana**	
Paul Theinert	Pf.	**Tena**	
Timex U.S. Time Corp.	Pf.		
Timex Corp. Timex Deutschland	Pf.		
Time Force Germany	Pf.		
Carl Trabandt	Pf.		
Trautz Gebr.	Pf.	**Getra Uhtra**	
Friedrich Trefz			
Otto Trottner	Pf.	**Jotro**	
Uhrig & Reister	Pf.	**Uhres**	
August Ullmann	Ersingen	**Regina** (Marke reg. 1951, gel. 2001) **Dux**	
Fritz Ulze	Pf.	**Layka**	
Vantage Intern. GmbH	Pf.		
Vereinigte Uhrenfabriken Ersingen (VUFE)	Ersingen		
Fritz Vögele	Pf.		
Stephan Vögele	Pf.	u.a. **Star**	
Richard Vogt	Pf.		
Willi Vogt	Pf.	**Wivo**?	

Daten	Bemerkungen
1922–ca. 2000	Erwähnt 1925, 1927/8, 1930, 1939, 1943, 1951, 1968, 1971, 1987, 1989, 2000
	Erwähnt 1925, 1927/8, 1930
	Erwähnt 1971
	Erwähnt 1925, 1927/8, 1930, 1939, 1943, 1951
	Erwähnt 1930
	Erwähnt 1923, 1925, 1927/8, 1930, Militärarmbanduhren für Ersten Weltkrieg, (1925, 1927/8 erwähnt als Uhren- u. Gehäusefabrik Badenia)
Schon 1930er-Jahre	Erwähnt 1930, 1939, 1943, 1951, 1968, 1971, 1987
	Erwähnt 1951, 1968, 1971, 1987, 2000
1951	
Gegr. 1990	Erwähnt 2000
1922–	Erwähnt 1951, 1968, 1971
	Fa. stellte schon vor I. WK Taschenuhren her
	Erwähnt 1968, 1971, 2009 Löschung

TABELLE 1: **UHRENFIRMEN PFORZHEIM/UMLAND (FORTS.)**

Firma	Ort	Marke	Gruppe
Eugen Siegele	Pf.	**Eusi** **René Becaud** (Wortmarke reg. 1986, gelöscht 2006, dazu Bildmarke) **Georgeio** (reg. 1996, gel. 2001) **Police** (reg. 1997, gel. 2000)	
Theodor Slepoij	Pf.		
Hermann Solovis & Co.	Pf.	**Gad**	
Albert Speck	Pf.	**ASP.** **Aspor**	
Karl Friedrich Staehle	Pf.	**S**	
Oswald Staerker	Pf.	**Badenia**	
Karl Stahl	Pf.-Dillstein	**Kasta** -Sport	
Kurt Stahl Seit 2013 Rolf Stahl	Pf.	**Stahl** **Montrial**	
Hermann Staib	Pf.	**HeSta DPMA: HSP im Dreieck,** (reg. 1991, gel. 2002) **Bohemia** (reg. 1992, gel. 2002) **HS** (reg. 1996, gel. 2005) **HS** (reg. 2004), **GWC** (reg. 2007), **US8** (reg. 2009) **Q8** (reg. 2008) **Bracelet-for-watches** (angem. 2015) **RoMe** (ex K. Metzger-Pegau, 2014 H. Staib) **Adolph Eisenmenger seit 1857** (reg. 2004)	Gegr. 1922
Manfred Starck	Pf./HK/Biel (CH)	**BWC-Swiss** **Butex Swiss** **GWC De Cave** **Sky Timer** **Cinewatch** **Ti22** Weitere Marken angemeldet z.B. Moritz von Deussen und Private Label Uhren	
Oskar Steinbiss	Pf.	**Helma** (s. auch Fa. Burkhardt) **Hado**	
Hermann F. Steinmeyer	Pf.	**Elbero** (Marke angebl. reg. 1928)	
Helmut Stemmler	Keltern		

Daten	Bemerkungen
	Erw./reg. 1939 Gehört zu Franz Schnurr Provita-Uhrenfabrik
	Erwähnt 1927/8, 1930, 1939, 1943, Schöninger Karl erw. 1951
	Erwähnt 1927/8, 1930
	Erwähnt 1951
	Erwähnt 1951
	Erwähnt 1968, 1971
	Erwähnt 2000
	Erwähnt 1927/8, 1930, 1939, 1943, 1951
1925, 1927/8 Uhrmacher	Erwähnt 1951, 1968, 1971, nach 1945 Martin Schulz Söhne
	Erwähnt 1939, 1968, 1971
	Erwähnt 1968, 1972
	Erwähnt 1987, 2000
	Erwähnt 1951, 1971
1908–2001	Erwähnt 1925, 1927/8, 1930, 1939, 1943, 1951, 1971, 1987, 1991, 2000, heute: neue Firma, nur Markenübernahme
	Erwähnt 1951
1887–	Erwähnt 1925, 1927/8, 1930, 1939, 1943, 1951
	Erwähnt 1968, 1971, 1972
	Erwähnt 1968, 1971
In der Inflationszeit liquidiert	Erwähnt 1925, 1927/8

TABELLE 1: **UHRENFIRMEN PFORZHEIM/UMLAND (FORTS.)**

Firma	Ort	Marke	Gruppe
Schnurr & Bendel	Pf.		
Schöninger K. u. G. (Karl und Gustav)	Pf.		
August Schofer	Pf.		
Gustav Scholl	Pf.	**Herma**	
Matthias Scholl	Pf.		
Rolf Schucker	Büchenbronn		
Schucker Time	Tiefenbronn		
Schuler & Kun	Pf.	**Orlys**	
Schultz Martin	Pf.	**MSS** (nach 1945)	
Heinrich Schütz	Pf.	**Strada (Supra)**	
Schwämmle Otto	Huchenfeld		
Heinz Schwarz	Pf.		
Hermann Schweizer	Pf.		
Mathias Seitz	Pf.	**Sepo Tasi** **Sepora MS** (DPMA: Marke Sepo reg.1954, gel. 2004, Wort-Bild-Marke MS reg. 1935, gel. 2005) **Enrico Caligani** (DPMA: Marke reg. 1996, gel. 2006) **Caressa** (DPMA: Marke reg. 1996, gel. 2007)	
Walter Seyfried	Pf.		
German Sickinger	Pf.	**Gersi** **GS** **Sipa** (Bildmarke Gersi reg. 1923, Wortmarke 1934, Wortmarke Sipa reg. 1935, keine Bestätigung DPMA) Gersi -Panzer Staubschutz DRGM -Ideal (Marke „Sickinger, Rudolf 007 reg. v. Fa. Eduard G. Fidel, Pf.)	
Otto Eugen Sickinger	Pf.	**Interco**	
Siebler & Kempf	Pf.	**Awa** Exclusiv **SK**	
Siegele & Gerwig	Pf.	**Arista**	

Daten	Bemerkungen
	Schmuckuhren Erwähnt 1987
	Erwähnt 1968
	Erwähnt 1951
Schon 1930er-Jahre	Erwähnt 1939, 1943, 1951, 1968
	Erwähnt 1987
	Erwähnt 1925, 1927/8, 1930
	Erwähnt 1930
Gegr. 1911, schon 1930er-Jahre als Gehäusehersteller	Erwähnt 1968, 1971, 1987
Gegr. 1957?	Erwähnt 1987
	Erwähnt 1925
	Erwähnt 1923
1909–1964	Erwähnt 1925, 1927/8, 1930, 1939, 1943, 1951, 1952, 1968, 1971 (Unidor)
	Erwähnt 1968, 1971
	Erwähnt 1949
Fa. existiert noch	Erwähnt 1989
	Erwähnt 1939
	Erwähnt 2000, Übernahme Fa. Stowa
Fa. wohl um 1928 gegr.	Erwähnt 1930, 1939, 1943, 1951, K. Schaufelberger vorher Fa. zus. mit Max Bischoff, Neffe v. Karl Schaufelberger sollte Fa. übern., dann plötzl. Tod ca. 58/60, deshalb Fa. an Manfred Merkle. Wird gerne mit Esca (Schweiz) verwechselt.
1904–	Erwähnt 1939, 1943, 1951, 1968, 1971, gegründet als Schmuckhersteller Armbanduhren (Schmuckuhren), ab 1920 nur Uhren, Fa. 1943 zerstört 1954 Wiederbeginn Uhrenproduktion, 1963 Übernahme von Chopard, Schweiz
	S.o., erwähnt 2000
	Erwähnt 1968
	Erwähnt 1971, 1972
	Erwähnt 1968, 1971
	Erwähnt 1925, 1927/8, 1930 (1927/8 erw. Taschenuhren)
Gegr. 1976	Erwähnt 2000, Insolvenz 2016
1922–1983, A-Uhren ab 1930, 1966 Zweig- betrieb in La Chaux-de-Fonds (CH)	Erwähnt 1943, 1951, 1968, 1971, 1987 Franz Schnurr starb 1959, Betriebsweiterführung durch Gerhard Schnurr

TABELLE 1: **UHRENFIRMEN PFORZHEIM/UMLAND (FORTS.)**

Firma	Ort	Marke	Gruppe
E. Roemmele	Engelsbrand-Grunbach	**Ero**	
Paul Rombach	Pf.		
Alfons Ronellenfitsch	Pf	**AR**	
Rösler Gerhard	Pf./Ispringen		
Hans Roos	Pf.		
Adolf Rothschild	Pf.		
Helmut Schaan	Pf.	**Uscha**	
Schabl & Vollmer Inh.Inge Baumann		Namensrechte Fa. Favor?	
Willy Schack	Mühlacker-Enzberg	**Eufa Truxa** (?)	
Josef Schaeffer	Pf.		
C.H. Schäfer	Pf.		
Schätzle &Tschudin	Pf.	**Favor** **S & T**	
Schätzle & Dennig	Wilferdingen	**Panta**	
Schär, Ch.	Pf.		
Herbert Schaller	Ispringen	**Ispra** **Reneé Gerove**	
M. Schepperheyn	Pf.		
Jörg Schauer	Engelsbrand	**Schauer**	
Schaufelberger & Co.	Pf.	**Esco** (Marke Esco 1954 registriert, Markenschutzdauer abgelaufen 2000)	
Karl Scheufele	Birkenfeld	**Eszeha-Idol**	
Chopard Deutschland	Birkenfeld		
Scheytt & Galli	Pf.		
Schild	Pf.	**Globemaster**	
Albert Schifferle	Pf.		
Schneider & Co.	Pf.	**Tell Hercinia Albus**	
Wilhelm Schneller	Pf.	**Attache´**	
Franz Schnurr	Pf.	**Provita** (Marke reg. DPMA 1939, umgeschrieben 2010 auf B. Borger, Pf., Bildmarke dazu reg. 1955, gel. 2006) -Extra -Talisman Dukat **Median Desira** (Marke reg. 1954, 1997 gelöscht)	

Daten	Bemerkungen
1887, Uhren ab 1922, Firma existiert nicht mehr	Erwähnt 1939, 1943, 1951, 1968, 1971, 1987, 1989, 2000, Ormo Zylinderwerke ab 1932, später Ankerwerke
Vertrieb DDR-Uhren, Fa.gelöscht 2002	
Schon 1930er-Jahre	Erwähnt 1939, 1943
	Erwähnt 1951
Gegr. 1946 Wanduhren/ Stiluhren, Armbanduhren	
1961–2008	Erwähnt 1968, 1971, 1987
Gegr. 1924	Erwähnt 1991
	Erwähnt 1925
	Erwähnt 1968, 1971, 1972
Schon 1930er-Jahre	Erwähnt 1939, 1943, 1951, 1968, 1971, Nachfolgefirma
	Rentschler, Hans, erw. 1972, 1987
K.R. vorher bei Fa. Hess & Co, Gehäusefertigung, eig. Fa. ab 1932 (Gehäuse), Uhren ab 1964 auf Basis DDR-Uhren. Grundstücksverw. 1991–2003	
	Erwähnt 1987
	Tourbillon-Unikate
	Erwähnt 1968, 1971
	Erwähnt 1927/8
Ca. 1927	Erwähnt 1951, 1952, 1968
Gegr. 1923– ca. Mitte/Ende 1980er-Jahre	Erwähnt 1925, 1927/8, 1930, 1939, 1943, 1951, 1968, 1971, andere Firma C.R. (heute Prefag) existiert, von Sohn Karl Heinz Rivor gegr., anderes Fertigungsgebiet
	Erwähnt 1925

TABELLE 1: **UHRENFIRMEN PFORZHEIM/UMLAND (FORTS.)**

Firma	Ort	Marke	Gruppe
Raisch & Wössner	Pf.	**Ormo** (Marke O. 1930 eingetr., 2006 Inhaber geändert in Fa. Gebr. Söhnle. Geschützt bis 2021) **Ormofa** **Targa-Power** **Jet-Set** **Pallas**	Pallas Regent
Manfred Raisch	Pf.	**Clipper** (Marke reg. DPMA 1969, gelöscht 2008, auch Marke 1980 Fa. Klingel, Pf.) **Marcel Paris** (Marke reg. DPMA 1981, gel. 2002) **GORBI** (Marke reg. 1990, gel. 2001)	
Wilhelm Rall	Pf.	**WR.**	
Gustav Ramminger & Co.	Pf.		
Richard Rau	Pf.	**Juwel** **Atlanta**	
Artur Rauschmayer	Pf.	**A.R.P.**	
Reinhold Reek		**De Cave** **BWC-Import.**	
Friedrich Renz	Pf.		
Otto Renz	Pf.	**Reno**	
Wilhelm Renz	Pf.	**WR** **Renz**	
Rentschler & Co.	Pf. Kieselbronn	**Rewa**	
Karl Rexer	Pf.	**Karex** (1971 reg. DPMA, 2001 gel.) **Jumbo**	
Herbert Richter	Neuenbürg		
Wilhelm Rieber	Tiefenbronn		
Karl Rieger	Pf.		
Riethmüller & Kratt	Pf.		
Hermann Rivoir		**Comos** **Faktor**	
Carl Rivoir	Pf.	**CR** **Exita** -Auslese	
Eduard Roeck	Pf.		

Daten	Bemerkungen
	Erwähnt 1930
	S. auch Alfred Wickersheim! Erwähnt 1968, 1971, 1987
Gegr. 1910, 26.3.1917 Handelsregister	Ab 1919 HAU + Gehäuse, erwähnt 1927/8, 1930, 1939, 1943, 1951, 1968, 1971, 1987, 2000, Fa. existiert noch
	Erwähnt 1971, früher Zifferblätter f. GUB-Uhren, 2006 an Swatch-Group, 2012 an Glashütte Original
	Erwähnt 1987, 2000
	Erwähnt 1939, 1951, 1968
	Erwähnt 1943
1965–1975	Firma 1965 eingetragen, vorher gegründet? Erwähnt 1968, 1971
	Erwähnt 1939, 1943, 1951, 1968
Ca. 1927(1929?)–1960	Erwähnt 1939, 1943, 1951, 1952, 1968, 1971
	Erwähnt 1968, 1971
1882–2003	Ursprünglich in HH, nach 1945 Großhandel in Pf., dann Uhrenfertigung
1927/8 N., Karl Uhrmacher	Erwähnt 1930, 1939, 1943, 1951, 1968, 1971
	Erwähnt 1987
	Erwähnt 1951
Schon 1930er-Jahre	Erwähnt 1939, 1943, 1949
Schon 1930er-Jahre	Erwähnt 1925, 1939, 1943, 1951, Fa. existiert noch
	Erwähnt 1968
	Erwähnt 1951, 1968, 1971
	Erwähnt 1930, 1939, 1943, nach 1945 Henzi & Pfaff
	Erwähnt 1925, 1927/8, 1951
	Erwähnt 1925
	Erw. 1927/8, 1939, 1943, 1951
1910, Uhren ab 1927, Firma existiert noch	Erwähnt 1923, 1925, 1927/8, 1930, 1939, 1943, 1951, 1968, 1971, 1987, 1989, 1991, 2000

TABELLE 1: **UHRENFIRMEN PFORZHEIM/UMLAND (FORTS.)**

Firma	Ort	Marke	Gruppe
Albert Müller	Pf.		
Christian Müller	Pf.	**Awi**	
G.A. Müller	Pf.	**Gama** **GAM**	Epora
Th. Müller	Pf.		
Karin Musselmann	Keltern-Dietlingen		
Theodor Näher	Pf.	**Tena**	
Näher & Schätzle	Pf.		
Willy Neff	Pf.	**Nefina**	
Gustav Nelicker	Pf.	**Gune** **Gune Luxor**	
Ambrosius Nirschl	Pf.	**Nila** **Niam**	
Hans Nittel	Pf.	**Nitava**	
Charles Noakes	Pf.	**Noaka**	
Karl Nonnenmacher (& Co.)	Pf.	**Kano** -Regatta **Kanoco**	
Rolf Karl Nonnenmacher	Pf.		
Adolf Notter	Pf.	**Ano**(?)	
G. Fr. Oelschläger	Pf		
G. Friedrich Ölschläger/ A. Zachmann	Pf.	**Aza** (Marke reg. 1952)	
Walter Ostermayer	Pf.	**Walor**	
Klaus Peter Panitz	Pf.		
Franz Petz	Pf.		
Otto Pfaff	Pf.	**OPE**(?) **Herma**	
Friedrich Pfisterer	Pf.		
Ludwig Probst & Heinrich Augenstein	Pf.		
Ludwig Probst	Pf.	**Lupro**	
Paul Raff	Pf.	**Para** (Wort-Bild-Marke reg. 1929, weitere Reg. lt. DPMA. 1950/1969) -Klasse -Neptun -Prominent -Parat (Wort-Bild-Marke reg. 1953, gel. 2002) **Partex** (Reg. 1953) **Probat** (Reg. 1955, gel. 2003) **Admes** (Reg. 1991)	Parat Pallas Regent

Daten	Bemerkungen
	Erwähnt 1987
	Spez. Simili + Markasit
	Erwähnt 1968, 1971, 1987, 2000
	Erwähnt 1925
	Erwähnt 1951
	Erwähnt 2000
Gegr. 1911, offenbar 1977 noch existent	Ziehbänder, ab 1927 Uhrengehäuse, Werke ab 1932, kpl. Armbanduhren
	1949
	Erwähnt 1951
	Erwähnt 1943, 1951, 1968, 1971, 1972
	Erwähnt 1987
	Erwähnt 1925, 1927/8, 1930 (1925 erwähnt Spezialität Uhrwerke)
	Erwähnt 1987 Edelsteinuhren
	Erwähnt 1968
1945–	Erwähnt 1951, 1968, 1971 (Arfena), 1987, 1989, 1991
1990 an Fa. Reeck	Erwähnt 1987, 1989
	Erwähnt 1968, 1971
1927/8 Metzger, Richard Uhrenremontage	Erwähnt 1939, 1943, 1968, 1971, heute geleitet v. Karola Metzger-Pegau
	Erwähnt 1951
	Erwähnt 2000
Nachkrieg	Erwähnt 1951
	Erwähnt 1925
	Erwähnt 1951
1932–	Erwähnt 1939, 1943, 1951, 1968, 1971, 1987, Fa. existiert noch
	Erwähnt 1923, 1925, 1927/8
1927/8 M., Robert Uhrmacher	Erwähnt 1951, 1968, 1971
	Uhrgehäuse
	Erwähnt 1968, 1987
	Erwähnt 1951
	Erwähnt 1968, 1971

TABELLE 1: **UHRENFIRMEN PFORZHEIM/UMLAND (FORTS.)**

Firma	Ort	Marke	Gruppe
Emil O. Lotthammer	Pf.		
Marie-Luise Ludäscher	Pf.		
Emil Lutz	Pf.		
Lutz u. Walther	Pf.		
Günter Lutzweiler	Remchingen-Wilferdingen		
Emil Kasper (Fa. Wagner)	Pf.	**Kasper**	
Kübler & Co. Heute Paul Kübler, Uhrenfabrik, Mössingen-Belsen?	Niefern		
Küster	Eisingen	**Küster** (Marke angebl. reg. 1959)	
Richard Mahler jun.	Pf.		
Karl Fr. Mall	Pf.	**Kfm**	
Walter O. Mall	Pf.		
Karl Maurer	Pf.		
Meeh GmbH	Wurmberg	**KameKo**	
Heinz Meisenbacher	Pf.		
Ernst Merkle	Pf.	**EMP**	
Hermann Merkle	Pf.	**ZoMe, ZOME, dann Arfena Tenax** (1968 angem.)	
Manfred Merkle	Pf.	**Formatic**	
Hans Merkle	Pf.		
Robert Metzger	Pf.	**Rome/RoMe**	
Robert Metzger & Werner Metzger-Pegau	Pf.	**Rome**	
Bruno Metzger-Pegau	Pf.	**Rome**	
Rolf Metzger	Pf.		
Artur Meyle	Pf.		
Minister & Billing	Pf.		
Ernst Mitschele	Pf.	**ErMi EMP Empe**	
Mock & Reiss	Pf.		
Gustav Mössner	Pf.	**Estima Grand Duque** (Marke angebl. 1968 angem., Name unklar) **Armada Ernava** (beide Namen ungeklärt)	
Willi Morlock	Pf.		
Bruno Morlock	Ispringen		
W. Moster u. G. Walter	Pf.		
Friedl Moster	Pf.		

Daten	Bemerkungen
	Erwähnt 1927/8 (Inh. Frl. Frieda Lacher)
Ab 1921, 1925–1959 an U.S. Time Corp., 1965 an Ebauches S.A., Übernahme durch Fam. Günther, 1988 Namensrechte Laco erworben, Namensrechte Durowe an Jörg Schauer, 2009 Insolvenz, ab 2010 Laco Uhrenmanufaktur GmbH	Erwähnt 1923, 1925, 1927/8, 1930, 1939, 1943, 1951, 1953, 1968 (erwähnt 1925 als Inh. Paul Gärttner und Frieda Lacher, erwähnt 1927/8 Inh. Ludwig Hummel), Durowe ab 1933 Die Marke Laco wird gern mit Lanco verwechselt (Langendorf Watch Co, Schweiz, Firma aufgelöst, Firmengebäude abgerissen)
	Erwähnt 1923, 1939, 1943, 1951
	Erwähnt 1968, 1971
	Erwähnt 1968, 1971
Ca. 1950–1986	Name Synonym für A. Lange Pforzheim, später nur noch Großhandel
	Erwähnt 1951
	Erwähnt 1968, 1971
	Erwähnt 1987
	Erwähnt 1987
Nachkrieg	Armbanduhren?
Gegr. 1895 als Crayon-Fabrik	Erwähnt 1939, seit 1950 Schmuckhersteller, Fa. existiert
	Erwähnt 1939
	Existiert 2016
1925 L., Emil Uhrmacher	Erwähnt 1927/8 als Fabrikation von Schmuck u. Kleinsilberwaren. Heute Fa. Siegfried L, Uhrgehäusemacher
1918 gegr. v. Johann L. als Einzelbetrieb, Heidenheim, Betrieb in Pforzheim gegr. 1984, 2004 Neustart Pf. mit Golduhren	Erwähnt 1987, 1989, 2000
	Erwähnt 1951
	Erwähnt 1971
	Erwähnt 1987, 2000

TABELLE 1: **UHRENFIRMEN PFORZHEIM/UMLAND (FORTS.)**

Firma	Ort	Marke	Gruppe
Fr. Lacher	Pf.	**FL**	
Lacher & Co Erich Lacher Uhrenfabrik * Laco Uhren-manufaktur ** Timex Corp.***	Pf.	**Laco** sport-o-matic (reg. 1953) **Laco** (reg. 1970***, gel. 2001) **Lacher Woodwatch** (Marke reg. 1987, gel. 2007)* **Laco** (reg. 1988 *, 2010**) **Hermitage** (Wort-Bild-Marke reg. 1989, gel. 2001) **Laconi** (Marke reg. 1995, gel. 2005)* **Laco by Lacher** (Marke reg. 2001, gel. 2012)* (Außerdem 2 Bildmarken, reg.1989, gel. 2001, bzw. reg. 1995, gel. 2005) **Laco BY LACHER** (reg. 2001, gel. 2012)* **Laco Absolute** (reg. 2011)**	
E. Lang (1949 E. Lang, Uhren- u. Gehäusefabrik, Inhaber Emma Lang)	Pf.	**Elan** (Wort-Bild-Marke angebl. reg. 1949, aber schon 1923 erwähnt)	
Fritz Lang	Ispringen.	**Ultra**	
Adolf Lange	Würm		
Walter Lange	Würm/Pf.	**ALP** **Lange vorm. Glashütte**	
Hermann Langenstein	Königsbach		
Theo u. Udo von Langsdorff	Pf.	**Ulana**	
Von Langsdorff Theodor	Pf.		
Von Langsdorff Udo	Pf.		
Erwin Laszczyk	Pf.		
Georg Lauer	Pf.		
Carl Lay	Pf.		
Lemex Uhren GmbH	Pf.	**Pools**	
Wilhelm Lichtenberger	Pf.	**Licht** **L**	
M. u. J. Liebhaber	Pf.	**Liha**	
Albert Lörchner	Pf.		
Eugen Loth	Pf.		
Jürgen Loth			

Daten	Bemerkungen
1938–	Erwähnt 1943, 1951 1965 m. 3 weit. Firmen zu Fa.Unidor vereinigt, diese 1966 an Thurn & Taxis, heute Hightech-Branche
	Erwähnt 1925
1927/8 Uhrmacher/ Remontage	Erwähnt 1930
	Gelöscht 2010
	Erwähnt 1939, 1943, 1951, 1968, 1971, 2000
	Erwähnt 1987
	Erwähnt 1968 2012 Liquidation Fa. Mideus
	Erwähnt 1951, S. auch Gustav Mössner
1881(?) 1887–1973 (1975?)	Erwähnt 1951 Spezialität Schmuck u. Schmuckuhren
	Nur Großhandel, keine eig. Fabr.?
	Erwähnt 1925, 1927/8, 1930
	Erwähnt 1921, 1939, 1943, 1951
	Erwähnt 1939, 1943, 1951, 1968, 1971
	Erw. Nachkrieg K.M. erwähnt 1968, 1971
	Erwähnt 1951
	Erwähnt 1927/8
1924–	Erwähnt 1930, 1939, 1943, 1951, 1952, 1971
	Erwähnt 1925
	Erw. 1939, 1943, 1951
	Erwähnt 1968, 1971
	Fa. erloschen 2012
	Erwähnt 1943, 1951
Gegr. 2001	
	Erwähnt 1951, 1968, 1971
	Erwähnt 1951
1925, 1927/8 K., August Uhrmacher	Erwähnt 1951
	Erw. 1954
	Erwähnt 1923
Gegr. 1963, 1995 geschl.	Erwähnt 1987, 1989
Gegr. 1970er-Jahre	Erwähnt 2000, tätig f. Fa. Aristo
	Erwähnt 1951
1967 Umfirmierung in Erich Lacher Präzisionsteile. Uhrenbereich 1980 verkauft.	Erwähnt 1939, 1943, 1951, 1968, 1971, 1987, 2000

TABELLE 1: **UHRENFIRMEN PFORZHEIM/UMLAND (FORTS.)**

Firma	Ort	Marke	Gruppe
Emil Kiefer	Pf.	**Kiefer** **Belora** (Marke angebl. angem. 1950)	
Karl Kienzle	Pf.		
Pius King	Pf.		
Kirsch Uhren GmbH	Pf.		
Wilhelm Kirschner	Pf.	**Wilki**	
Roger Kirschner	Pf.		
Lienhard Kling Zuletzt: Mideus Schmuckwaren herstellungs- und Vertrieb GmbH	Pf.		
Kloz & Mößner	Pf.	**Clometta**	
E. Klotz	Pf.	**Telos**	
Knoll & Pregizer	Pf.	**Kape KP** **Polar** (?)	
Chr. Koeble	Pf.	**Cyklon**	
Kohm & Co.	Pf.	**Ossian**	
Arnold Kopp	Pf.	**Sekundant**	
Karl Eugen Kopp	Pf.	**Identität**	
Krämer Fritz Krämer Max	Pf.		
Arthur Kraft	Pf.	**Aku**	
Hermann Kraus	Pf.		
Walter Kraus	Pf.	**Weka**	
Eugen Kraut	Pf.		
Kröner & Adam	Pf.		
Erwin Kröner	Pf.	**Kröner**	
Siegfried Künzler	Birkenfeld	**Sikü** (Marke reg. 1953)	
Kugele & Ulze	Pf.		
Alexander u. Dominik Kuhnle	Neuhausen	**Scalfaro**	
Ludwig Kunz	Hohenwart		
Eduard Kunze & Willi Nonnenmacher	Pf.		
Emil Kunzmann	Eisingen		
Kunzmann & Co.	Pf.	**Amico**	
Louis Kuppenheim	Pf.		
Ernst Kurz	Pf.	**E.K.**	
Wilhelm u. Rainer Kusterer	Engelsbrand-Salmbach	**Kusterer** **Kusa**	
Rainer Kusterer	"	**Nova**	
Laab & Strinz	Pf.		
Erich Lacher Heute: Erich Lacher Präzisionsteile	Pf.	**Isoma** (Marke reg. 1956, gelöscht 2006) **VIP** (Marke reg.1969, gelöscht 2009)	

Daten	Bemerkungen
Gegr. 1951, Bis ca. 1960 Rohwerke, danach kpl. Uhren	
	Erwähnt 1951
Marke eingetr. 1969	
	Erwähnt 1925
	Erwähnt 1925, 1927/8, 1930
	Erwähnt 1987
	Erwähnt 1930
	Erwähnt 1951 Otto Kallenberger?
	Erwähnt 1951 Heute Pf.-Brötzingen, Uhrmacher
1911– Werke 1935–1980	Werke, kompl. Uhren Erwähnt 1968, 1987, 1989
Seit 1938 Fabrikgebäude 1984 abgebrochen	Erwähnt 1939, 1943, 1951, 1968, 1971
	Erwähnt 1925, 1927/8, 1930
Fa. 1921 gegr. v. Herm. Wilh. Bauer, nach dessen Tod an Robert Kauderer, K. gründete Fa. Roberta 1949 m. 5 Mitarbeitern, 1951 Handels register. 1951–1981	Erwähnt 1968, 1971 1964 Zweigbetrieb auf Virgin Islands, USA, Büro New York, 1978 Erwerb Fa.Benrus, Benrus Watch Co in New York gegr.,1981 Konkurs, 1982 im Handelsregister gelöscht. Über 100 Mitarbeiter. 1973 erste el. Quarzarmbanduhr m. Analoganzeige, 1974 Digitaluhren m. LED-Anz.
	Erwähnt 1987
	Erwähnt 1951, 1968
	Erwähnt 1923
	K.& M. erwähnt 1951, 1989
	Erwähnt 1968, 1971, 1987
	Erwähnt 2000

TABELLE 1: **UHRENFIRMEN PFORZHEIM/UMLAND (FORTS.)**

Firma	Ort	Marke	Gruppe
Robert Jaeger/Jeweltime Deutschland GmbH	Pf.	**Airfield** (DPMA: Bildmarke reg. 2006, Wortmarke reg. 2008)	
Jaissle & Co. KG Badenia Jaissle & Co.	Ispringen	**Badenia** (reg. 1955) -Precision (Marke B. auch verwendet von Oswald Staerker und R. Kauderer)	
Hans Janner KG	Pf.		
Gebr. Jessner	Pf.	**GeJe**	
Jean Jodry	Pf.		
Franz Jordan Franz Jordan & Co.	Pf.		
Juwelia- Gold	Pf		
Franz Kaldenbach			
G. Kallenberger & Sohn	Eutingen	**Oka** (?)	
Kurt Karg	Pf.		
Kasper Kasper & Co. (Inhaber Peter Wagner)	Pf.	**Kasper** (Marke angem. 1954, Ende 2004 gelöscht) **CK 1911** Christiane Kasper (Marke angem. 1984, Ende 2004 gelöscht)	
Richard Rudolf Käser	Pf.	**Rika** **Rhodos**	
Friedrich Katz	Pf.	**Frika**	
Robert Kauderer	Pf.	**Roberta Jeeva Karo Badenia Merit Dorelli Mercury Lasalle Relafino** (Tochterfirma Benrus, USA, meldete 1957 Marke Glamour an. Uhren „G" in Pf. gefertigt?)	
Dieter Kellenberger	Pf.		
Ludwig Kern	Ittersbach		
Kern & Merkle	Pf.		
Keppler Keppler & Merkle	Pf.	**KuM** **Cito**	
Keppler KG.	Pf.		
Keppler GmbH	Pf.		

Daten	Bemerkungen
Nachkrieg	
Werke	Erwähnt 1951, 1971
1945–1972	Werke, Uhren
	Agebl. Fa. Pfaff schon 1920er-Jahre (nicht nachweisbar)
	Vorläufer-Firma Otto Pfaff?
	Erwähnt 1968
	Erwähnt 1951
	Erwähnt 1968, 1971
	Heute Hirsch GmbH –
	Uhrengehäusefabrik
	Aktenbestand 1950–1955 im Landesarchiv BW
	Erwähnt 1951
1939–1952?	Erwähnt 1943
	Inh. Peter Hörter gelöscht
	Erwähnt 1925
	1930–1968
	Werke nach 1945, Gehäuse
	Erwähnt 1968
	Erwähnt 1951
	S. auch Name Horst Hohnloser (Nachf. v. Jacob
	Aeschbach)
	Erwähnt 1968, 1971
	Fa. existiert noch
Gegr. 1926,	Erwähnt 1968, 1972
1983 Mitgründer	Fa. existiert 2016
Regent-Gruppe	
	Erwähnt 1971
Insolvenz 2001	Erwähnt 2000
Fa. 1968 von Eduard	Erwähnt 1939, 1943, 1951, 1968, 1971
Brenk (EBP) gekauft	
	Erw. 1951, 1965, 1971, 1972, 1987
Gegr. 1953	Erwähnt 1968, 1991
	Erwähnt 1925
Ursprünge Schweizer	Gehäuse
Uhrenfabrik in Biel	
Gegr. 1924	Uhren u. Gehäuse
	Erwähnt 1951
	Erwähnt 1939, 1943, 1951
	Neue Marke

TABELLE 1: **UHRENFIRMEN PFORZHEIM/UMLAND (FORTS.)**

Firma	Ort	Marke	Gruppe
Eberhard Hess	Pf.		
Emil Hettler	Pf.	**E.H.**	
Henzi & Pfaff	Pf.	**HP HPP H & P Herkules Nixe Orfa**	
Jürgen Henzi	Pf.		
Fritz Heydegger	Eutingen		
Peter Hirsch	Dietlingen		
Hirsch & Co. (früher Franz Bischoff)	Dietlingen		
Alfred Hirsch	Pf.	**Lord**	
Helmut Hirth	Pf.	**Hirth**	
Gustav Hörter	Pf.		
Karl Hoheisen	Pf.		
August Hohl	Pf.	**Aho**	
Ludwig Otto Holl	Pf.		
Gustav Hohnloser	Pf.	**Güthra**	
Günter Hohnloser	Pf.		
B. Huber Huber & Co.	Pf.	**Huco** **Circula** (Marke seit 1955) s. auch H.J. Dolle und B. Huber	
B. Huber	Pf.	**Circula**	
Ralf Huber	Pf.	**Roven Dino**	
Emil Hubbuch	Tiefenbronn	**Hubbuch Saphira**	
Hummel Gebr.	Pf.	**Lessa**	
Egon Hummel	Pf.	**Hummel Euromatic Egosta**	
Wilhelm Hummel	Pf.		
Arist Huguenin	Pf.	**A.H.**	
Karl Ickler	Pf.	**Limes** (Marke Limes in den 1990er-Jahren entwickelt) **Archimede Defakto Autran & Viala**	
Herbert Irion	Pf.		
Eugen Jäckle	Pf.	**Ecly**	
Marcus Jäckle	Oberriexingen	**Hermann Jäckle Pforzheim**	

Daten	Bemerkungen
	Erwähnt 1972
1923–	Erwähnt 1939, 1943, 1951, 1968, 1987, 1989, 2000 Firma existiert noch
	Erwähnt 1939, 1943
	Erwähnt 1925
	Gehäuse
	Erwähnt 1927/8, 1930, 1939, 1943
	Erwähnt 1951
1948–	Erwähnt 1991
1983–1999 (1997?)	Ursprünglich Großhandlung J. Chevalier erwähnt 1989
1998–2004 Gelöscht 2007	Erwähnt 2000
	Erwähnt 1930, 1939, 1943, 1951
	Erwähnt 1925, 1927/8, 1939, 1943, 1951, 1968, 1971, 1972; auch in HH (1925, 1927/8 erwähnt auch Uhrwerke)
	Fa. insolvent
	Erwähnt 1939, 1943, 1951, 1968, 1971 Spez. Simili + Markasit Fa. existiert noch
	Armbanduhren
	Erwähnt 1939, 1943 Spez, Simili + Markasit
	Erwähnt 1930 Fa. gelöscht
	Erwähnt 1968, 1971, 1972, 1987
	Erwähnt 2000
	Erwähnt 1921
	Photogr. um 1939
	Erwähnt 1968, 1971
	Gehäuse

TABELLE 1: **UHRENFIRMEN PFORZHEIM/UMLAND (FORTS.)**

Firma	Ort	Marke	Gruppe
Heinz W. Haas	Birkenfeld		
Karl Habmann	Pf.	**Habmann** **Kaha**	Regent
Fritz Häberlein	Pf.		
Emil Haller	Pf.		
Ernst Härter	Pf.		
Hahnle & Brenk	Pf.	**Horex** (Anker) **Tyrex** (Cylinder)	
Gustav Hagenlocher	Pf.	**Geha** **De Luxe** **GH** **GM**	
Karl Hagmann	Eutingen	**Imperia**	
Albert Hanagarth	Pf.	**Croisier**	
Eugen Harer	Pf.	**Elysee** (Marke E. 1991 nach Düsseldorf verkauft – neue Firma) **Chevalier** **Baronesse** **Bijoux** **Cultra**	
Michael Harer	Pf.	**J.Chevalier** **Joseph Chevalier** (Marke verkauft an Festina-Lotus-Gruppe) Marke nicht mehr aktiv	
Fritz Harms	Pf.	**Harms**	
Otto Hartmann	Pf.		
Emil Hasenfratz	Pf.	**Hasi** (Name auch verwandt von Fa. Siegfried Haller, Simonswald, Fa. gelöscht)	
Karl Haugstätter Karl Haugstätter & Co.	Pf.	**KH** **Hago**	
Moritz Hausch AG	Pf.	**Hausch**	
Otto Hauser	Pf.		
Theodor Heidecker	Pf.		
Karl Heintz	Pf.	**Heika**	
Jürgen Heinz	Pf.	**Holborn**	
Hch. Henkel & Co.	Pf.		
Erwin Hermann	Pf.		
Hermes + Hermes	Pf.	**Ducado**	
Fritz Hess		**Heson**	

Daten	Bemerkungen
	Erwähnt 1968, 1971, 1972, 1987
	Erwähnt 1949
1927/8 Uhren-Remontage	Erwähnt 1939, 1951, 1968, 1971
1907– Werke 1934 (1937)– 1972	**BF**-Rohwerke Heute Herstellung dentaltechnischer Produkte (Forestadent)
	Erwähnt 1951
60 Jahre Tradition	
	Erwähnt 1925, 1927/8, 1930 (1927/8 erwähnt als Interc"-Uhrenfabrik, s. auch E. Gäckle!)
	Erwähnt 1921
Werke 1956–1964	Erwähnt 1939, 1951, 1971
	Erwähnt 1951
	Erwähnt 1968, 1971, 1972
	1930, 1943 erwähnt: Armbanduhren u. Taschenuhren
	Erwähnt 1951
	Erwähnt 1927/8
	Erwähnt 1925, 1927/8, 1930, 1939, 1943, 1951, 1968, 1971, 1987, 1991 Heutige Marke: Jean Marcel
Ursprung Schweizer Uhrenfabrik Asora in Biel	Erwähnt 1925, 1930
	Erwähnt 1939, 1943, 1951
	Erwähnt 1951
	Erwähnt 1921
	Erwähnt 1987
	Werke, Uhren Kurzlebige Firma
Gegr. 2010	Uhren-Unikate
	Erwähnt 1968
1925, 1927/8 G., Wilh. Uhrmacher	Erwähnt 1939, 1943, 1951, 1968, 1971 Fa. verm. 1970er-Jahre geschl.
Ursprung Schweizer Uhrenfabrik, 2004 Markenrechte verkauft an Riba Watch Group CH	Erwähnt 1968, 1987 Existiert noch?
	Erwähnt 2000
	Erwähnt 1923, 1925, 1927/8, 1930

TABELLE 1: **UHRENFIRMEN PFORZHEIM/UMLAND (FORTS.)**

Firma	Ort	Marke	Gruppe
Ewald Fleck	Pf.	**Primato** -Super **Aspura** **Markantus**	
Willi Förderer	Pf		
Achille Finschi	Pf.	**Finowa**	
Bernhard Förster	Pf.	**Foresta**	
Förstner & Blessing	Schömberg	**FBS**	
Erich Fröhlich	Straubenhardt	**Fricona**	
Franz & Co.	Pf.		
Chr. Frey	Pf.		
Friesinger Willi	Pf.	**Intex**	
Emma Frisch	Pf.		
E. Gäckle	Pf.	**Interco**	
Gall Otto	Pf.	**Uroga**	
Paul Gärttner	Säckingen	**Page** **Parsival**	
Alfons Gasser	Pf.	**Alge**	
Eugen Gauß	Pf.	**E.G.** **Ega**	
Adolf Gengenbach	Pf.	**Mars** -Super	
Hermann Geering	Pf		
Geering & Wandpflug	Pf.	**Gewa**	
Rudolf Gimber	Pf.		
H. Göpper	Pf.		
Albert Gössel	Mühlacker-Enzberg		
Grau & Hampel	Pf.		
Grieb & Benzinger	Pf. und Schloß Dätzingen		
Ernst Gritz	Pf.		
Walter Grözinger	Wilferdingen/ Pf.	**Gröwa**	
Albert Grossenbacher GAD GmbH Optima-Uhrenfabrik	CH und Pf./ heute Niefern-Öschelbronn	**Optima** (Marke angebl. reg. in D 1985)	
Montres Guda, Biel CH (?)	Pf.	**Atrium** (Marke reg. 1970)	
Guinand, E.	Pf.	**Aegea**	

Daten	Bemerkungen
1983 geschlossen, lt techn.Mus. Werke 1944–1980	Erwähnt 1951, 1968, 1971 1943 Beginn, Rohwerkefertigung Otero-Werke Möglicherweise schon 1942 erste Werk-Prototypen
Werke 1952–1962 Frühe elektrische Uhren	H. Epperlein & P. Reiling
	Erwähnt 1987
Vertrieb Ronda-Uhrwerke (Quarz) in D	Ewähnt 1991
In den 1960er-Jahren aufgelöst	Erwähnt 1943, 1949, 1951
	Erwähnt 1951
	Aug. F. erwähnt 1939 Felß u. Co. erw. 1943, 1951, 1968, 1971, 1987
	Erwähnt 1968, 1971
	Erwähnt 1939, 1943
	Erwähnt 1925
1924–1927/8 Uhren-Remontage	Erwähnt 1951, 1952

TABELLE 1: **UHRENFIRMEN PFORZHEIM/UMLAND (FORTS.)**

Firma	Ort	Marke	Gruppe
Otto Epple	Königsbach/ Pforzheim	**Eppo** (DPMA: Wortmarke E. 1952 reg., 2002 gelöscht. Bildmarke E. reg. 1957, gel. 2000, Wortmarke Otero reg. 1952, gelöscht 2002) **Epora**-Gruppe **Epifo Otezy** - Akkurat - Avus - Delta - Eminent - Noblesse Epora Automat **Wiking** **Trumpf** (Name auch v. and. Firmen verwendet)	Pallas Epora
Epperlein & Reiling	Ersingen	**Vufe, Uwersi** **EUW Parex?** **Fallog Falgona**	
Jochen Erlenmaier	Illingen		
Ermano	Pf.		
Faas & Klein	Pf	**Gefa**	
Friedrich Faulhaber (heute Wilhelm Faulhaber, Inh. Gerd F., Zusammenhang?)	Pf.		
August Felß Felss & Co.	Pf.	**Felsus** (Wortmarke reg. 1954, Schutzende 1993, Wort-Bild-Marke reg. 1960, gelöscht 2001) **Felsor** (angebl. 1953 angem.)	
Richard Feßler	Pf.	**Civis Citas**	
Arthur Fischer	Pf.	**Fischer** **Fischernixe** (reg. 1935) **Perfekta** **Fakir** (Schmuck, reg. 1948) **Fl** (Gehäuse+ Bänder, reg. 1988)	
Fischer & Trabandt Nach 1945: Carl Trabandt	Pf.	**Trabant Stabil** **F.T. Stabil TC Stabil** **TC Trabant Tracyl** (Marken, reg. 1934–1937, konnten im DPMA nicht verifiziert werden)	
Max Fischer	Pf.		
Rudolf Fischer	Pf.	**Eref**	

Daten	Bemerkungen
	Erwähnt 1927/8, 1930, 1939, 1943, 1951, 1968, 1971, 1987, 1989
	Erwähnt 1951
Fa. gelöscht	Erwähnt 1968, 1971, 1972
	Erwähnt 1939, 1943, 1951 Konkurs 1978 od.1980
	Erwähnt 1930
	Erwähnt 1951 Gehäuse und Uhren
1946-	Erwähnt 1951, 1968, 1971, 1987, 2000
	Erwähnt 1949, 1951
Gegr. 1912, 1932 Fabr. f. Uhrteile, Gehäuse, Uhrwerke u. Uhren	Erwähnt 1923, 1925, 1927/8, 1930 (1925 erwähnt Taschenuhren u. Armbanduhren, 1927/8 erw. Spez. Taschenuhren)
Vertriebsmarke, keine eigene Uhrenproduk- tion	Erwähnt 2000
Marke reg. 1977	Fa. existiert noch als Schmuckbetrieb
	Erwähnt 2000 Firmeninhaber?
1931-	Erwähnt 1939, 1943, 1951, 1968, 1971, 1987
	Erwähnt 1971
	Erwähnt 1939, 1943
	Erwähnt 1939, 1943, 1951, 1968
1907- Anf. 1990er-Jahre an UTW Uhren-Technik Weimar, dann liqu.	Erwähnt 1923, 1925, 1927/8, 1930, 1939, 1943, 1951, 1968, 1971, 1987 1998 Übernahme durch Hansjörg Vollmer, Pf., Aristo Watch GmbH. Aristo Vollmer GmbH (seit 2005)

TABELLE 1: **UHRENFIRMEN PFORZHEIM/UMLAND (FORTS.)**

Firma	Ort	Marke	Gruppe
Eduard Brenk	Pf.	**Saphira** (Marke S. von Fa. Hubbuch übern.) **EBP**	
Britsch & Becker	Pf.		
Walter Bronner	Pf.	**Wabro** (Marke 1959 angemeldet, Schutz bis 1969)	
Helmut Castan Später Castan & Kotalik	Pf.	**Roxy** (Marke „Roxy" später übernommen von Emil Werner (erwähnt 1968), 1961 angem. von. Fa. Bruno Mayer, gelöscht 2002) **Cyclo Delphin** **Roxy Panzer**	
Adolf Decker	Pf.		
Decker & Reisert	Pf.		
Hansjürgen Dolle	Pf.	**Circula**	
Alfons Doller	Pf.	**Aldo**/Alfons Doller/ Althuon/Allegro	
Erich Dossenbach	Pf.	**Edo** **Doba**	
Paul Drusenbaum	Pf.	**Drusus**	
DUGENA	Pf.		
Duran & Wagner	Pf.	**D & W**	
Fa. Eco Swiss	Pf.		
Karl Ehrmann	Pf.	**Ehr - AXA** **KEP**	
Willy Eismann	Pf.		
Karl Engelbrecht	Pf.		
S. Eppinger	Pf.		
Julius Epple	Pf.	**JE Aristo** (Marke A. 1936 eingetragen) Jerana Epifo Wiking Aktuelle Marken: **Vollmer, Aristo, Aristella, Erbprinz, Messerschmitt Aristomatic (2008)**	

Daten	Bemerkungen
	Erwähnt 2000
	Erwähnt 1971
	Erwähnt 2000
	Erwähnt 2000
	Erwähnt 1987
	Erwähnt 1939, 1943, 1951, 1968, 1971
	Erwähnt 1968
	Erwähnt 1968
	Erwähnt 1968, 1971
Bis 1989?	Erwähnt 1949, 1951, 1968, 1971, 1972
1872–	Erwähnt 1927/8, 1939, 1943, 1951, 1968, 1971
	Erwähnt 1987, 2000
	Erwähnt 1987
	Erwähnt 1987 Produktbereich Einbauuhren
Gegr. um 1920?	Erwähnt 1925, 1930, 1939, 1943, 1951
	Erwähnt 1927/8
	Erwähnt 1968, 1971, 1987, 2000. Existiert noch

TABELLE 1: **UHRENFIRMEN PFORZHEIM/UMLAND (FORTS.)**

Firma	Ort	Marke	Gruppe
U. Bischoff	Keltern-Ellmendingen	**Nitava**	
Gebr. Bischoff	Dietlingen	**GB Galantus** (angebl. reg. 1959)	
Bischoff KG.	Pf.	**Casino**	
Hans Peter Bischoff	Pf.	**Jean Ploch**	
Joachim Bischoff	Keltern	**Morgenrot** (Marke reg. DPMA 2013)	
Jürgen Bischoff	Pf.	**Saphira** (DPMA Früherer Inh. d. Marke Eduard Brenk, Umschreibung 1998 auf J.B., gel. 2004) (Zu Namen S. s. auch Firmen Brenk und Hubbuch)	
Adolf Blümelink Inh. Heinz Enghofer	Pf.	**Blumus**	
Albert Bührer	Pf.	**Albü AB Bührer**	
Heinrich Bürk	Pf.	**Surex** -Nautica	
Heinz Bürkle	Pf.		
Hermann Buggler	Pf.		
Bulova GmbH	Pf.		
Franz Burger	Pf.	**FBU**	
Burkhardt & Co. Burkhardt & Cie.	Pf.	**Delcona BCP Helma** (Marke Helma auch vorher Fa. Linde/Dohrmann, Bremen, auch Oscar Steinbiss, Schwäbisch Gmünd/Pforzheim, O. Steinbiss hat auch die Marke **Hado** benutzt) **Helveco**	
Albert Buser	Pf. und Hüningen (urspr. CH)	**Esta** (?) Esta-Uhren m. Pf.-Gehäuse existent	
Ewald Böffert	Neuenbürg-Arnbach		
Franz Börsig	Kieselbronn		
Borgs Instruments	Remchingen-Wilferdingen		
Carl Fr. Bosch	Pf.	**Bosch Prisma Tristan** (Alle 3 Marken nicht DPMA nachweisbar)	
August Bossert	Pf.		
Bossert & Co.	Pf.		

Daten	Bemerkungen
1919–	Erwähnt 1927/8, 1939, 1943, 1951, 1952, 1968, 1971, Armbanduhren seit 1924, 1945 ausgebombt
	Erwähnt 1987
	Erwähnt 1951
Gegr. 1921 Beginn Bau v. Maschinen zur Herst. v. Fuchsschwanz- ketten, dann Gehäuse und Ziffer- blätter, nach II. WK ca. ab 1948 Uhrwerke/ Uhren	**HB**-Werke ab 1955 Hermann Becker starb 1951, Fa. v. Ehefrau weiter- geführt bis Tod 1964. Joachim Becker u. Schwester Firmenleitung bis 1979
	Erwähnt 1939, 1943, 1951
	Erwähnt 1930, 1939, 1943, 1951
	Erwähnt 1921, 1923
	Erwähnt 1923
	Erwähnt 1987, 2000
1945–	Erwähnt 1951, 1968, 1971, 1987, 1989, 2000 Firma existiert noch, spezialisiert auf Zifferblatt- restauration
1909 Pforzh.	Erwähnt 1925, 1927/8, 1930, 1939, 1943, 1951, 1968, 1971, 1989, Nachkriegsfertigung ab 1950, Uhrenproduktion nach Spezialisierung 1981–1998 eingestellt. Heute Fertigung feinmechanischer Kom- ponenten (ab 1951)
1948–1951	Werke 1951 von Fa. Porta übernommen
	Erwähnt 1925
Ca. 2012 geschl.	Erwähnt 1968, 1971
	Erwähnt 1927/8, 1930, 1939, 1943, 1951, 1968, 1971 (1927/8 zusätzlich erw. als Bischoff Max, Inh. Max u. Emil Bischoff u. Karl Schaufelberger; Schaufelberger gründete später Fa. Esco) Erwähnt 1987 als U. Bischoff-Nitava teilweise mit Aero-Watch, Neuchatel, zusammen

TABELLE 1: **UHRENFIRMEN PFORZHEIM/UMLAND (FORTS.)**

Firma	Ort	Marke	Gruppe
Bechtold & Härter	Pf.	**Beha**	
Hermann Beck	Kieselbronn		
Andreas Becker	Pf.		
Hermann Becker	Dietlingen	**Becker** (Marke **HB Hermann Becker,** reg. DPMA 2008 Inh. Daniel Lieser, Offenburg) HB Anker **Clipper** (benutzt 1971 von HB) **Maddox** (benutzt 1971 von HB) zu beiden Marken s. Fa. Manfred Raisch u. H. Wiedmann **EZA** (?) (EZA auch F. Ziemer?) Marke EZA Neugründung Holland 2015	
Otto Becker			
Becker & Grupp	Pf.	**Begu**	
Carl Beideck	Pf.		
Fritz Behner jr.	Pf.		
Hugo Bellon	Mühlacker-Enzberg		
Richard Bethge	Ispringen	**ErBe**	
Wilhelm Beutter	Pforzheim/ Rosenfeld	**Berg/Bergana** -Aquarex Stürmer **Amado** (reg. 1949) **Monrico** (Marke eingetr. 1965)	Parat Regent
Bigalu GmbH Albrecht Kappis	Pf.		
Eugen Bing & Co. Eugen Bing	Pf.	**E.B.Co.**	
Emil Bischoff	Pf.	**Ebisco** (Marke reg. DPMA 1965, gel. 1997) **E.B.P. EBP EB** (Wort-Bild-Marke reg. DPMA 1965, Umschreibung auf Emil Bischoff, Engelsbrand, gel. 2005)	
Friedrich Bischoff	Pf.	**FB** (Wort-Bild-Marke reg. DPMA 1951, gel. 2001)	
Max Bischoff	Pf.	**Bischoff MB Nitava**	

Daten	Bemerkungen
	Erwähnt 1968, 1971, 1972, 1987
	Erwähnt 1925
Ab 1948	Nach Ausscheiden aus Weber & Aeschbach (1941) Fa. in der Schweiz (Basel)
Ab 1951	J. A. Nfg. erwähnt 1951
	Erwähnt 1943
	Erwähnt 1943, 1951, 1968, 1971 Armbanduhren?
Schweizer Uhren-fabrik/-handel, gegr. 1973, gelöscht 2006	Erwähnt 1971
Marke reg. 1935	
Marke reg. 1959	Nur Gehäuse?
	Erwähnt 1939, 1943, Stiluhren
	Erwähnt 1987
	Taschenuhren
	Erwähnt 1968, 1971, 1987
	Erwähnt 1951, 2016 Adr. Dillweißenstein?
	Erwähnt 1951
1948–2007 gelöscht	Erwähnt 1951, 1968, 1971, 1987, 2000 Hervorgegangen im Wege der Erbteilung aus Fa. H.F. Bauer
1948–1967	Hervorgegangen im Wege der Erbteilung aus Fa. H.F. Bauer Nur Werke
1923– Rohwerke 1932/3–62 Existiert noch	Erwähnt 1927/8, 1939, 1943, 1951, 1968, 1971, 1987, 1991, 2000 (1927/8 erw. als Bauer Hermann)
1921 gegr.	Erwähnt 1927/8, 1939, 1943, 1951. Daraus ging nach Inhabertod u. Kriegszerstörung Fa. Roberta hervor
	Erwähnt 1987

UHREN- UND ZUBEHÖRHERSTELLER

TABELLE 1: **UHRENFIRMEN PFORZHEIM/UMLAND**

Firma	Ort	Marke	Gruppe
Willy Abraham	Pf.	**Elegance**	
Emil Abrecht	Pf.		
J. Aeschbach	Pf.	**Aeschbach, J. Aeschbach Nachf.**	
Jacob Aeschbach Nachf. (Inh. Horst Hohnloser)	Pf.	**Jana**	
Jakob Aeschbach	Pf.		
Adolph Friedrich	Pf.		
René Albrecht	Pf.	**Diarex** **Zurex**	
W. Antritter & Co.	Pf.	**A** (im 3-t.Kreis)	
Antritter & Schick	Pf.	**A** (unterlegt mit Horn)	
Armbruster & Böhringer	Pf.		
Antaeus Uhren	Pf.	**Antaeus**	
Ph. Auler	Pf.		
Ernst Bacher	Birkenfeld		
Albert Bäzner	Birkenfeld		
Ludwig Ballin	Pf.	**Duotric** (angebl. reg. 1933)	
Z. Bardos	Pf.	**Titanic**	
Nostrabauer Eugen Bauer	Weiler	**Nostra** -Favorit -Extra **Nostrana** **Ebana** **Nestor** (Marke reg. 1952) **UB**	
Gustav Bauer		**Guba**	
Hermann Friedrich Bauer/Walser-Bauer	Pforzheim/ Weiler	**HFB Guepard** (Marke reg. 1982, 2011 gel.) **Priosa** **Priosa Extra** **Hora Horos** (Wortmarke H. 1972 angem., 2013 gelöscht) **Privileg** (Marke 1968 angem.) **Orba Fortuna**	Regent
Hermann Wilh. & Co. Hermann Wilhelm Bauer	Pf.		
Herbert Becht	Straubenhardt-Conweiler	**Efrico** (s. auch Fa. Erich Fröhlich)	

Die schon vor dem Kriege bekannte ständige Musterausstellung im Pforzheimer Industriehaus, welches selber eine lange Geschichte hatte, konnte nach Wiederaufbau 1951 eröffnet werden. Damit war ein repräsentativer Showroom, wie man heute sagen würde, für Presse und Händler vorhanden.

Lokal gesehen gab es 1954 noch den Verband der Schwarzwälder Uhrenindustrie (Pforzheim gehört zum Schwarzwald und besitzt rundum wunderbare Wandergebiete), während 1999 aus dem Verband der deutschen Uhrenhersteller (VDU) durch Verschmelzung der „Bundesverband Schmuck, Uhren, Silberwaren und verwandte Industrien e. V." wurde, heute abgekürzt BV Schmuck + Uhren.

Als kongenialer Partner des BV und zur Stärkung der deutschen Zuliefererindustrie wurde im Jahre 1998 der Verband Watch Parts from Germany e. V. mit Sitz in Pforzheim gegründet.

Damit sind für die geschrumpfte, aber wieder im Aufwind begriffene deutsche Uhrenindustrie mit ihren Ablegern der Präzisionsindustrie starke Fixpunkte entstanden.

Waren auch Mitglieder: Bechtold & Härter, links, und H.F. Bauer, rechts. Rodi & Wienenberger sorgt für Stilgleichheit.
Have been members, too: Bechtold & Härter (left) and H.F. Bauer (right). Rodi & Wienenberger provide for balance of style.

ICKLER/LIMES/ARCHIMEDE/DEFAKTO/AUTRAN & VIALA

Familienbetrieb: das ist die klassische Bezeichnung für typische Pforzheimer Unternehmen, und zu diesen gehört auch die 1924 von Karl Ickler gegründete Firma, heute in der dritten Generation geführt von Thomas Ickler. Spezialität des Hauses waren und sind Uhrengehäuse, und daraus hat sich in den 1990er-Jahren eine „Private Label"-Uhrenfertigung entwickelt, die zur eigenen ersten Marke Limes führte. Weitere Marken wie Archimede (2003) folgten. Beide Uhrenlinien sind mit den eigenen Uhrengehäusen und Schweizer Mechanik- beziehungsweise Automatikwerken versehen.

Die neuere Marke Defakto kann sowohl mit Quarz- wie auch mit Automatikwerk geliefert werden, während die sich auf die Pforzheimer Uhrenhistorie beziehende Marke Autran & Viala ausschließlich mit den Schweizer Ronda-Quarzwerken bestückt wird. Bei allen Marken gibt es diverse Unterlinien, sodass für jeden Geschmack des anspruchsvollen Uhrenliebhabers gesorgt wird. Daneben findet der Interessent noch den Deutschen Uhren Shop, der ihn mit Zubehörprodukten und Sonderangeboten versorgt.

DER VERBAND: STÄRKUNG DURCH VEREINIGUNG

Der heutige Bundesverband Uhren und Schmuck (BV) hat eine lange und wechselvolle Geschichte. Viele namhafte Uhrenhersteller, vertreten durch ihre Gründer, führten diese Vereinigung der Produzenten durch positive als auch schwierige Zeiten.

Schon 1911 lesen wir von einem Zusammenschluss, da waren es die Uhrmacher, welche sich in Pforzheim zusammensetzten, während sich der regionale Uhrmachergewerbeverein schon 1849 konstituiert hatte. Die eigentlichen Uhrenfabrikanten gründeten zu Stärkung ihrer gemeinsamen Interessen, besonders auch gegenüber der mächtigen Schweizer Uhrenindustrie, nach dem Ersten Weltkrieg den Wirtschaftsverband der deutschen Uhrenindustrie (Vorläufer Ausfuhrstelle für die deutsche Uhrenindustrie), woraus wiederum 1933 in Pforzheim eine Fachgruppe (Uhren und Gehäuse) erwuchs. Sie wurde dann zum Reichsverband der deutschen Uhrenindustrie mit mehreren Untergruppen, nachdem diese Spezies die eigentliche Kernindustrie war. Alle anderen Fachgruppierungen wurden nach 1933 nicht „gleichgeschaltet", sondern schlichtweg aufgelöst. Daneben gab es noch den Verband der deutschen Uhren-Grossisten, aus welchem später ein Reichsverband wurde.

Regionalverbände und übergeordnete Zusammenschlüsse folgten nach Kriegsende, so schon im Jahre 1947 ein Fachverband, der 1948 ins Vereinsregister eingetragen wurde. Damit war ein kompetenter Verhandlungspartner in dieser schwierigen Nachkriegszeit gefunden, aus welchem sich noch im selben Jahr der eigentliche Uhren-Verband VDU herauskristallisierte. Dieser erhielt in den nächsten Jahrzehnten verschiedene Geschäftsstellen, unter anderem in Pforzheim.

BRUNO SÖHNLE – PFORZHEIM/GLASHÜTTE

Die in Wurmberg bei Pforzheim seit den späten 1950er-Jahren ansässige Firma der Gebrüder Söhnle war ursprünglich nur als Importeur tätig, arbeitete dann auch als Hersteller von Großuhren. Heute ist Söhnle einer der Hersteller für die Regent-Gruppe. Das Unternehmen begann nach der „Wende", besondere Armbanduhren zu fertigen. Dazu gründete es in Glashütte eine Niederlage, weshalb man heute diesen attraktiven Namen auf den eigenen Uhren wiederfinden kann. Spezielle, gehobene Modelle werden von Bruno Söhnle Glashütte angeboten, wobei man bedenken muss, dass der Glashütter Zweig erst seit wenigen Jahren besteht. Auch eine eigene Mechanik-Edition ist inzwischen im Handel, ausgerüstet sowohl mit klassischen Handaufzugskalibern als auch mit Automatikwerken.

RICHARD BETHGE/ERBE/BETHGE UND SÖHNE

Auch hier haben wir wieder einen typischen Pforzheimer Familienbetrieb, inzwischen in dritten Generation von Alexander Bethge geleitet. Der Gründer und Namensgeber Richard Bethge durchlief eine für damalige Zeiten typische Berufskarriere: Geboren 1905 in Sachsen-Anhalt, wurde er nach Uhrmacherlehre und verschiedenen Stationen in der Wanderzeit als Kontrolleur in die damals schon große und bedeutende Uhrenfabrik Bidlingmaier (Markenname Bifora) in Schwäbisch Gmünd berufen, die er 1928 verließ, um nach Pforzheim zur Firma von Wilhelm Beutter zu gehen, welcher Uhren unter dem Namen Berg herausbrachte.

Hier war er für die Ausbildung der Lehrlinge und Fabrikationsüberwachung zuständig, ein großer Sprung, wozu 1939 die Meisterprüfung kam, alles gute Vorbedingungen, um nach dem Zweiten Weltkrieg einen eigenen Betrieb aufzumachen.

Als hervorragender Uhrmacher und Praktiker schaffte Bethge es in der Kriegszeit, die Ganggenauigkeit einer Militäruhr für Piloten absolut perfekt zu regulieren, damals ein wichtiger und geheimer Rüstungsauftrag, für den ihm nach dem Kriege das Verdienstkreuz verliehen wurde.
Interessant sind Zahlen aus der damaligen Zeit, so wuchs das Unternehmen von sieben Mitarbeitern auf über 100, und auch über den Lohn erfährt man so einiges: Ein Remonteur im ersten Lehrjahr erhielt monatlich 50 DM, 60 DM im zweiten und 70 DM im dritten Jahr. Das war 1954, als der Betrieb schon in voller Blüte stand. Die hergestellten Armbanduhren wurden unter der Abkürzung ErBe verkauft.

Als Ehrenamt versah Richard Bethge von 1951 bis 1974 den Posten des Obermeisters in der Uhrmacherinnung, auch für die eigentliche Gründung der Uhrmacherschule, heute integriert in die Goldschmiede- und Uhrmacherschule Pforzheim, engagierte er sich. Die Firma produziert nach wie vor trotz der damaligen Quarzkrise Uhren mit mechanischen Werken unter den Dachbezeichnungen Bethge & Söhne und Das Boot. Daneben ist der Betrieb spezialisiert auf die Restauration von Zifferblättern und bietet Uhrenseminare an.

WILHELM BEUTTER/BERG-UHREN/BEUTTER PREMIUM PRÄZISIONSKOMPONENTEN

1909 wurde der Betrieb von Wilhelm Beutter gegründet. Die Anfangszeiten verliefen so wie bei den meisten anderen Uhrenfirmen, nach der Schmuckfertigung, hier Goldmedaillons, als erstem Produktionsbereich folgten Gehäuse für Armbanduhren, wonach die Anfertigung kompletter Uhren aufgenommen wurde. Diese kamen unter den Bezeichnungen Berg, später auch Bergana und Aquarex in den Handel, als Logo auf der Rückseite diente ein doppelzackiger Berg. Nach den Kriegszerstörungen fuhr das Unternehmen doppelgleisig, einerseits nahm man die Armbanduhrenfertigung wieder auf und stieß 1950 zu der neu gegründeten Verkaufsgruppe Parat, andererseits begann man 1951 mit dem zweiten Standbein, nämlich der Feinwerktechnik. Das Zeichen dazu wurde am 1. Dezember 2004 mit der Umfirmierung von Wilhelm Beutter GmbH & Co. KG, Fabrik für Uhren und Feinmechanik, zur heutigen Firma Beutter Präzisions-Komponenten GmbH & Co. KG als Zulieferbetrieb für feinmechanische Komponenten gesetzt. Man arbeitet für Kunden aus den Bereichen Medizintechnik, Luft- und Raumfahrt, Hydraulik, Wehrtechnik, Maschinenbau und Messgerätetechnik. Der Uhrenbereich spezialisierte sich zwischen 1981 und 1998 auf Gold- und Titanprodukte.

Der Nachkriegsprospekt ist parat: Berg-Uhren aus der Parat-Gruppe. Die Alpen lassen grüßen: War Wilhelm Beutter Alpinist? Berg-Anzeige von 1929. Noch birgt die Tonneau-Form ein kreisrundes Zifferblatt, bald wird alles rechteckig werden.

First prospectus issued after war: Berg watches of the Parat group. Greetings from the Alpes! Was Wilhelm Beutter really Alpinist? Berg advertisement of 1929. A tonneau shaped case with a round dial! But everything will soon be rectangular.

„Über Forestadent Bernhard Förster GmbH
Die Firma Bernhard Förster GmbH wurde 1907 vom Unternehmer Bernhard Förster in Pforzheim gegründet. Die Wurzeln des Unternehmens liegen in der Schmuck- und Uhrenindustrie. Ab 1974 erfolgte der Umstieg von der traditionellen Uhrenindustrie hin zur Medizintechnik unter dem Markennamen Forestadent. Über 70 internationale Patente belegen heute den technischen Vorsprung von Forestadent und sind der deutliche Beweis für einen konstanten Innovationsprozess. Die Produkte werden in über 40 Ländern weltweit vertrieben. Das Unternehmen verfügt über eigene Niederlassungen in den USA, Großbritannien, Frankreich und Spanien. Produziert wird ausschließlich am Standort Pforzheim, wo etwa 200 Mitarbeiter beschäftigt werden. Mittlerweile arbeitet die vierte Generation der Familie erfolgreich im Unternehmen."

Pressemeldung aus dem Internet, 2004

WEBER & BARAL/W+B/ZIFFERBLATTHERSTELLUNG

Arthur Weber, dessen Vater als Kabinettmeister bei der Fa. Gebr. Kuttroff arbeitete, absolvierte dort eine kaufmännische Lehre und wurde dann Reisender in Deutschland und der Schweiz. Nach Kriegsende gründete er zusammen mit dem Werkzeugmacher Heinrich Baral einen Betrieb für „Taschengebrauchsartikel", der 1921 angemeldet wurde. Dank eines Großauftrages aus den USA für Kinderuhren (ohne Werk, aber mit Zifferblatt und Uhrband) entstand das neue Tätigkeitsfeld der Zifferblattproduktion. Dabei erwies sich das Unternehmen als derartig kreativ und innovationsfreudig, dass nach der Glashütter Uhrenindustrie weitere Uhrenhersteller auf Weber & Baral aufmerksam wurden. Mit dieser Spezialisierung auf Zifferblätter wurde aus Weber & Baral ein stetig wachsender Betrieb, dessen Belegschaft bis 1942 auf ca. 600 Mitarbeiter anstieg und im Laufe der Zeit nacheinander auf fünf Betriebsstätten kam. Über 250 Kunden wurden genannt, wobei Lacher & Co. (Laco) einer der bedeutendsten wurde. Im Krieg fertigte man außer Zifferblättern Skalen und Blindflugeinrichtungen, bis die Firma beim verheerenden Luftangriff 1945 völlig zerstört wurde. Wie alle Pforzheimer Betriebe ging man unverdrossen an den Wiederaufbau.

In den 1950er-Jahren wurde expandiert und die Fa. Wilhelm Cammert für die preiswerteren Produkte übernommen. Enge Beziehungen, sozusagen von Gestalter zu Gestalter, pflegte man zum Zeigerhersteller Erwin Hermann. Weber selber ließ den Arbeitstag im Fachgespräch mit seinen Mustermachern beginnen.

1966, nach dem Tode des Gründers, übernahm Klaus Weber, der Sohn von Arthur Weber, die Firma, nachdem der Teilhaber Heinrich Baral schon 1945 ausgeschieden war.

1973 kommt das Aus für diesen Pforzheimer Traditionsbetrieb, der als Keimzelle der Zifferblattherstellung gilt. Immerhin bleibt das Firmengebäude sozusagen branchentreu, denn es geht an einen hiesigen Uhrenhersteller.

BERNHARD FÖRSTER/BF/FORESTADENT

Das Unternehmen Förster war einer der ersten Rohwerkeproduzenten in Pforzheim und wuchs nach dem Zweiten Weltkrieg zu einem der größten Armbanduhrenhersteller heran. Jeder Uhrensammler deutscher Uhren hat irgendwann einmal das Kaliber 2075 in seiner frisch geöffneten Armbanduhr vorgefunden oder auch ein präzises Automatikwerk des Hauses bewundert. Dabei hatte man wie viele früh gegründete Betriebe mit Zubehörteilen für die Schmuckindustrie wie Federringe und Kettenverschlüsse begonnen, dann die einmalige Chance der eigenen Werkeproduktion erkannt. Der im Jahre 2016 verstorbene Rolf Förster als Enkel des Gründers war es dann, welcher die Umstellung des Unternehmens auf zukunftsträchtige Märkte vorantrieb, indem er auf Dentaltechnik setzte und damit 1974 den Umbruch schaffte.

Typical watch of the fiftieths, today considered as vintage
Typische Uhr der 1950er-Jahre, gilt heute als „vintage".

Die heutige Firma Forestadent, in der vierten Generation von der Familie geleitet, liefert mit Zweigniederlassungen in Europa, Kanada und den USA ihre feinmechanischen Präzisonsprodukte in über 80 Länder aus.

FAVOR-UHREN

Eine der wenigen alten Firmen, die in gewisser Weise überlebt haben, ist die Firma Favor. Namensträger waren die Familien Schätzle und Tschudin, die sich 1909 in Weil am Rhein zusammengetan hatten, um Taschenuhren zu fertigen. Ursprünglich kam die Familie Schätzle aus Waldenburg in der Schweiz, der Teilhaber Tschudin, ein Uhrentechniker, war ebenfalls Schweizer.

Die Anfänge müssen, wie bei den meisten Firmen damals, eher bescheiden gewesen sein, folgt man den wenigen erhaltenen Unterlagen von früher.

Auf jeden Fall stellte die Firma für ihre Taschenuhren eigene Werke her. Favor zog etwa um 1920 nach Pforzheim, hatte schon 1925 mehr als 20 Beschäftigte und begann 1933 dort mit der Fertigung von Taschenuhrwerken, denen sich, der Mode entsprechend, etwa 1934 auch die ersten Armbanduhrwerke in runder Form zugesellten. Der Betrieb in Weil wurde nach dem Zweiten Weltkrieg nicht wiedereröffnet, somit war Pforzheim jetzt der einzige Standort.

Später wurden (Form-)Werke für Favor-Armbanduhren von der Uhrenfabrik Tschudin in Weil am Rhein angeboten. Familiär gesehen gab es offenbar starke Querverbindungen zwischen den Familien Schätzle und Tschudin, so las man 1954, dass der Zifferblattfabrikant Paul Schätzle in Weil am Rhein mit seiner Gattin Klara, geborene Tschudin, die goldene Hochzeit feiern konnte. Die Firma von Paul Schätzle wurde 1911 gegründet und existiert noch heute in Weil am Rhein unter dem Namen Gerhard Schätzle.

Emil Schätzle senior, der Gründer der Uhrenfabrik, starb 1939 in Pforzheim im Alter von knapp 60 Jahren.

"Carpe diem" –
use the time and
buy Favor watches
Nutze die Gunst
der Zeit: Kaufe
Favor-Uhren!

1964, nach dem Tode des neuen Inhabers Emil Schätzle junior, kam die Firma dann zur Unidor-Gruppe, und eine Zusammenarbeit mit der Firma Kiefer wurde durchgeführt.

Der Markenname Favor (lat. Gunst) blieb jedoch über die Jahre erhalten, auch als dieser zur heute noch tätigen Firma Schabl & Vollmer kam.

Style of early years: The impressive ESZEHA-logo
Im Stil der frühen Jahre: das beeindruckende Eszeha-Logo

Nach der Kriegszerstörung, durch welche wie viele andere Unternehmen auch das von Karl Scheufele in Trümmern liegt, kommt es mit typisch Pforzheimer Zähigkeit zum Wiederaufbau. Karl Scheufele II. schafft es, als Nachfolger seines 1941 verstorbenen Vaters, dass ab 1948 wieder Uhren hergestellt werden können. Dazu gehören nicht nur Schmuckuhren wie in früheren Zeiten, auch ganz „normale" Alltagsuhren in der zeittypischen Optik der jeweiligen Epoche werden verkauft. Karl Scheufele III. übernimmt 1958 im Alter von nur 20 Jahren das Regiment. Er hat die Idee, eine alte, berühmte aber nur noch auf dem Papier existente Schweizer Uhrenmarke vom letzten Namensträger zu übernehmen. Die 1860 gegründete Firma, zuletzt in Genf ansässig, hatte Nachfolgeprobleme, und genau zur rechten Zeit fand sich der richtige Interessent. Mit diesem Kauf der ursprünglich aus dem Schweizer Jura stammenden Fa. Chopard bricht eine neue Epoche bei den Scheufeles an.

In a watch case of classic shape: ESZEHA of the fiftieths, with Mauthe movement instead of a Pforzheim caliber. Most beautiful jewel wrist watches give reason for the reputation: Original designs of the early years
Im klassischen Formgehäuse: Eszeha-Uhr der 1950er-Jahre, statt Pforzheimer Kaliber mit Werk von Mauthe.
Allerfeinste Schmuckuhren begründen den Ruf: Original-Entwürfe der frühen Jahre.

Chopard wird zum Spitzenprodukt im Luxusuhrenbereich und passt damit sehr gut zu den edlen brillantbesetzten Platinuhren der Vorkriegszeit, die das Renommee des Hauses Scheufele begründeten. Inzwischen ist Genf das Zentrum der Uhrendynastie Scheufele mit der nunmehr vierten Familiengeneration geworden, obwohl man nach wie vor ein starkes Standbein in Pforzheim besitzt, wo große Teile der Schmuck- und Uhrenproduktion gefertigt werden. Mit vier Produktionsstätten, 13 Vertriebsniederlassungen und vor allem eigenen Schuck- und Uhrengeschäften in den Zentren der Welt ist aus der alten Pforzheimer Firma von Karl Scheufele ein Weltunternehmen geworden.

ESZEHA/CHOPARD/KARL SCHEUFELE

In Pforzheim werden nicht nur Schmuck und Uhren hergestellt, hier werden manchmal auch große, internationale Leitlinien gelegt.

Ein schönes Beispiel für Familientradition, aus welcher sich eine solche internationale Erfolgsmarke entwickelt, ist das Unternehmen Karl Scheufele. Hier steht am Anfang ein Waisenjunge, der in einer der vielen Schmuckfabriken der Goldstadt eine Lehre beginnt.

Ready to start to Oversea countries: Young Karl Scheufele II on the right, 1925
Auf dem Sprung nach Übersee: der junge Karl Scheufele II. (re.), 1925.

Als eifriger Geschäftsreisender lernt er so viel über die Schmuckwarenbranche, dass er nur naheliegend sein eigenes Geschäft aufmacht, die Goldwarenfabrik Karl Scheufele. Dieser 1904 gegründete Betrieb wartet mit einem für die Zeit typischen Herstellungsprogramm auf, so Medaillons, Broschen, Nadeln, Anhänger und Armbänder. Armbänder werden auch der erste Verkaufsschlager des Unternehmens, erfindet man doch dort eine technische Lösung zum Umwandeln von Taschenuhren zu Armbanduhren, die „Eszeha-Uhrenklammer" (1912).

Armbanduhren sind schon in der Vorkriegszeit der kommende „Hit", wie man heute sagen würde, das Trendprodukt, was sich ab den 1920er-Jahren überdeutlich zeigen wird.

Fragt man sich, woher der Kunstname Eszeha kommt, so sind die drei Anfangsbuchstaben des Familiennamens Scheufele die Antwort. In dieser Fabrik von Karl Scheufele I. werden schon frühzeitig, ab 1920, Schmuckuhren für Damen hergestellt, deren spezielle Ästhetik sich in erhaltenen Entwürfen manifestiert. Dass auch Prominente Uhren dieser Firma trugen beziehungsweise diese geschenkt bekamen, ist für Historiker kein Geheimnis.

Werke wurden wie folgt konstruiert: Der Uhrmachermeister fertigte ein Modell, wobei auch zu Anfang Schweizer Mitarbeiter dabei tätig waren, dann kam der Ingenieur zum Zuge.

Erst wurde ein Konzept erstellt, etwa für ein 11½-Linien-Werk. Dabei durften Patente nicht verletzt werden. Dann wurde die Werkhöhe festgelegt. Eine Zeichnung vom Uhrmachermeister/Ingenieur folgte. Dann fertigte der Uhrmachermeister ein Modell. Zuletzt wurde dieses in der Praxis erprobt.

„*Neubau der Eppo-Uhrenfabrik*
Der Aufbau in Pforzheim macht immer weitere Fortschritte. Das neue Fabrikgebäude ist 38 Meter lang, im Verwaltungsteil viergeschossig und im Fabrikationsteil dreigeschossig.
Die Firma Otto Epple, Uhren- und Rohwerkefabrik, Königsbach, trennte 1951 durch Umbenennung der Firma die Herstellung von Armbanduhren nach außen deutlich von der Uhrenrohwerkefabrikation. Von diesem Zeitpunkt an trug die Remontage-Abteilung die Bezeichnung Eppo-Uhrenfabrik Epple & Co. und wurde als selbstständiges Unternehmen geführt. Ebenso wurde die Rohwerke-Abteilung in Otero-Uhrenrohwerke Otto Epple, Königsbach, umbenannt. Inhaber beider Betriebe ist Otto Epple.
Bis zur Fertigstellung des Neubaues in der Redtenbacherstraße waren beide Betriebe in Königsbach untergebracht. Nun konnte die Eppo-Uhrenfabrik Epple & Co. ihre neuen Räume beziehen. 120 Arbeiter und Angestellte sind bis jetzt in modernen Fabriksälen und Büroräumen tätig.
Durch die Verlegung der Firma Eppo-Uhrenfabrik Epple & Co. können die in Königsbach schon längst erforderlich gewordenen Erweiterungen durchgeführt werden. Bei den Otero-Uhrenrohwerken Otto Epple werden zurzeit ebenfalls 120 Arbeiter und Angestellte beschäftigt."

Deutsche Uhrmacher-Zeitschrift Nr. 10/1954

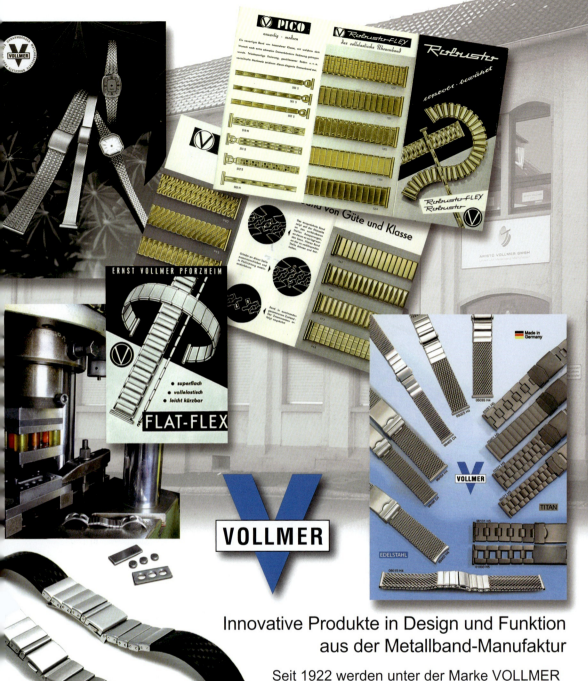

Innovative Produkte in Design und Funktion aus der Metallband-Manufaktur

Seit 1922 werden unter der Marke VOLLMER hochwertige Metall-Uhrarmbänder und Bandgehäuse in Pforzheim produziert. Ob Gliederbänder oder Ketten, Geflechtbänder oder Spangen jedes einzelne Stück überzeugt durch Funktionalität und Design. Die Material-Palette reicht von goldplattiert, Edelstahl, Silber 925, Titan bis hin zu Carbon. Ihren weltweit guten Ruf erwarb sich die ARISTO VOLLMER GmbH vor allem als Manufaktur von halbmassiven und anderen technisch aufwendig produzierten Uhrbändern. Sie überzeugen gleichzeitig durch hohen Tragekomfort, ihre Robustheit und Qualität.

CARBON
der Werkstoff des
21. Jahrhunderts

ARISTO VOLLMER GMBH
Uhren und Metallband-Manufaktur
Erbprinzenstraße 36 • D-75175 Pforzheim
Tel. 07231-17031 • Fax 07231-17033
info@ernst-vollmer.de • www.ernst-vollmer.de

a) Uhrenrohwerke Kal. 5¼''', Anker 17 Steine, Kal.-Nr. B 525,
Uhrenrohwerke Kal. 5¼''', Kal. 10 Steine, Kal.-Nr. B 568.
b) Uhrgehäuse für Armbanduhren aller Kaliber aus Gold 585/000 und Walzgold-Doublé,
wobei sich die Firma speziell auf Uhrgehäuse in Gold 585/000 und 750/000, auch mit Brillanten und Edelsteinen besetzt, und Uhrenansatzbänder in Gold und Doublé eingerichtet hat, wofür eine modern ausgestattete Goldschmiedewerkstätte zur Verfügung steht.
c) Fertiguhren.
Die 5¼'''-Rohwerke sowie die Gehäuse aus eigener Fabrikation werden ausschließlich in der Remontageabteilung der Firma zu Fertiguhren verarbeitet und unter dem Warenzeichen „HFB" in den in- und ausländischen Handel gebracht. Die Auslieferung erfolgt nur über den Fachhandel ... Durch die eigene Fabrikation der Rohwerke und Gehäuse und die Eigenverarbeitung zur Fertiguhr ist eine stets gleichbleibende Qualität der Erzeugnisse gewährleistet."

Undatierte Veröffentlichung

EPPLE/OTERO

Größen und Arbeitsweisen Pforzheimer Hersteller am Beispiel der Familie Epple. Aus der Trennung der Gebrüder Epple als Nachfolger des Firmengründers Julius Epple I. entstanden um 1943 zwei verschiedene Unternehmen, einerseits die bisherige Firma Aristo und andererseits die neu gegründete Firma Eppo (für Epple Otto). Otto Epple baute daneben noch ein Unternehmen für Rohwerkefertigung namens Otero (Otto Epple Rohwerke) auf. Eppo hatte 170 Personen maximal in ihren Gehaltslisten, während die Schwesterfirma Otero etwa 250 Mitarbeiter beschäftigte.

Eppo, Otezy und Otero – drei Marken braucht der Mann: Werbematerial aus den 1940er-/1950er- Jahren. Hüter der Firmengeschichte: der Autor im Gespräch mit Otto Epple.
Epple, Otezy und Otero – three watch brands- one history. Protector of the family history: Otto Epple in conversation with the author

einige Jahre jüngere Sohn Eugen in das nun schon auf vollen Touren laufende Unternehmen ein und förderte das Fortkommen vor allem in der bereits schon bestehenden Remontageabteilung durch seine in einer gründlichen Berufsausbildung als Uhrmacher erworbenen Kenntnisse und Fähigkeiten. Im gleichen Jahre wurde die Firma in eine OHG umgewandelt. Die sorgfältige Abstimmung in der Produktion bei der Herstellung von Uhrenrohwerken, Uhren-Gehäusen und Uhrenansatzbändern sowie der Remontage von Fertiguhren ermöglichte es, den Belegschaftsstand innerhalb sehr kurzer Zeit auf 200 zu erhöhen. Alles erfolgreiche Planen wurde durch den Beginn des Zweiten Weltkrieges jäh unterbrochen. Durch die Einberufung von guten, eingearbeiteten Fachkräften, durch die zeitweilige Einberufung von Herrn Robert Bauer, der schon Teilnehmer des Ersten Weltkrieges gewesen war, und durch die langjährige Abwesenheit von Herrn Eugen Bauer, der ebenfalls Wehrdienst leistete, war eine erfolgreiche Weiterentwicklung der bisherigen Fertigungen nicht mehr möglich. Das Jahr 1940 brachte der Firma durch den Tod des allseits geachteten und beliebten Seniorchefs einen überaus schmerzlichen Verlust.

Durch unermüdliche Weiterarbeit der Herren Robert und Gustav Bauer gelang es, 1943 bis 1944 eine weitere Betriebsstätte in Ottenhausen, Krs. Calw, sowie in Ellmendingen bei Pforzheim zu eröffnen. Das Jahr 1945 brachte leider, wie bei so vielen Unternehmungen, einen totalen Stillstand. Das Bürohaus in der Kiehnlestraße, das elterliche Wohnhaus, in welchem der Grundstein für das weit über die Grenzen Deutschlands hinaus bekannte Unternehmen gelegt wurde, sowie die Betriebsstätte in Ellmendingen wurden total zerstört, während das Fabrikgebäude in Weiler stark in Mitleidenschaft gezogen wurde. Unter den schwierigsten Verhältnissen begann der Wiederaufbau. Die Herstellung von Schuheisen, Schmuckwaren in Gold und Silber (Siegelringe, Armbänder, Ohrringe und dergleichen) sowie die Ausführung von Lohnreparaturen waren die Etappen bis zur Wiederaufnahme der eigentlichen Fertigung von Uhrenrohwerken, Uhrgehäusen und Fertiguhren. Ende des Jahres 1948 hatte die Firma den Vorkriegsbeschäftigungsstand von insgesamt 200 Arbeitern und Angestellten wieder erreicht und war auf dem Markt mit ihren Erzeugnissen voll vertreten. Um den zusammen mit dem Vater gegründeten und aufgebauten Betrieb durch spätere Generationen vor allzu großen Zerstückelungen zu bewahren, einigten sich die drei Brüder, den Betrieb so aufzuteilen, dass jeder ein eigenes Unternehmen selbständig führen konnte. Herr Robert Bauer übernahm als Ältester die bereits bestehende Firma Hermann Friedrich Bauer OHG., welcher seine Tochter als persönlich haftende Gesellschafterin beitrat. Herr Gustav Bauer gründete sich in Ellmendingen bei Pforzheim die Uhrenrohwerkfabrik Guba und Herr Eugen Bauer die Uhrenfabrik Nostra in Weiler.

Die von Herrn Robert Bauer übernommene Firma wies bei der Übernahme einen Beschäftigungsstand von insgesamt 80 Arbeitern und Angestellten auf, die in der Zwischenzeit auf circa 200 angestiegen ist. Das derzeitige Fertigungsprogramm der jetzigen Firma Hermann Friedrich Bauer OHG. erstreckt sich auf die Herstellung von:

pünktlicher und sorgfältiger Ausführung vorwärtszubringen. Die beiden Söhne Robert und Gustav standen ihm bei seinen sorgfältigen Planungen und Arbeiten zur Seite. So wuchs in aller Stille, durch harmonische Zusammenarbeit und unermüdlichen Fleiß aller Beteiligten, die nun durch ihre Wertarbeit schon sehr geachtete Firma immer mehr in die Höhe. Bald wurde die Einstellung von Fachkräften notwendig. Der kleine Fabrikationsraum im Hinterhaus des eigenen Wohnhauses in Pforzheim, Ostendstraße 4, zeigte sich den Anforderungen nicht mehr gewachsen, und es konnte als ein schöner Erfolg angesehen werden, als man die in der Altstädterstraße 6 gemieteten Räumlichkeiten im Jahre 1928 beziehen konnte. Der nun inzwischen auf 30 Gefolgschaftsmitglieder angestiegene Betrieb verlangte von dem stets rührigen Vater Bauer sowie von seinen beiden Söhnen eine unbedingte Produktionserweiterung, sodass man sich nach reiflicher Überlegung zusätzlich der Herstellung von Uhrgehäusen widmete, was sich sehr vorteilhaft für das junge Unternehmen auswirkte.

From HFB to Bauer-Walser: Tradition inspires future!
Von HFB zu Bauer-Walser: Aus der Tradition erwächst Neues.

Die Räumlichkeiten in der Altstädterstraße 6 wurden im Jahr 1932 aufgegeben und dafür ein großer Werkraum in der Bad. Metallwarenfabrik am Messplatz (jetzt Radio-Schaub), bezogen, in welchem auch sogleich die Herstellung von Uhrenrohwerken in Angriff genommen wurde, sodass sich die Firma Hermann Friedrich Bauer mit Stolz als die erste Uhrenrohwerkfabrik Pforzheims nennen darf. Immer mehr von dem Gedanken beseelt, neue Arbeitsplätze zu schaffen, erstand sich nun die Firma Bauer 1934 das von der Firma Gebr. Hepp in Weiler, Krs. Pforzheim, angebotene Fabrikgebäude. Nun war die Zeit gekommen, die Produktion voll auszubauen, und ein einwandfreies Arbeiten war durch die nun großen und hellen Arbeitsräume gewährleistet. Die Kleinbahn Pforzheim–Ittersbach mit ihrem Zwei-Stunden-Verkehr war nicht gerade eine Ideallösung für die oft sehr eiligen in- und ausländischen Kunden, und es war darum nicht erstaunlich, dass man noch im selben Jahr im Bürohaus Pforzheim, Kiehnlestraße 24 Einzug hielt. Im Jahre 1937 trat der um

den Nachkriegsjahren konzentrierte man sich gänzlich auf die Uhrenfabrikation. Innerhalb weniger Jahre wurde die Raumnot für den wachsenden Stamm der Facharbeiter und den sich stets vergrößernden Maschinenpark zu einer Lebensfrage, die im Jahre 1930 zum Umzug in die Durlacherstraße 69 in größere und geeignetere Fabrikräume führte. Damit waren die äußeren Bedingungen für die Weiterentwicklung der Firma Paul Raff gegeben.

Das Haus Durlacherstraße 69 wurde käuflich erworben, und als im Jahre 1938 der Seniorchef Paul Raff verstarb, hinterließ er seinen Söhnen Robert und Gerhard ein wahrhaft erfolgreiches Lebenswerk, dessen Ausbau im Sinne des Gründers fortgesetzt wurde.

Mit dem Untergang der alten Stadt Pforzheim am 23. Februar 1945 wurde auch das Fabrikanwesen der Firma Paul Raff gänzlich zerstört. Es gelang, den Wiederaufbau am alten Platze in den Jahren 1948/9 zu vollenden und die Fabrikation der Para-Uhren in erweitertem Umfang mit modernsten Hilfsmitteln und unter neuzeitlichsten Arbeitsbedingungen fortzuführen. Die Para-Produktion umfasst Herren- und Damenarmbanduhren in Gold, Doublé und Edelstahl.

Unter den verschiedenen Qualitätsnamen, wie Para-Klasse, Para-Neptun, Para-Parat, erfreuen sich die Erzeugnisse der Firma Paul Raff auf in- und ausländischen Ansatzgebieten eines guten Rufes und tragen dazu bei, ihrer Herkunftstadt Pforzheim auch als Uhrenstadt Weltgeltung zu verschaffen."

Undatierte Veröffentlichung

HFB/ASTRATH

Der Betrieb von Hermann Friedrich Bauer entwickelte sich zu einem der großen „klassischen" Uhrenunternehmen in Pforzheim. Die Rohwerkefertigung kam ebenso dazu wie später ein Unternehmen für Edelmetall-Halbfabrikate, Handel mit Edelmetallen und Produktion von Dentallegierungen, 1974 gegründet. Letzteres war ein interessantes Thema, ähnlich der in den 1970er-Jahren vorgenommen Umstellung auf Dentaltechnik bei der Fa. Förster (Forestadent).

Dieses neue Unternehmen wurde im Jahre 2004 mit der alten Firma zur Bauer-Walser AG verschmolzen. Die eigentliche Uhrenseite des Unternehmens findet man heute unter „Astrath H.F. Bauer Uhren und Ansatzbänder in Gold".

„Herm. Friedr. Bauer OHG.
Uhren-Rohwerke- und Gehäusefabrik Pforzheim
Im Jahre 1923, kurz nach der Inflation, gründete der im Jahre 1868 geborene Hermann Friedrich Bauer mit seinen Söhnen Robert und Gustav die Firma Hermann Friedrich Bauer. Der Vater, eine gelernter Goldschmied, saß stets unermüdlich am Werkbrett, um den Betrieb, der zu Anfang ein Familienkleinbetrieb war, durch die Fertigung von Zieharmbändern in Gold und Silber in

Große Klasse: Mit der Para-Klasse lässt sich gut repräsentieren.
First class: Para watches help owners to represent

1927 wurden die ersten Armbanduhren gefertigt, während der Markenname Para (aus Paul Raff) 1929 eingetragen wurde. 1979, in den Zeiten der sogenannten Quarzkrise, wurde das Unternehmen liquidiert, um anschließend erfolgreich neu strukturiert zu werden. Die Gehäusefertigung wurde dann im Jahre 1987 eingestellt. Der Betrieb wird heute bereits in der 4. Generation von der Familie geführt und entspricht so dem klassischen Pforzheimer Bild eines Familienunternehmens.

> „Paul Raff Uhrenfabrik Pforzheim
> Das äußere Bild der Schmuck-und-Uhren-Stadt Pforzheim wird wesentlich geformt durch die modernen Fabrikbauten der Industriebetriebe. Für den guten Namen der Pforzheimer Erzeugnisse sorgen viele traditionsreiche Unternehmen, zu denen in der Uhrenbranche sicherlich auch die Firma Paul Raff zählt. Der Gründer und Namensgeber des Hauses, Paul Raff, wurde 1872 in Stuttgart (Degerloch) geboren. Im Jahre 1910 begann er als selbstständiger Unternehmer die Fabrikation von Schmuckwaren, Uhransatzbändern und Uhrgehäusen in Pforzheim. Bald wurden bei gedeihlichem Wachsen des Betriebes auch fertige Uhren hergestellt und erfolgreich auf den Markt gebracht. Der Erste Weltkrieg zwang das noch junge Unternehmen, mancherlei zeit- und verhältnisbedingte Schwierigkeiten zu überwinden, wodurch die stetige Aufwärtsentwicklung verlangsamt, aber nicht aufgehalten wurde. In

Varieties of a topic: Watches with samples of dials, made by Reister
Variationen eines Themas: Zifferblatt-Musteruhren der Fa. Reister.

chen Fabrikbau an der Belfortstraße zwischen Durlacher und Osterfeldstraße. Nach dem Kriegsausbruch wurden immerhin noch circa 250 Mitarbeiter voll beschäftigt. Die PUW musste jedoch im Verlauf des Krieges, wie viele andere Pforzheimer Betriebe auch, zwangsweise Kriegsmaterial produzieren. So unter anderem auch Zünder für Luftwaffe und Marine. Der alliierte Luftangriff auf Pforzheim setzte einen vorläufigen Schlussstrich unter die Entwicklungsgeschichte der PUW. Der 23. Februar 1945 war der traurigste Tag in der Firmengeschichte: Nach dem Bombenhagel auf Pforzheim stand von der PUW kein Stein mehr auf dem anderen – ein Teilhaber war unter den Trümmern begraben.

Der Wiederaufbau
Nach Kriegsende begann Rudolf Wehner ungebrochenen Muts zusammen mit treuen Mitarbeitern den Betrieb behelfsmäßig wieder aufzubauen. Ein vorübergehendes Domizil wurde im heutigen Stadtteil Würm bezogen. Eine Zeit des Organisierens und Improvisierens begann, aus der Notlage heraus wurde in jenen Jahren der Grundstock des heutigen Maschinenbaues gelegt, die Räder- und Triebefertigung neu aufgenommen, neue Konzepte des Rohwerkebaus gelegt. Der rührige Betrieb drohte sehr bald aus allen Nähten zu Platzen: Die Pläne für einen kompletten Neubau konkretisierten sich. 1951 wurde in der Maximilianstraße der nach modernsten Gesichtspunkten errichtete Fabrikneubau bezogen. Ein stolzer Moment.
Doch das Erreichte ließ Rudolf Wehner nicht ruhen: Ihm ging es jetzt um die Perfektionierung der Fertigungsabläufe, die Perfektionierung des Uhrwerks. 1951 wurde das neue Verwaltungsgebäude fertiggestellt – circa 400 Mitarbeiter waren beschäftigt, 1954 wurde ein automatisches Herren-Armbanduhrwerk hergestellt. Der Betrieb wuchs rasch auf eine Mitarbeiterzahl von über 700 im Jahre 1964 an. Und in den nächsten Jahren kam eine technische Neuerung um die andere auf den Weltuhrenmarkt. Unzählige Patente erwarb die PUW seither – und bis heute wurden über 50 Millionen PUW-Werke gefertigt. Die großen Leistungen Rudolf Wehners wurden anlässlich seines 75. Geburtstags mit dem Großen Bundesverdienstkreuz gewürdigt. Rudolf Wehner kann heute mit Fug und Recht auf sein Lebenswerk stolz sein: Noch unter seiner Regie wurde 1964 die Pionierarbeit auf dem Sektor des elektronischen/elektrischen Uhrwerks vollzogen, eine Arbeit, die dann von seinen Söhnen fortgesetzt wurde.

Pforzheimer Kurier, 30.4.1979

PARA/PALLAS-UHREN

Eines der wirklich bedeutenden und bis heute Uhren fertigenden Unternehmen in Pforzheim ist die Firma Raff, auch unter Pallas-Uhren zu finden. Mit eigenem Werk in Fernost zusätzlich zur Mannschaft in Pforzheim, ist sie heute laut eigener Aussage besonders stark im sogenannten B-to-B-Geschäft, fertigt also Uhren nach Maß im Kundenauftrag. Frühzeitig schon sah Para die Zukunft für die deutsche Uhrenproduktion in gemeinschaftlicher Arbeit, sprich Vertriebsgruppen, und wurde so Mitglied bei Parat, Regent und Pallas.

aufgerückt war, bestand er 1924 die Meisterprüfung. Damit begann für ihn ein Lebensabschnitt, in welchem er seine Ideen entwickeln und verwirklichen konnte, der ihm aber auch größere Verantwortung abverlangte.
Schon in Lichtenfels/Bayern, wo er 1924 bis 1926 Betriebsleiter in einer Uhrenfabrik war, traten seine Umsicht und Tatkraft hervor.
1926 siedelte er nach Pforzheim über und leitete den Betrieb einer Uhrenfabrik, die er 1929 käuflich erwarb.

In 1953 Rudolf Wehner invites: Distinguished guests in the new building constructed in 1951
Rudolf Wehner lässt bitten: hoher Besuch im 1951 errichteten Neubau, 1953.

Die Gründung
Wie alle in Pforzheim remontierenden Betriebe erhielt auch die Fabrik Rudolf Wehners ihre Rohwerke ausschließlich aus der Schweiz. Da im Jahre 1931 die Schweiz die Rohwerke-Ausfuhr kontigentierte und sie in ein bestimmtes Verhältnis zur Ausfuhr fertiger Uhren setzte – zudem die Devisensituation des damaligen Deutschen Reiches prekär war – entschlossen sich einige weitblickende Fabrikanten zur einheimischen Rohwerkefertigung. Deshalb gründete Rudolf Wehner 1932, zusammen mit zwei Teilhabern, die Pforzheimer Uhrenrohwerke (kurz: PUW). Das Know-how der Werke-Fertigung war vorhanden, jedoch fehlte es an Spezialmaschinen, die ebenfalls einer branchenbezogenen Ausfuhrbeschränkung der Schweizer unterlagen. Mithilfe befreundeter branchenfremder Unternehmen gelang die Umgehung dieser Bestimmung: die PUW konnte die Produktion aufnehmen.

Die Zerstörung
Als die Pforzheimer Uhren-Rohwerke zu fabrizieren begann, forderte die entstandene Bedarfsdeckungslücke eine ständige Steigerung und Erweiterung der Produktion. Waren es am Anfang nur 24 Mitarbeiter, so konnte schon nach einem weiteren Jahr die Belegschaft auf 150 erhöht werden. Fortan mehrten sich die Freunde dieser PUW-Armbanduhr-Rohwerke, die in immer größerem Umfang auf den Markt kamen. Die Belegschaft stieg bis 1930 (?) auf 300 Mitarbeiter an, und der Maschinenpark musste laufend erweitert werden. Um- und Anbauten wurden notwendig und bildeten schließlich einen ansehnli-

Real top quality: Porta watches equipped with PUW calibers have been on international level, in technique and aesthetics
Wirklich „Spitzenqualität": Porta-Uhren mit PUW-Kalibern waren technisch und ästhetisch auf internationalem Niveau.

Aus Wehners Wirken wurde nach Kriegszerstörung und Neuaufbau die Alleinherrschaft über die Pforzheimer Uhrenrohwerke. Fritz Wagner als Hauptgeschäftsführer der PUW war bei der Zerstörung des Werksgebäudes ums Leben gekommen. 1948 entstand eine eigene Uhrenmarke („Porta"), 1950 garniert mit einem wirklich repräsentativen Werksneubau. 1970 zog sich Wehner aus der Betriebsleitung zurück. Neun Jahre später endete die Fabrikation mechanischer Uhrwerke, wenn auch der „Spiegel" vom Jahresende 1983 wissen wollte. Zu dieser Zeit war die PUW das letzte noch produzierende Rohwerkeunternehmen in Pforzheim, lieferte 1983 die für Deutschland ungeheure Anzahl von 18.000 Rohwerken täglich, fast ausschließlich Quarzwerke. Das half aber gegen die riesigen, äußerst kostengünstig produzierten Stückmengen aus Fernost wenig. Deshalb schloß man sich 1988 mit Rodi & Wienenberger (RODI) zusammen, was aber das Firmenende 1990 und die Übernahme durch die Schweizer Uhrenindustrie nicht verhindern konnte.

Heute werden die PUW-Kaliber mit ihrem typischen weichen Aufzug von der Qualität her als „klassisch" bezeichnet und fanden sogar ihren Weg in die sogenannte „Pforzheim Original Armbanduhr", welche im Jahre 2012 in limitierter Auflage präsentiert wurde.

„Nestor der Uhrenrohwerkefertigung wurde 80

Rudolf Wehner schlug 1932 den Schweizern ein Schnippchen
Er durchbrach die Kontingentierung des Schweizer Exports
Am morgigen 1. Mai, dem Tag der Arbeit, kann Rudolf Wehner, der Gründer der Pforzheimer Uhren-Rohwerke (PUW), seinen 80. Geburtstag feiern. Er gilt in der Fachwelt als der Nestor der Uhrenrohwerkefertigung in Pforzheim. Rudolf Wehner wurde am 1.5.1899 in Dresden als Sohn eines Uhrmachermeisters geboren. Seine praktische Ausbildung erhielt er in seiner Heimatstadt durch einen Glashütter Uhrmachermeister. Gleichzeitig besuchte Rudolf Wehner die Fachschule und erweiterte außerdem sein Wissen durch das Studium von Fachbüchern. Nachdem er in Dresden zum Werkstattleiter

„Über 75 Jahre kontinuierliche Uhrenproduktion
Am Anfang stand Walter Storz. 1927 gründete er seine eigene Fabrik. Ausgangspunkt war die väterliche Großuhrenfabrik in Hornberg/Kinzigtal. Zunächst versuchte sich Walter Storz mit der Vertretung von Schweizer Kleinuhrenfabriken. 1935 entstand ein eigener Fabrikationsbetrieb in Pforzheim, zunächst drei Jahre lang in gemieteten Räumen. 1938 dann errichtete er ein eigenes Fabrikationsgebäude. Das Unternehmen wuchs. Die Marke STowa – gebildet aus den ersten Silben des Namens von Walter Storz – wurde weltweit zu einem Qualitätsbegriff. Fast am Ende des Krieges, am 23. Februar 1945, war das Fabrikationsgebäude zerstört worden. Da die Situation in Pforzheim schwierig geworden war, wich Walter Storz nach Rheinfelden aus und errichtete dort 1951 ein eigenes Fabrikationsgebäude. Unter anderem baute Stowa dort auch Stoßsicherungen (Rufa), die heute noch in vielen PUW- und Durowe-Uhrwerken ihren Dienst leisten. Parallel wurde auch das Gebäude in Pforzheim wiederaufgebaut, und die Leistungskapazität beider Betriebe wurde enorm ausgebaut. Der Exportanteil stieg auf nahezu 50 % und Stowa-Uhren erreichten rund 80 Länder der Erde. Anfang der 1960er-Jahre trat Werner Storz, der Sohn von Walter Storz, in das Unternehmen ein. Er nahm sich besonders der anstrengenden Überseereisen an. Werner Storz leitete bis ins Jahr 1996 sehr erfolgreich die Geschäfte bei Stowa, ehe er sich zurückzog und einen Nachfolger suchte. Dieser wurde in Jörg Schauer aus Engelsbrand gefunden, der seither die nie unterbrochene Uhrenfertigung der Stowa-Uhren, im Sinne des Gründers und seiner Familie, fortführt."

Zitiert aus der Stowa-Website

PORTA/PUW

Der Weg zu eigenen Werken und zu eigenen Uhren sollte für einen geborenen Pforzheimer einfach sein, so als wenn es einem im Blut gelegen hätte. Aber manche der später bekannt gewordenen Uhrenpersönlichkeiten in dieser Stadt kamen von außerhalb und benötigten erst ihre Lehr- und Wanderjahre, bis sie sich in der Stadt an Enz, Würm und Nagold einrichten konnten. Zu ihnen gehörte auch Rudolf Wehner, der erst 1926 ein Pforzheimer wurde und ausgerechnet im Jahre 1929, dem Jahr der später so genannten Weltwirtschaftskrise (7 Millionen Arbeitslose), eine alte Uhrenfirma übernahm. In der Karl-Friedrich-Straße 22, wo sich der Betrieb von Paul Drusenbaum (seit etwa 1910 Taschenuhren Marke Drusus, später auch Armbanduhren) befand, wurde der geborene Sachse Wehner nun Hausherr. Sein nächster Schritt war, zusammen mit Partnern wie den Fabrikanten Paul Dietrich und Arthur Wagner nach Firmengründung durch Fritz Wagner eine eigene Rohwerkefertigung aufzuziehen, um die ewigen Querelen mit den Werkelieferanten aus der Schweiz zu beenden. Das gelang 1933, und schon das erste eigene Produkt, ein 8 ¾ x 12''' Formwerk nach Vorbild des Eta-Kalibers 735, wurde ein (langjähriger) Erfolg. Immerhin konnte dieses mechanische Uhrwerk, später als PUW 500 bezeichnet, nur partiell aufgefrischt bis 1958 geliefert werden, wirklich ein Rekord. Die Verflechtungen von Uhrenindustrie und Unternehmern in Pforzheim zeigen sich wunderbar daran, dass die Philipp Weber Uhrenfabrik (später Arctos) bedeutende Gesellschaftsanteile an dem Unternehmen gehalten haben soll.

METALLE SIND UNSERE WELT

G. Rau, Pforzheim

TASCHENUHR-GEHÄUSEFABRIK
SPEZIALITÄT: DOUBLÉGEHÄUSE »MARKE BÜFFEL«

▶ **140 JAHRE G.RAU - von der Doublé-Fabrik zur weltweit agierenden Unternehmensgruppe in der Automobilzulieferindustrie und Medizintechnik**

G.RAU – ausgehend von der im Jahr 1877 gegründeten kleinen Presserei als Zulieferer für die Schmuck- und Uhrenindustrie hat das Unternehmen u.a. die Herstellung von Doubé weiterentwickelt und perfektioniert. Über einen Zeitraum von annährend 50 Jahren wurden zu Beginn des 20. Jahrhunderts sogar Taschenuhrgehäuse unter der bekannten „Büffel-Marke" hergestellt und vertrieben.

In den 140 Jahren seiner Existenz hat sich das Unternehmen stetig weiterentwickelt. Heute ist G.RAU ein weltweit agierender Vorzugslieferant für viele Unternehmen der Automobilzulieferindustrie, Elektronik, Elektrotechnik, Steuer- und Regelungstechnik sowie der Medizintechnik. An drei Standorten in Pforzheim sowie Niederlassungen in den USA und Costa Rica entstehen Lösungen aus innovativen Metallen - von der Halbzeugfertigung über Stanz-Biege-Teile bis hin zu komplexen Funktionsbaugruppen.

Zur Unternehmensgruppe gehören auch die in Pforzheim ansässigen Unternehmen EUROFLEX GmbH und ADMEDES GmbH - beide Marktführer in Teilbereichen der Medizintechnik.

www.g-rau.de

G.RAU GmbH & Co. KG   Kaiser-Friedrich-Str. 7   75172 Pforzheim   Tel.: +49 (0)7231/208-0   Fax: +49 (0)7231/208-7599   info@g-rau.de

Auch heute noch eine Zierde am Handgelenk: eine der wirklich schönen Uhren von Walter Storz.
Even nowadays an adornment of a wrist: One of the beautiful watches made by Walter Storz

Blickt man in das heutige Portfolio des Hauses Aristo, so ist als Erstes einmal auffällig, dass neben Uhren mit Quarzwerken besonders auch Uhren mit mechanischen Werken angeboten werden.
Hier werden ausschließlich Schweizer Produkte, zum Teil feinbearbeitet, verwendet.
Der kleine, aber feine Betrieb mit Kunden in über 50 Ländern, noch heute an der traditionellen Adresse der alten Uhrbandfirma Ernst Vollmer zu finden, hat sich schon frühzeitig dem aufkommenden Retro-Trend mit Mechanikuhren zugewandt. Produktlinien sowohl für Damen als auch für Herren, für sportliche Uhren besonders im Stil von Fliegeruhren als auch von gehoben-stilvollen Zeitmessern im eher klassischen Stil zeigen die Möglichkeiten auf, welche besonders ein kleiner Betrieb mit dem Blick auf das Zeitgemäß-Wesentliche hat.

WALTER STORZ/STOWA-UHREN/JÖRG SCHAUER/DUROWE

Schön ist es, wenn eine Uhrenfabrik sich vom Vater auf den Sohn vererbt und dieser wiederum einen jüngeren Nachfolger findet, auch wenn dieser nicht aus seiner Familie stammt, aber in seinem Sinne die „klassische" Uhrenproduktion weiterführt. Jörg Schauer, welcher sich schon seit 1990 mit der Entwicklung von neuen mechanischen Armbanduhren befasst, übernahm die alte Pforzheimer Uhrenfabrik von Walter Storz im Jahre 1996, als der Sohn und Nachfolger des 1974 verstorbenen Gründers Werner Storz altersbedingt aus der Geschäftsführung ausscheiden wollte.

Schauers Ziel war es, nicht nur einen Traditionsnamen fortzuführen, sondern auch neuzeitliche Uhren sowohl im Design der Zeit als auch in Bezug auf das angetretene Uhren-Erbe herzustellen. Dass er dazu noch Gelegenheit fand, die Werkeproduktion eines anderen Pforzheimer Betriebes (Durowe) durch Übernahme der Markenrechte im Jahre 2002 mit einzubringen, auf dessen Level eigene Uhrwerke zu konstruieren und quasi mit Stowa-Neu zu verschmelzen, zeigt schon seine Liebe und seinen Enthusiasmus zum Thema Uhren.

A line of high variety: Stowa catalogues of the fiftieths and sixtieths
Mit einem vielfältigen Programm: Stowa-Kataloge aus den 1950er- und 1960er-Jahren.

stand. Der verwandte Vorname Ariston (der Tüchtigste) war im antiken Griechenland bedeutenden Persönlichkeiten und Heerführern verliehen worden und wurde der Firma später zusätzlich geschützt.

Die Firma Julius Epple fertigte wie andere Pforzheimer Betriebe auch zuerst Produkte für die Schmuckindustrie an, um dann auf Uhrengehäuse und komplette Uhren umzustellen. Sie hatte nach der Übernahme eines frühen Werkeherstellers in den 1930er-Jahren mit eigenen Rohwerken begonnen, aber in geringerem Rahmen angesiedelt als andere Pforzheimer Hersteller. Mangels Nachfolgern musste der (wie alle Pforzheimer Unternehmen) Familienbetrieb in den 1990er-Jahren verkauft werden. Die Markenrechte wurden aber von einem Pforzheimer Traditionsbetrieb übernommen, und so können heute wieder attraktive Aristo-Modelle zunehmend auch in mechanischer Ausführung erworben werden.

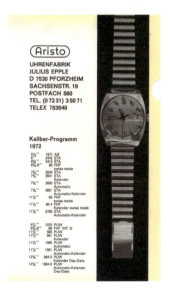

Time lapse over decades: Aristo watches always up to date
Zeitsprung über Jahrzehnte: Aristo-Uhren immer auf der Höhe der Zeit.

„Die deutsche Uhrenmarke Aristo wurde 1907 in Pforzheim gegründet von Julius Epple. Nachdem das Familienunternehmen über drei Generationen erfolgreich geführt worden war und bis Anfang der 1990er-Jahre noch 100 Mitarbeiter beschäftigte, fehlte dann ein geeigneter Nachfolger. Der Betrieb wurde an die UTW Uhrentechnik Weimar verkauft, ein Treuhandbetrieb, der leider bereits 2 Jahre später liquidiert wurde. 1998 wurde die Aristo Uhrmachertradition wieder aufgenommen durch Hansjörg Vollmer, ein Mitglied der deutschen Uhrengehäuse- und Armbandfabrikaten Familie Ernst Vollmer GmbH & Co. Hansjörg Vollmer kaufte die Marken- und Namensrechte und produziert seither mechanische Fliegeruhren und Chronographen unter Ausnützung der Synergien, die ihm das Mutterunternehmen bietet, zum Beispiel haben die heutigen Aristo Uhren „Made in Germany" Gehäuse und Bänder der Fa. Vollmer. Die Marke Aristo ist geschützt in 50 Ländern."

Mitteilung der aktuellen Firma Aristo

Die amerikanische Gesellschaft bleibt nach wie vor alleinige Inhaberin der Lacher & Co (Laco), die ihren Betrieb in von der Schweizer Gruppe vermieteten Räumen unverändert fortsetzen wird. Möglicherweise wird Laco ihr Geschäft später in ein neues Fabrikgebäude in der Pforzheimer Gegend verlegen."

Die Uhr Nr. 8, 25. April 1965

ARISTO ODER DER BESTE

Julius Epple war der Gründer einer Uhrenfabrik, die sich später wie viele Pforzheimer Betriebe auch an die neumodischen Armbanduhren wagte. Nach Tätigkeiten in der Schmuckindustrie bis hin zum Kabinettmeister machte er sich 1903 mit Seitter & Epple selbstständig, um seine eigene Firma dann 1907 einzutragen. Markenbezeichnung war JE, der schon früh geschützte Markenname Aristo, 1935 im Deutschen Marken- und Patenamt als Wort-/Bildmarke angemeldet, kam im Laufe der 1930er/1940er Jahre stärker als das alte „JE" zum Zuge, bis er aufgrund der zunehmenden Markenbedeutung in der Nachkriegszeit grundsätzlich die Zifferblätter der eigenen Uhren schmückte.

Es verwundert nicht, wenn man schon im Jahre 1907 für einen neu zugründenden Uhrenhersteller den Namen Aristo gewählt hätte, war es doch damals in den höheren Bildungsanstalten üblich, außer Latein auch Altgriechisch als Sprache der Klassiker zu lehren. So wusste man mit etwas humanistischer Bildung sofort, daß dieser Begriff so etwas wie „der Beste"/„am besten" bedeutete, also quasi für ein „aristokratisches" Niveau

Nach Stabilisierung der Wirtschaftsverhältnisse in der zweiten Hälfte 1948 plante Herr Hummel den Bau einer neuen, modernen Fabrik, welcher im Herbst 1948 bis Frühjahr 1950 zur Ausführung kam. In diesem neuen Fabrikgebäude beschäftigt die Firma Durowe zurzeit über 800 Leute. Die heutige Produktion übertrifft die Vorkriegserzeugung um mehr als das Doppelte. Bei der Nachkriegsentwicklung wurde Herr Hummel als Alleininhaber der Firma durch die Mitarbeit seiner Tochter und seines Schwiegersohnes Herrn Riecker unterstützt, sei es auf kaufmännischem oder technischem Gebiet. Die Belegschaft arbeitet in sauberen, hellen Räumen, denen hygienische Lokalitäten für Kleiderablage, Waschen und Duschen angeschlossen sind. Ein großer Aufenthaltsraum ist im Plan fertig und soll demnächst zur Ausführung kommen. Für eine Anzahl von Mitarbeitern wurden Wohnungen gebaut oder beschafft. Weitere Mittel sind dafür vorgesehen. Das Unternehmen zählt heute zu den führenden dieses Industriezweigs und trägt durch seine Produktion mit dazu bei, der deutschen Wirtschaft einerseits Devisen für den Einkauf von Rohwerken aus der Schweiz zu sparen und andererseits Devisen zu schaffen, durch den Export von Fertiguhren, die mit Durowe-Werken ausgestattet sind."

Undatierte Veröffentlichung

"Die Lacher-Geschichte.
... Alles begann mit einer Frau. Frieda Lacher hatte 1925 den Mut, gemeinsam mit ihrem Kompagnon Ludwig Hummel die Firma Lacher & Co. zu gründen. Daraus leitet sich auch der Markenname Laco ab. 1936 übernahm ihr Sohn Erich das Unternehmen und gab ihm seinen heutigen Namen.
... Auch in den 1950er-Jahren wurde weiterhin auf Qualität gesetzt und Laco etablierte sich zu Recht bei den großen renommierten Uhrenmarken.
Im Jahr 1983 schließlich, übernahm die Familie Günther das Unternehmen und gab ihm sein jetziges Gesicht. Bis heute ist es den Günthers wichtig, bei Laco die Tradition fortzuschreiben. Deshalb werden nach wie vor besondere Kleinserien aufgelegt und auch die Liebe zu mechanischen Uhren gepflegt Zu dieser Tradition gehört es aber auch, weiter Neuheiten und Besonderheiten zu entwickeln. Modellinnovationen wie die Laco-Funkuhr (1995) oder die stilprägende Abacus (1999) gelten schon heute als Klassiker von morgen. So wird die Lacher-Geschichte „Made in Germany" auch in Zukunft fortgeschrieben. "

Zitiert aus der Lacher-Website

"Durowe geht in Schweizer Besitz über
Die Timex (The United States Time Corporation of Waterbury, Connecticut USA) hat die Fabrik Durowe in Pforzheim an eine schweizerische Gruppe verkauft, welcher die Ebauches AG, Neuchatel, eine Holdinggesellschaft der Uhrenrohwerkeproduktion, angehört.
Damit übernimmt die Schweizer Gruppe den sich seit 1959 im Besitze der Timex befindlichen Betrieb für die Herstellung von Rohwerken für mechanische Armbanduhren.

Diese beachtlichen und außerordentlichen Erfolge gestatten jedoch nicht ein Ausruhen, sondern verpflichten die Firma, auch in Zukunft in der Entwicklung der deutschen Uhrenindustrie mit die Spitze zu halten und den Begriff deutscher Wertarbeit wieder in alle Welt zu tragen."

<u>„DUROWE (Deutsche Uhren-Rohwerke) L. Hummel & Co. Pforzheim</u>
Mitbegründer der Firma Durowe, die im Jahre 1933 entstand, ist der jetzige Alleininhaber Ludwig Hummel, aus Engelsbrand, Kreis Calw, gebürtig.
Herr Ludwig Hummel kam in jungen Jahren nach Pforzheim, wo er in einer Scheideanstalt kaufmännisch tätig war, um daran anschließend durch vieljährigen Aufenthalt in Belgien, England und Spanien seinen Gesichtskreis zu erweitern. Nach Beendigung des Ersten Weltkrieges kehrte er wieder nach Pforzheim zu seiner früheren Firma zurück und übernahm im Jahre 1924 eine hiesige Uhrenfabrik, welche er im Laufe der folgenden Jahre zu einem beachtenswerten Unternehmen weiterentwickelte. Die hiesigen Uhrenfabriken waren damals in den 1920er-Jahren ausschließlich auf den Bezug von Schweizer Uhrenrohwerken angewiesen, um fertige Taschen- und Armbanduhren herzustellen.
Diese völlige Abhängigkeit von der Schweiz wurde von der jungen Pforzheimer Uhrenindustrie für die Dauer als unerträglich angesehen, und so taten sich im Jahre 1933 vier Pforzheimer Fabrikanten zusammen, um in Pforzheim die erste Uhrenrohwerkefabrik zu gründen unter der Firmenbezeichnung: Durowe (Deutsche Uhren-Rohwerke) G.m.b.H.
Es wurden zunächst 50 Leute beschäftigt, und zwar unter Anleitung von Schweizer Fachkräften mit Einsatz von Schweizer Spezialmaschinen. Nach einem Jahr traten drei Mitbegründer wieder aus, und Herr Hummel führte das Unternehmen allein weiter. Die Erzeugnisse wurden von den hiesigen Uhrenfabriken verarbeitet und hatten zunächst neben den aus der Schweiz eingeführten Rohwerken einen schweren Stand. Mit der Weiterentwicklung der Qualität stieg auch die Nachfrage, und es wurde notwendig, größere Fabrikationsräume zu beziehen. Bis zum Ausbruch des Zweiten Weltkrieges stieg die Produktion von Jahr zu Jahr mithilfe von neu eingesetzten Arbeitskräften und Spezialmaschinen. Die Marke Durowe zählte zu den führenden deutschen Rohwerken.

Während des Krieges musste die Erzeugung von Uhrenrohwerken eingeschränkt werden, dafür wurden Präzisionsteile für Rüstungszwecke hergestellt. Nachdem Bombenangriffe schon im Jahre 1944 einen Teil der Fabrikationsräume beschädigt oder zerstört hatten, wodurch Verlagerungen nach anderen Räumen und Plätzen notwendig wurden, brachte der Großangriff auf Pforzheim am 23. Februar 1945 die beinahe völlige Lahmlegung des Betriebes. Nur in den auswärts verlagerten Betriebsstätten konnte die Fertigung noch notdürftig aufrecht gehalten werden. Diese auswärtigen, behelfsmäßigen Betriebsstätten bildeten nach dem Kriege den Grundstock für die Wiederankurbelung der Uhrenrohwerkefabrikation, in welcher zunächst nur 70 bis 80 Leute beschäftigt werden konnten.

Begonnen hatte alles vor einigen Jahren mit der Laco-Fliegeruhr aus dem Zweiten Weltkrieg, zu welcher sich 2005 weitere drei Reproduktionen beziehungsweise Neuaufbauten historischer Uhren gesellten. Angeboten wurden die Edition 1949, eine rechteckige Fantasie-Armbanduhr mit veredeltem Formwerk von der ehemaligen Ortskonkurrenz PUW Kal. 49.

Dazu kam eine ebenfalls rechteckige Fantasie-Damenuhr Edition 1970 mit dem PUW-Kaliber 70, sowie die Edition 1969 in runder Form mit historischem Zifferblatt nach damaligem Laco-Vorbild und einem hauseigenen runden Werk von früher.

Alle Uhren besitzen veredelte Werke und sind mit einem heute bei Replikaten nahezu selbstverständlichen Glasboden ausgerüstet. Die beiden rechteckigen Modelle waren sehr knapp limitiert, kein Wunder, bestand ihr Gehäuse doch aus 18-karätigem Gold. Dass im Jahre 2009 von einem Konkurs des kleinen, feinen Betriebes zu lesen war, erschütterte historisch interessierte Uhrenfreunde und Sammler ebenso wie potenzielle Käufer gut gemachter mechanischer Armbanduhren. Aber inzwischen kann man wieder „eine Laco" erwerben, womit der Pforzheimer Uhrenindustrie ein Klassiker erhalten bleibt.

> *„Lacher & Co. Uhren- und Uhrgehäusefabrik Pforzheim*
> *Inhaber: Ludwig Hummel*
> *Die Firma Lacher & Co., die längst auf dem Weltmarkt ein Begriff geworden ist, entwickelte sich aus einem kleinen, im Jahre 1921 gegründeten Betrieb, der in seinen Anfängen nur 13 Arbeiter beschäftigte.*
> *Dem Inhaber, Herrn Ludwig Hummel, gelang es in zäher Arbeit und durch sein im In- und Ausland erworbenes Wissen, die Firma von Stufe zu Stufe höher zu bringen. Nur einwandfreie Qualitätsarbeit wurde zum obersten Prinzip erhoben. Die Errringung der Goldmedaille in Paris 1937 war ein Beweis für die Richtigkeit des eingeschlagenen Weges, aber auch ein Ansporn, den Begriff der Marke Laco durch immer weitere Verbesserungen zu untermauern. Nicht zuletzt liegt die Stärke der Firma darin, dass sie sich ganz auf das Gebiet der Armbanduhrenfabrikation spezialisierte und so eine Gefahr der Zersplitterung von vornherein ausgeschlossen war.*
> *Der unerbittliche Verlauf des Krieges ging auch an der Firma Laco nicht spurlos vorbei. Das fast völlig zerstörte Werk konnte jedoch unter Einsatz aller Kräfte, trotz der Widrigkeiten der Nachkriegszeit im Jahre 1948 in harmonisch schöner Form mit modernsten Einrichtungen an neuer Stelle wieder errichtet werden.*
> *Im lang gestreckten, für das Stadtbild bereits charakteristisch gewordenen Gebäude fand die Firma Laco zusammen mit ihrer Schwesterfirma Durowe ihre neue Produktionsstätte. Über 1200 Menschen konnten in diesen eng verbundenen Schwesterfirmen wieder Beschäftigung finden.*
> *Elf neue, in der kurzen Zeit nach dem Kriege entwickelte Kaliber, angefangen von der 5'''-Uhr bis zum 11½'''-Automaten, zeugen von der schöpferischen Arbeitskraft des Inhabers. Und seiner Mitarbeiter. Zufriedene Kunden in fast allen Ländern der Erde und die stetig steigende Nachfrage bestätigen immer wieder die Güte der Laco-Uhr.*

als Laco Sport vorgestellt, wozu im Jahre 1957 eine Armbanduhr mit Chronometerwerk, entsprechend dem Topniveau der Schweizer Uhrenindustrie, kam. Zu nennen wäre auch ein ultraflaches Automatikwerk und natürlich die Arbeit an der elektrischen und später Quarzuhr.

Verkauft an die Schweiz: mit INT zur Weltzeit.
Sold to Switzerland: INT Global Time

Zu ergänzen bei der Laco-Geschichte wäre, dass sowohl Lacher & Co. AG als auch der Schwesterbetrieb Durowe 1959 vom Haupteigentümer Ludwig Hummel an die Firma U.S. Time verkauft wurde (Markenname ab 1969 Timex) und 1965 an die Schweizer Ebauches S.A. Gruppe weitergeleitet wurde. Dabei wurde das Firmenlogo „D in Kreisform" zeitweilig durch ein „Int" ersetzt. Laco war zeitweilig nur noch eine Art Entwicklungslabor für Quarzuhren, die wiederum in Fernost gefertigt wurden.

Aber die Geschichte geht noch weiter, denn der historische Name Durowe lebt 2004 wieder auf. Anlass war die Konstruktion eines eigenen Uhrwerks für Uhren von Jörg Schauer. Um die gehobene Qualität dieses runden 10 ½'''-Kalibers mit der Konstruktionsnummer 1140 zu demonstrieren, übernahm er für seine Werke den Pforzheimer Traditionsnamen Durowe. Selbstverständlich wird dieses seit Jahrzehnten erste neue mechanische Kaliber in Pforzheim in außerordentlicher Qualität und spezieller Verfeinerung angefertigt, wobei Kundenwünsche weitestgehend berücksichtigt werden können.

Die heutige Firma Erich Lacher in Pforzheim, seit 1983 im Besitze der Familie Günther, die 1988 auch die Namensrechte an der Marke Laco erwirbt, stellt sich nicht nur mit einer eigenen Kollektion, mit Werbeuhren bezirhungsweise Fremdlabel-Produkten dar, sie engagiert sich auch besonders auf dem Replica-Markt.

LACHER UND CO.

1921 wurde von Frieda Lacher ein kleiner Uhrenbetrieb gegründet, in den 1924 der kaufmännische Geschäftsführer Ludwig Hummel als Teilhaber eintrat. Als Markenname wurde Laco, verkürzt aus Lacher & Co., gewählt. Hummel übernahm später den Betrieb, während der Sohn von Frieda Lacher, Erich Lacher, seinen Anteil ausgliederte und später ein eigenes Unternehmen daraus machte.

Die Firma Erich Lacher existiert noch heute, als Erich Lacher Präzisionsteile GmbH & Co. KG in Pforzheim. Nach eigenen Angaben wurden von 1926 bis 1966 Teile für die Armbanduhrenindustrie hergestellt sowie Armbanduhren montiert. Als Marke wurde später „Isoma" verwendet.

A triangle shows the top: Publicity by Laco of the early years
Mit dem Dreieck an die Spitze: Laco-Werbung der frühen Jahre.

Ab 1967 konzentrierte man sich auf Branchen wie Automotive, Elektrotechnik und Dentalindustrie. Der eigentliche Uhrenbereich wurde 1980 verkauft. Heute ist der zertifizierte Betrieb hochspezialisiert in den Bereichen Automotive, Sicherheitstechnik, Elektro- und Medizintechnik.

Ludwig Hummel selbst engagierte sich auch anderweitig in Pforzheim, so übernahm er 1939 den 1894 gegründeten Betrieb der Wolff KG, die versilberte Waren herstellte, und wandelte ihn in eine GmbH um. Die Wolff KG wurde 1980 weiterverkauft.

Interessanterweise findet sich in alten Branchenverzeichnissen zeitweise dreimal der Name Lacher nebeneinander, als Lacher & Co., als Erich Lacher und als Frieda Lacher.

Die Marke Laco besaß in der Frühzeit ein rundes Logo (aufgehende Sonne über Buchstaben LACO), später kam ein reiner Schriftzug, wie früher üblich ausgeführt in Antiqua-Versalien, dem der bekannte handschriftliche Schriftzug der 1950er-Jahre folgte. Dieser prangte in ebendiesem Jahrzehnt auch auf dem groß dimensionierten Fabrikneubau.

In den frühen Jahren hatte sich Lacher & Co. noch nicht rein auf Armbanduhren spezialisiert; ebenso wie die Firma Stowa fertigte man auch schöne Taschenuhren an.

Eine der wirklich bedeutenden Leistungen des Hauses war wohl die erste deutsche Automatikuhr, schon auf der Frankfurter Uhrenmesse 1951 als Prototyp gezeigt und 1952

UHREN UND ZIFFERBLÄTTER
Richard Bethge GmbH

Firmengebäude 1946 - heute

Rassleruhr und Seckeluhr

Modell der Serie Columbus

Homepage Richard Bethge GmbH

Bethge & Söhne - Made in Germany!

"Hand-Made in Germany" - das ist seit 1939 der Anspruch der Richard Bethge GmbH in Ispringen bei Pforzheim.
Die Zifferblätter der Uhren von Bethge & Söhne entstehen fast ausschließlich in Handarbeit. Keine Maschine arbeitet so perfekt, so einfühlsam und so zuverlässig wie der Mensch.

Mit aussergewöhnlicher Perfektion, Geschick und viel Liebe zum Detail schaffen die Uhrmacher von Bethge & Söhne Uhren in zeitlosem Design und von bleibendem Wert. Bei uns findet jeder die richtige Uhr für seinen Geschmack und seine Ansprüche.

Historie

Die Geschichte der Uhrenmarke Bethge & Söhne ist geprägt durch das jahrzehntelange leidenschaftliche Streben nach Perfektion, Leistung und absoluter Zuverlässigkeit. Seit der Gründung der Firma Richard Bethge im Jahre 1939 in Ispringen durch Richard Bethge und seiner Frau Emilie sind diese Tugenden Ansporn und Verpflichtung zugleich.

Dem Pioniergeist von Richard Bethge, seinem Können und seiner Durchsetzungskraft ist es zu verdanken, dass er den Grundstein zu einer der heute ältesten deutschen Uhrenfirmen im Familienbesitz gelegt hat. Erfolgreich erkannte er die Chancen des Wirtschaftswunders und baute die Firma stetig weiter aus. In den 1960 Jahren ist die Restaurierung und Einzelanfertigung von Ziffernblättern mit ins Firmenportfolio gekommen.

Legendär sind seine Arbeiten im Bereich Fliegeruhren. Die Krönung seines Lebenswerkes ist die auf seine Initiative zurückgehende Gründung der Uhrmacherschule in Pforzheim, der er 23 Jahre als Obermeister vorstand.

Heute werden die Firmen im Bereich „Uhren" von Herrn Wolfgang Bethge und im Bereich „Zifferblätter" von Herrn Alexander Bethge weitergeführt. So ist der Fortbestand der Firma als Familienbetrieb gesichert. Diese Sicherheit schätzen sowohl Kunden als auch Mitarbeiter. Weit über 1000 Juweliere und Fachhändler weltweit, vertrauen der Qualität der Richard Bethge GmbH.

www.richard-bethge.com

Bethge & Söhne ist eine eingetragene Marke der Uhren und Zifferblätter Richard Bethge GmbH
Copyright © 2014 Richard Bethge Uhren- und Zifferblätter GmbH

lern für Großuhren. Im Jahre 1944 kam als dritter Betrieb die Firma Lucien Jeanneret hinzu. In dieser Abteilung werden Uhrsteine, und zwar Paletten und Ellipsen, hergestellt. Bei dem Großangriff auf Pforzheim wurden die Fertigungsstätten fast restlos zerstört. Unterstützt von einer Schar treuer Mitarbeiter hat der Jubilar nicht geruht, bis seine Betriebe wieder neu erstanden waren. Sämtliche drei Betriebe haben den Vorkriegsstand fast erreicht. Die Erzeugnisse sind allseitig begehrt und der Vorkriegsqualität ebenbürtig.
Neben seinen eigenen großen Aufgaben hat sich der Jubilar in reichem Maße den allgemeinen Interessen der Uhrenindustrie gewidmet. Er ist heute im Vorstand des „Verbandes der Deutschen Uhrenindustrie", dort erblickt er seine besondere Aufgabe darin, neben der Förderung der Fabrikationsbelange auch die Interessen und Sorgen des Fachgroß- und Einzelhandels zu vertreten. Seine Einstellung als eifriger Förderer des guten Einvernehmens zwischen Industrie und Großhandel hat Herrn Weber zu einem allseits gern gesehenen und geachteten Geschäftsfreund gemacht."

Neue Uhrmacher-Zeitung Nr. 14, 31. Juli 1950

From Pforzheim to Bâle: Watches by Jacob Aeschbach have become Swiss ones.
Von Pforzheim nach Basel: Jacob Aeschbachs Uhren sind nun Schweizer geworden.

„Jakob Aeschbach †
Im Alter von 65 Jahren verstarb in Pforzheim Uhrenfabrikant Jakob Aeschbach. Als gebürtiger Schweizer war er nach Pforzheim gekommen, um am 1. April 1923 zusammen mit Philipp Weber die Firma Weber & Aeschbach zu gründen. Dieses Unternehmen war der erste Remontagebetrieb in Pforzheim, nachdem bis dahin nur fertige Schweizer Werke eingeführt worden waren. Bis 1930 wurden die Pforzheimer Uhrenfabriken von dieser Firma mit Werken beliefert. Nach 1932 ging sie auch zur Herstellung von Fertiguhren über. Im Jahre 1941 zog sich Fabrikant Jakob Aeschbach aus kriegsbedingten Gründen aus der Firma zurück, um in der Schweiz einen eigenen Betrieb zu gründen. Erst vor wenigen Jahren ließ er sich wieder in Pforzheim nieder, um hier seinen Lebensabend zu verbringen. Jakob Aeschbach war ein vorzüglicher Fachmann mit hervorragenden Kenntnissen. Er hat maßgeblich dazu beigetragen, daß die Goldstadt auch zur Uhrenstadt geworden ist."

Deutsche Uhrmacher-Zeitschrift Nr. 12/1961

Nachdem der Gründer Weber 1962 gestorben war, übernahm sein Sohn das Unternehmen. Weber war in der Deutschen Gesellschaft für Chronometrie durch seine Taschenuhrensammlung bekannt und berühmt geworden. Diese wurde von seinem Sohn noch zu Lebzeiten an die Sparkasse Pforzheim-Calw weitergegeben, die außer Ausstellungen auch eine Buchveröffentlichung darüber initiierte (1997). Arctos schloß etwa 1995 den Betrieb.

The last Arctos programme of the nineties, originating from swiss know-how and Pforzheimer thoroughness.
Das letzte Programm: Arctos in den 1990er-Jahren. Für die Elite: Arctos-Armbanduhr aus den 1930er-Jahren. Entstanden mit Schweizer Know-how und Pforzheimer Gründlichkeit.

Die alte Firma Arctos ist heute wiedererstanden oder besser gesagt: Ihr Name wird von einem kleinen Betrieb namens Arctos Elite wieder genutzt (Marke 2004 beziehungsweise 2005 angemeldet). Dessen eigentlicher Initiator war laut Unternehmensselbstdarstellung der Sohn eines früheren Arctos-Betriebsleiters. Angeboten wird eine Marine-Taucheruhr im klassischen Design, wie heute üblich von einem Automatikwerk angetrieben.

Auch die Nato-Felduhr befindet sich, wie schon früher, wieder im Programm.

> „Arctos-Uhren
> <u>Philipp Weber sechzig Jahre alt.</u>
>
> *Am ersten August feiert Philipp Weber, Alleininhaber der Firmen Philipp Weber, Uhrenfabrik, Pforzheim, A. Steudler & Co. Uhrteilefabrik, Pforzheim, Lucien Jeanneret, Uhrsteinefabrik, Pforzheim, seinen 60. Geburtstag. Seit erstem April 1923 ist der Jubilar in der Uhrenindustrie tätig. An diesem Tage wurde die Firma Weber & Aeschbach gegründet, die seit 1941 unter dem Firmennamen Philipp Weber von ihm allein weitergeführt wird. Sein Unternehmen entwickelte sich aus kleinsten Anfängen heraus zu einer der bedeutendsten Uhrenfabriken, deren Erzeugnisse unter den Marken „Arctos", „Arctos-Elite" und seit Anfang 1949 auch „Arctos-Parat" sich im In- und Ausland des besten Rufes erfreuen. Die Tochterfirma A. Steudler & Co. wurde dem Betrieb 1935 angegliedert. Sie befasst sich in der Hauptsache mit der Herstellung von Gangpartien für Armbanduhren beziehungsweise Gangreg-*

ren, Sport- und Clipuhren einen verwöhnten Kundenkreis gesichert, der sich über ganz Deutschland erstreckt und auch heute wieder gern die von der Firma entwickelten Neuheiten aufgreift. In der Einführung der Clipuhren war die Firma führend. Sie hat ihre Clipmodelle sogar in die Schweiz – ein Kuriosum für dieses Uhrenland – exportiert. Im Krieg wurde das Unternehmen total zerstört, aber mit Tatkraft wieder aufgebaut und damit die frühere hohe Leistung erreicht."

Neue Uhrmacher-Zeitung Nr. 13, 30. November 1949

ARCTOS

1923 gründete Philipp Weber, von Haus aus Kaufmann, zusammen mit dem Schweizer Uhrentechniker Jakob Aeschbach in Pforzheim eine Uhrenfirma. Diese gedieh und wuchs, gehörte aber zu den Betrieben, die selbst nie eigene Rohwerke herstellten. Arctos, wie das Unternehmen sich später nannte (angeblich war dieser Name schon bei Gründung von Weber eingetragen worden, ist aber im Markenverzeichnis des Deutschen Patent- und Markenamtes erst mit Datum 1970 beziehungsweise als Arctos Parat mit Datum 1951 zu finden), verwendete aber immer erstklassige Qualitätswerke aus deutschen und Schweizer Werkstätten. Dazu gehörten neben Pforzheimer Rohwerken besonders auch Glashütter Werke und die Sicherung solcher Lieferungen durch Anteilserwerb an dem Hersteller Urofa. Das sah konkret so aus, dass Weber die Urofa 1932 durch Erwerb von 20 Prozent der Aktien wohl vor dem Konkurs gerettet hat und dafür zum stellvertretenden Aufsichtsratsvorsitzenden bestellt wurde. Sein Partner Aeschbach wurde Mitglied des Aufsichtsrates. Beide, sowohl die Fa. Arctos als auch die spätere Schweizer Firma von Aeschbach, sicherten sich genügende Mengen des „klassischen" Kalibers 58/581, des berühmten Raumnutzwerkes.

For distinguished ladies: A fine golden diamond bracelet watch. Decorative luxury products were made in the "Goldstadt" Pforzheim. Classicals inspire modern time measuring instruments
Für vornehme Frauen – die vornehme Brillantarmbanduhr. Schmückender Luxus aus der Goldstadt Pforzheim.
Arctos-Katalog von 1963: mit der antiken Klassik auf zu klassischen Zeitmessern.

BLUMUS-UHREN MÜNCHEN/PFORZHEIM

Adolf Blümelink junior war der Gründer dieses Münchner Betriebes mit Gründungsdatum 1919, dessen Adresse sich zuletzt in der alten Innenstadt befand. Zwischen offiziell 1924 und vermutlich den späten 1980er-Jahren wurden Uhren gefertigt. Rohwerke und Einzelteile wurden nicht selbst hergestellt. Die Firma kaufte – wie bei den meisten Betrieben üblich – Teile ein und verarbeitete diese zu ganzen Uhren. Zumindest bei den letzten aus den 1980er-Jahren wurden Schweizer Werke (ETA oder ähnliche) verwandt. Auf dem Zifferblatt war „Blumus Geneve" aufgedruckt. Die Firma fungierte außer der eigentlichen Uhrenfirma auch als „Vertrieb von Schweizer Präzisions-Uhren". Anhand eines Erhebungsbogens für Herstellungsbetriebe, ausgegeben von der Industrie- und Handelskammer wegen Eintragung in das Handelsregister (die Firma wollte sich insoweit umbenennen, als der Namenszusatz „jun". entfallen sollte) vom 28.3.1958 erfahren wir Genaueres über das Unternehmen:

> „In unserer Branche sind wir eine mittelgroße Uhrenfabrik, selbst bedeutende Schweizer Uhrenfabriken haben einen weit geringeren Umfang und entsprechend niedrigeren Ausstoß."

Hergestellt wurden ausschließlich Armbanduhren. Die Geschäftsräume beinhalteten circa 420 qm, davon entfielen auf Büro circa 60, auf Werkstätten und Warenlager circa 360 qm. Das Geschäftsvermögen belief sich auf etwa 200.000 DM. An Umsätzen wurden erzielt im Jahr 1957 1.200.000 DM, im Januar 1958 17.000 DM, im Februar 1958 80.000 DM und im März 1958 137.000 DM. Beschäftigt wurden acht kaufmännische Hilfskräfte, ein leitender technischer Angestellter, 30 handwerklich gelernte Arbeitskräfte, fünf Lehrlinge und vier festangestellte Handlungsreisende. Die Herstellung erfolgte in Serien, wobei als Stückzahl der einzelnen Serien 100 bis 500 Stück angegeben wurde. Der Monatsausstoß betrug circa 3000 bis 4000 Stück. Gearbeitet wurde sowohl auf Individualbestellung als auch auf Vorrat. Rund zehn Arbeitsgänge waren für die Fertigung nötig.

1982 wurde die Firma nach Pforzheim verlegt, wobei das Geschäft offenbar von den beiden Gesellschaftern Rolf Nonnenmacher und Theodor Keller weitergeführt wurde. Der Name Nonnenmacher kommt uns durchaus bekannt vor, denken wir nur an die Pforzheimer Firma Kano, auch Kanoco, geleitet von Karl Nonnenmacher.

Ein anderer Nonnenmacher, nämlich Theodor, war der Inhaber einer bekannten Armbanduhrenbänderfabrik. Aus dieser Familie stammte auch noch ein anderer Herr Nonnenmacher, der als Schriftsteller bekannt wurde.

1987 lesen wir dann im Pforzheimer Adressbuch „Blümelink Adolf, Inh. Heinz Enghofer".

> *„30-jähriges Geschäftsjubiläum der Uhrenfabrik Adolf Blümelink jr. München*
> *Die Uhrenfabrik Adolf Blümelink jr. in München, St. Martinstraße 76, feiert in diesen Tagen ihr 30-jähriges Geschäftsjubiläum. Die Firma hat sich in der Herstellung besonders aparter Muster von Damen- und Herren-Armbanduh-*

KURZPORTRÄTS EINZELNER UNTERNEHMEN

(Auswahl bedeutet keinerlei Wertung)

ALP

Hier handelt es sich nicht um einen Alptraum, sondern um den Neubeginn der Uhrmacherdynastie Lange & Söhne, ausgerechnet in Pforzheim, wo sonst!

Nach der Flucht aus Glashütte kam Walter Lange, Urenkel des Firmengründers, in Memmelsdorf bei dem Betrieb von Ernst Kurtz unter, der als ehemaliger Geschäftsführer der Glashütter UROFA eine neue Uhrenproduktion im Westen aufbauen wollte. Zusammen mit seiner Frau zog es Lange dann in die nach schwerer Kriegszerstörung wieder im Aufschwung befindliche deutsche Uhrenstadt Pforzheim, wo sein Bruder schon bei der PUW Arbeit gefunden hatte.

Walter Lange schlug sich in Pforzheim recht und schlecht durch, so arbeitete er bei Lacher & Co. (Laco), während seine Frau, die ebenfalls vom Fach war, bei der Werketochter von Laco, Durowe, tätig wurde. Laco diente Walter Lange auch als Grundstock für neue Lange-Uhren, denn wie er in seiner Autobiographie „Als die Zeit nach Hause kam" berichtete, orderte er bei Durowe jeweils 100 Stück Werke und Gehäuse, remontierte sie zusammen mit seiner Frau zu Hause nach Feierabend – am Küchentisch – und versuchte diese dann gemeinsam mit seinem Bruder unter dem Namen ALP für „A. Lange Pforzheim" zu vertreiben. Nachdem die Geschäftskontakte zur Fa. Altus, dem Schweizer Vorkriegslieferanten für Armbanduhrwerke, wieder aufgenommen worden waren, konnte die Lange'sche Vertriebsorganisation in Deutschland komplette Armbanduhren unter dem Signum „Lange vorm. Glashütte" anbieten.

Lange-Taschenuhren sollte es nach Meinung des Bruders Ferdinand Lange auch wieder geben. Er schmiedete in den 1960er-Jahren eine Kooperation mit der renommierten Schweizer Uhrenfabrik International Watch Company (IWC). Auf Zifferblatt und Werk fand sich der prestigeträchtige Text „A. Lange vormals Glashütte", dennoch wurde kein Erfolg daraus.

Dass dann ausgerechnet zusammen mit der IWC die berühmte Uhrenmarke A. Lange & Söhne in den 1990er-Jahren wiederauferstehen konnte, hätte in der Nachkriegszeit niemand geglaubt.

„Gersi", „Ormo", „Weka", „Ehr",
„Rika", „Schultz" und noch viel mehr.
„Habmann", „Castan", „Gengenbach",
Kraut, dem wird's im Magen schwach.

„Comos", „Seitz", „Speck", „Schaufelberger"
Oh, dem armen Kraut wird's ärger.
„Näher", „Wiener", „Bethge", „Jäckle",
'ne Fabrik an jedem Eckle.

„Ermi", „Gama", „Merkle", „Zoll",
fraglich, ob die Liste voll.
Kraut hat aber abgewunken,
einen großen Schnaps getrunken,

Trank, bis dass er fern und nah
nur noch Fabrikanten sah.
Eines hat er klar erkannt:
Pforzheim ist zwar abgebrannt,
doch es schafft trotz der Ruinen,
um mit Uhren zu verdienen.
                    Balduin"

Neue Uhrmacher-Zeitung Nr. 13, 15. Juli 1950, Seite 418

(Henri Sternberg, 1905–1967, war ein jüdischer Uhrmacher und ein Original an sich. Der gebürtige Berliner ließ sich nach seinen Wanderjahren in Pforzheim nieder, wo er jahrzehntelang die Uhrmacherei ausübte. Außerdem beschäftigte er sich mit Graphologie und Lyrik. Er überlebte wie durch ein Wunder die Nazizeit und begann nach 1945, seinen Berufsstand, dessen Sitten und Gebräuche durch kleine Gedichte unter dem Pseudonym „Balduin" regelmäßig zu beleuchten. Diese wurden auch in Buchform veröffentlicht.)

Für den kultivierten Geschmack: niveauvolle Damenuhren made in Pforzheim.
For the cultivated taste: High level ladies watches made in Pforzheim
Photo: Alexander Piaskovy.

Schweiz). Von Pforzheim in die Schweiz, das ist der aktuelle Stand des nunmehrigen Uhrenherstellers MHO unter der Marke Antoine Martin.

Mehr und mehr Firmen findet man heute unter anderen Stichwörtern wie „Hightech" oder „Präzisionstechnologie" wieder, genannt seien nur Unternehmen wie G. Rau Innovative Metalle, Forestadent (sogar mit eigenem Kanal auf YouTube), Beutter Premium Präzisions-Komponenten, TR systems Systembereich Unidor, Erich Lacher Präzisionsteile und Prefag Carl Rivoir, gegründet 1954 als Fabrik für Präzisionskleinteile, heute unter Stichworten wie Automobilbau, Automatisierungstechnik, Luftfahrtanwendungen oder Medizingeräteindustrie auffindbar. Interessanterweise gab es allein zwei Uhrenhersteller mit dem Namen Rivoir, Marken „Exita" und „Comos". Der Seniorchef Carl Rivoir fand sich sogar 1992 anlässlich seines 97. Geburtstages im Goldenen Buch der Stadt Pforzheim verewigt.

„Die Pforzheimer Uhrenindustrie
Eines Tages hat sich Kraut
Pforzheim gründlich angeschaut,
wo man jetzt, fast über Nacht,
wieder Armbanduhren macht.

Fast aus jedem zweiten Haus
kommt ein Uhrmacher heraus,
und beinahe, Wand an Wand,
liest man: „Uhrenfabrikant".

Kraut, der dieses alles sah,
stand zuerst ganz komisch da;
er hat schließlich rausgebracht,
wer dort alles Uhren macht:

Zwar weiß er nicht, wer ist Erster?
Ist es „Durowe", ist's „Förster"?
Ist die „PUW" von Wehner
Oder ist die „Kasper" schöner?

Zweimal „Epple", „Becker", „Bauer".
Ach, die Wahl wird einem sauer.
„Laco", „Stowa", „Henzi-Pfaff",
„Schätzle-Tschudin", „Wagner", „Raff",

„Arctos", „Beha", „Berg", „Provita",
„Begu", „Kasta" und „Exita".
„Metzger", „Burger", „B-C-P",
Kraut, dem tut der Kopf schon weh.

Joining together increases sales: Sales promotion by the groups Parat and Regent
Zusammenschluss fördert Umsatz: Verkaufsförderung durch Parat (Bereit) und Regent (Herrscher).

PFORZHEIM HEUTZUTAGE – VON EDLEN ZEITMESSERN HIN ZUR PRÄZISIONSTECHNOLOGIE

Viele traditionsreiche Hersteller existierten auf dem Papier, das heißt im Telefonbuch oder im offiziellen Branchenverzeichnis, noch recht lange, so fand man im Jahre 1989 Arfena, Exquisit, Cito, Bergana, Formatic, Habmann, Mars, Para, Zico. Im Jahre 2000 las man im Markenverzeichnis des Pforzheimer Adressbuches von Aristo, Raff (Para), Habmann, Hanagarth, Lacher (Laco), Raisch & Wössner (Ormo), Ziemer (Zico), Seitz (Sepo), Waldhauer, Zinner (Juta), Eugen Siegele (Eusi), Richard Bethge (ErBe), Eugen Bauer Nostrabauer (Nostra), Hermann Friedrich Bauer (HFB). Das Telefonbuch hielt auch noch andere Namen bereit. Aber von Jahr zu Jahr fanden sich weniger Eintragungen darin, oder die Briefe an die angegebenen Adressen kamen wegen Unzustellbarkeit zurück ...

Geht man heutzutage in die aktuelle Musterausstellung „Schmuckwelten" im neuaufgebauten historischen Industriehaus, kann man wieder schöne Armbanduhren mit mechanischem Antrieb bewundern. Auch Golduhren, die Spezialität der Branche, sind dabei. Unter anderem findet man dort Uhren von Egon Hummel, Ernst Mitschele (Ermi), H.F. Bauer, Hansjörg Vollmer (Aristo) sowie Paul Raff (Para, Pallas).

Spezialitäten auf hohem Niveau fertigte der kleine Familienbetrieb von Martin Braun, in der Nähe von Pforzheim gelegen. Beeinflusst von der langjährigen Tätigkeit seines Vaters Karl Ch. Braun im Uhrensektor wurde Martin Braun nach diverser qualifizierter Ausbildung vom Fachmann auf dem Gebiet der Uhrenrestauration und -aufarbeitung über die Station seiner bekannten Uhrenseminare ab dem Jahre 2000 zum eigenen Uhrenproduzenten. Mechanische Uhren mit besonderen, teils noch nie dagewesenen Komplikationen waren das Thema dieser kleinen feinen Manufaktur, wie etwa die „Selene". Bei Martin Braun gab es sogar ein eigenes Werk im Programm, möglich geworden durch die Integration in die Schweizer Franck-Muller-Gruppe mit Sitz in Obwalden (deutschsprachige

Echte Präzision erreicht man nur,
wenn man sein Handwerk versteht.

Wie wir seit 110 Jahren.

www.forestadent.com

In den 1950er-Jahren entstand die Epora-Gruppe, eine Gründung der Uhrenfirma Otto Epple (Eppo). Als Mitgliedsfirmen wurden ausgewiesen Beha, Eppo, Gama, Exita, Sepo, ASP, W (Ernst Wagner), Sappho (Friedrich Wilhelm Wagner) und Otimeo. Fünf verschiedene Werke konnten angeboten werden.

1970 kam auf Betreiben von Hans Schöner, damals Geschäftsführer und Leiter einer Werbeagentur, die Pallas-Gruppe zusammen, nachdem die größeren Firmen erkannt hatten, dass eine Kooperation statt Alleingängen besser für den Umsatz wäre. Zu ihr gehörten außerdem noch Eppo, Exquisit und Adora. Nach Aussagen von Otto Epple senior gehörten als Kooperationspartner zu Pallas außer seiner Marke Epora noch Bechthold und Härter (Beha), Otto Wiemer (Otimeo) und die Fa. Wagner. Pallas hielt sich etwa zehn Jahre. Allerdings konnte der Autor im Frühsommer 2005 in einem Uhrengeschäft neue Uhren mit dem Markennamen Pallas entdecken. Die Erklärung: Bei Para figuriert dieser Begriff heute als Submarke.

Ergänzend dazu noch der Hinweis, dass die Firma von Paul Raff (Para) schon um 1938 auf der Rückseite einiger ihrer Uhren den Helm der antiken Göttin Pallas Athene und den Namen Pallas eingravieren ließ. Möglicherweise diente diese Idee aus der Vorkriegszeit später der neuen Verkaufsgruppe als Vorlage?

> *„Während 1969 unter der Bezeichnung Pallas 525.000 Uhren die Werke verließen, werden es 1975 1,36 Millionen sein. Im gleichen Zeitraum ist aber die Kleinuhrenproduktion im gesamten Bundesgebiet nicht gewachsen. Der Pro-Kopf-Umsatz der Pallas-Beschäftigten beläuft sich heute auf 90.000 DM. In der übrigen Uhrenindustrie liegt diese Zahl bei 54.000 DM. Insgesamt beschäftigen die sieben „Pallas"-Betriebe 720 Mitarbeiter."*
>
> Gmünder Tagespost, 15. November 1975

1965 kam noch die Unidor-Gruppe dazu, in welcher sich die Unternehmen Gebr. Kuttroff, Schätzle & Tschudin (Marke Favor), Kiefer und Glauner & Epp zusammengefunden hatten. 1966 ging diese Vereinigung in das Portefeuille des Hauses Thurn & Taxis über.

Im Deutschen Patent- und Markenamt wurde die 1965 (Wortmarke) beziehungsweise 1970 (Wort-/Bildmarke) angemeldete Marke 2006 beziehungsweise 2010 aus dem Bereich Uhren (Produktgruppe 14) gelöscht, denn heute heißt das Unternehmen TRsystems, Systembereich Unidor und bezeichnet sich selber als den „Pionier für integrierte Pressen-Automation", womit wir wieder einmal den gelungenen Übergang von der Uhrenherstellung in die moderne IT-/Automationstechnik – sprich Präzisionstechnologie – in Pforzheim vorfinden.

Die letzte und aktuelle Gruppe deutscher Uhrenhersteller heißt Regent. Zu ihr gehören auch Firmen, die eigentlich schon geschlossen wurden, deren Namen aber von jungen Betrieben wiederbelebt wurden. Die Idee dabei war, dass Uhrengroßhändler, die Pallas damals nur halbherzig mitmachen wollten, weil Hersteller diktieren könnten, wie das am Beispiel Junghans schon geschehen war, selber den Pallas-Service kopierten, indem sie die Regent-Gruppe erfanden.

wurde zu Epifo, und Otto Epple Zylinder hieß dann Otezy. Dass Philipp Weber seinem später sehr bedeutenden Betrieb den Markennamen Arctos spendierte, zeugte von einem gewissen Humor, denn im Lateinischen heißt der Braunbär Ursus arctos, wobei Letzteres wiederum die Bärin oder auch der Norden, die Nacht bedeutet. Waren seine (und die seines Partners Aeschbach) Uhrenkonstruktionen stark wie ein Bär, oder wie man heute sagen würde, wie „eine starke Frau", die Bärin? Alles bemerkenswerte Beispiele für die ungehemmte Kreativität der Pforzheimer Unternehmer!

Davon abgesehen wurden viele Markennamen schon in der Praxis angewendet, als eine Warenzeichenanmeldung im Markenregister des Deutschen Patentamtes (heute DPMA) noch gar nicht stattgefunden hatte. Tatsächlich sucht man viele Marken vergeblich in den Annalen des Patentamtes, obwohl sie jahrzehntelang auf Zifferblättern und in Prospekten zu lesen waren.

Zum Schluss noch Durowe: Die Deutschen Uhren Rohwerke Konstruktionswerkstätten, wie der Firmenname dieser Lacher-&-Co.-Schwester komplett lautete, machten aus ihrem Namenskürzel fast ein Programm, so folgte auf Durowe der Duromat als Bezeichnung für das Automatikwerk, es gab Duroflex, Duro-Swing und nicht zuletzt Durobloc, selbst einen Duro-Shock hatte man im Programm, worunter sich die hauseigenen Stoßsicherungen verbargen.

Apropos Namen: Viele einmal eingeführte Markennamen wechselten von ihrem ursprünglichen Namensgeber irgendwann einmal zu einem anderen Uhrenbetrieb und schmückten dessen Produkte beziehungsweise die Markenrechte wurden nach Ableben des alten Unternehmens an ein neu gegründetes verkauft.

UHRENFAMILIEN IN PFORZHEIM

Jedem seine Uhrenfabrik, so scheint das Motto in der Stadt an der Enz gewesen zu sein, folgt man den Branchenbüchern von früher. Ob Bauer, Becker, Bischoff oder Epple, Kohm, Merkle, Nonnenmacher, Schätzle, Stahl, Wagner oder Wolf, jeder wollte oder musste mal einen Uhrenbetrieb gründen, ihm vorstehen oder der familiäre Nachfolger werden. Familiäre Verbindungen von Uhrendynastie zu Uhrendynastie scheint es ohne Ende gegeben zu haben. Auch heute noch tauchen dem Uhrenhistoriker bekannte Namen immer wieder irgendwo im Pforzheimer Umfeld auf.

VERKAUFSGRUPPEN AUS PFORZHEIM

Als erster Zusammenschluss deutscher Uhrenhersteller wurde 1949 in Pforzheim die Parat-Gruppe gegründet. Die Parat-Werbung des Jahres 1949 nennt vier Mitgliedsfirmen (Berg, Arctos, Para und Osco), zu denen sich ein Jahr später auch die Firma Stowa gesellte.

„QUALITÄTSKONTROLLE FÜR ARMBANDUHREN

*In unserer Nr. 8 wurde mitgeteilt, dass die Erzeugnisse der in der „Epora"
zusammengeschlossenen acht Fabriken einer neutralen Qualitätskontrolle
unterworfen sind, die sich sehr vorteilhaft auswirkte. Jetzt üben sämtliche
zwölf Kontrollstellen in der Schweiz ihre Tätigkeit aus.*

*Seit dem 1. September 1960 ist die Qualitätskontrolle für alle Mitglieder der FH
obligatorisch. Bis zu jenem Datum hatten sich 206 Uhrenfabrikanten
freiwillig der Kontrolle unterzogen. Heute beträgt ihre Zahl 394. Parallel mit
diesem Anwachsen der Zahl der Fabrikationsbetriebe hat sich die Anzahl der
zur Qualitätskontrolle vorgewiesenen Uhren beträchtlich erhöht. Waren es zu
Anfang des Jahres noch 110.000, so zählte man im September bereits 320.000.*

*In diesem Zusammenhang taucht die Frage auf, wann die Vorarbeiten für die
allgemeine deutsche Qualitätskontrolle abgeschlossen werden."*

Deutsche Uhrmacher-Zeitschrift Nr. 11, November 1961

NAMENSGEBUNG IN PFORZHEIM

Bei Pforzheimer Uhren findet man noch sehr spät, nämlich bis in die späten 1940er-Jahre hinein, namenlose Produkte. Einige wenige Hersteller dagegen gaben ihren Produkten schon in den frühen 1930er-Jahren einen eigenen (Fantasie-)Namen, unabhängig von der eigentlichen Firmenbezeichnung, die meist schlicht den oder die Namen der Firmeneigner trug. Diese Namen lassen sich oft in der Art eines Anagrammes oder ähnlicher einfacher Wortspiele zerlegen und geben damit einen Hinweis auf den Urheber. So ist aus Walter Storz Stowa geworden, aus Bechthold und Härter entstand Beha. Lacher und Co. verkürzten sich zu Laco, Paul Raff mutierte zu Para, Gustav Bauer nannte seine Marke Guba, und Karl Rexer kürzte sich Karex ab. Dass aus Bernhard Förster irgendwann die Uhrenmarke Foresta wurde, war für den Lateiner fast zu erwarten gewesen. Ermi erklärt sich aus Ernst Mitschele, Robert Metzger hieß Rome, G.A. Müller wurde zu Gama, German Sickinger als großer Betrieb firmierte als Gersi, Becker und Grupp nannten sich Begu, Richard Bethge firmierte als Erbe, Albert Bührer verkürzte sich zu Albü, Karl Nonnenmacher bezeichnete seine Produkte mit Kano, während Karl Habmann als Kaha zu lesen war. Seine Uhren werden manchmal mit denen der Marke Koha (Ernst Kohnen) aus dem schwäbischen Ellwangen verwechselt. August Hohl nannte sich Aho (nicht zu verwechseln mit AH = Albert Hanhart aus dem Schwarzwaldort Gütenbach), Wilhelm Kirschner Wilki, Walter Kraus Weka, und aus Felss und Co. wurde quasi latinisiert Felsus. Diese Systematik könnte man noch erheblich weiterführen (siehe auch die Herstellerliste). Der alteingesessene Betrieb der Familie Epple verwandte nach seiner Zweiteilung durch Vererbung an zwei Söhne sowohl den eingeführten älteren Markennamen Aristo (Julius Epple), während der andere Zweig von Otto Epple mit dem offiziellen Gründungsdatum 1943 daraus Eppo machte. Epple in Form

Rückseite im Gegensatz zu den üblichen glatten Rückseiten. Diese, aus 20 Mikron Vergoldung hergestellt, besitzt eine senkrechte Linienstruktur, aus welcher das alte Laco-Logo in Form einer mit Strahlen aufgehenden Sonne im Kreise heraussticht. Manchmal sind diese Rückseiten auch als „20 Mikron Spezial" bezeichnet.

Übrigens ist das Qualitätsniveau der frühen vergoldeten Uhrengehäuse aus Pforzheim beeindruckend. Allgemein üblich war es zu diesen Zeiten (etwa gegen Anfang bis Mitte der 1930er-Jahre), auf den Rückseiten „10 Jahre Garantie" einzugravieren oder aufzustempeln.

Teilweise findet man das auch auf frühen Schweizer Gehäusen, nur wurde hier „Garanti" geschrieben. Wenn man sich vorstellt, dass diese Gehäuse heute um die 70, 80 Jahre alt sind, so ist die Erhaltung der 20 Mikron Goldbeschichtung exzeptionell gut.

QUALITÄTSPRÜFUNGEN

1955 wurde das deutsche Uhren-Prüfungsinstitut an der TH Stuttgart, dort eng verbunden mit dem Institut für Uhrentechnik, Zeitmesskunde und Feinmechanik, eröffnet. Analog zu den Schweizer Qualitätsprüfungen für Uhren in Chronometerqualität drängte in den frühen Nachkriegsjahren die Firma Junghans auf eine ähnliche Qualitätszertifizierung. Zuerst wandte man sich an das Deutsche Hydrologische Institut in Hamburg, bis dann in Stuttgart eine entsprechende Meßstelle nebst angegliedertem Forschungsinstitut eingerichtet werden konnte. Ursprünglich war die Stelle für echte „Chronometer" gedacht, wie sie später außer Junghans auch andere deutsche Hersteller wie Bifora, Laco, Porta und sogar Kienzle (!) anboten. Später, als die durchschnittliche Ganggenauigkeit der meisten deutschen Uhren ein höheres Niveau erreicht hatte, wollten auch die anderen Hersteller von diesem Zertifikat profitieren.

Von den Pforzheimer Firmen ließ zuerst die Firma Otto Epple (Eppo) mit ihrem geschützten Markenzeichen für die besseren Qualitäten „Epora" eine Prüfung vornehmen und warb auch ausführlich damit. Später, in den 1960er-Jahren, veröffentlichten die Fachblätter regelmäßig die Ergebnisse der vierteljährlich vorgenommen Prüfungen an den eingereichten Uhren.

Wenn man sich als Beispiel einmal die Liste der eingereichten und positiv überprüften Uhren des vierten Vierteljahrs 1965 anschaut, dann finden sich unter den überprüften Marken nur drei nicht in Pforzheim ansässige Hersteller, die anderen 24 stammen alle aus der deutschen Uhrenhauptstadt.

Zusätzlich wurden in einer erleichterten Prüfung auch Stiftankeruhren und Uhren mit Roskopfwerken überprüft, hier reichten vier Firmen, nämlich Eppler, Emes, Hirsch und Kienzle ihre Uhren ein, dagegen bot nur eine einzige Firma Uhren mit einfachen Roskopfwerken an, das war die heute noch bestehende Münchener Firma von Richard Eichmüller (Handelsname Re-Watch).

VERÄNDERUNGEN NACH 1945

Nachdem sich die Pforzheimer Uhrenindustrie kontinuierlich nach oben entwickelt hatte und sowohl den größten Teil des deutschen Bedarfes gedeckt als auch bedeutenden Exportumsatz gemacht hatte, gab es kurz vor Kriegsende eine Zäsur. Pforzheim, hier insbesondere die Altstadt, wurde bei einem Luftangriff noch in den letzten Kriegstagen verheert, ohne dass dieser Angriff der RAF irgendwie kriegsentscheidend hätte sein können.

Eine Dokumentation anhand inzwischen aufgefundener Archivunterlagen zeigte auf, dass nur die eminent brennbare Altstadtstruktur einen Grund gegeben hatte, da die Produktion kriegswichtiger Technik weitgehend ausgelagert war.

Dass dabei von den 1938 katalogisierten 200 denkmalwürdigen Gebäuden im Bereich des historisches Stadtkerns nach dem Wiederaufbau nur etwa vier übrig blieben, zeigt die ganze Sinnlosigkeit des Krieges.

Dieser Bruch führte zu einem verzögerten Neubeginn. Gleichzeitig sorgte das auch für eine Bereinigung oder Umstellung der Hersteller, denn viele neugegründete Firmen drängten auf den Markt, viele alte Hersteller dagegen hatten aufgegeben oder umstrukturiert. Ein anderer Punkt waren die Erbfolgeregelungen. Besitzerwechsel bedeuteten oft auch Produktionsumstellungen. Viele deutsche Gründerfirmen aus dem Armbanduhrensektor wurden später von Newcomern überholt, die nach 1945 eine wichtige, sozusagen tradierte Rolle spielen konnten. Dagegen blieben die ursprünglichen, frühen Hersteller meist unbedeutend und sind heute vergessen.

PRODUKTIONSNIVEAU

Die meisten Hersteller in Pforzheim produzierten für den Massengeschmack und -geldbeutel. Einige wenige setzten sich durch spezielle Serien davon ab und lieferten bessere Ware.

Auch die Sub-Bezeichnungen spiegelten dies wider, so etwa <u>Elite, Extra, Auslese, Favorit, Dukat, Klasse, Super, Select.</u> Paradoxerweise lieferten manche Hersteller ihre einfachste Ware unter gehobenster Bezeichnung, so bot zum Beispiel die Pforzheimer Firma Ernst Wagner Uhren namens „Extra W" an. Bedauerlicherweise handelte es sich bei dieser „Extra-Kost" um eine Uhr mit Zylindergang, also um die billigste Werkekonstruktion.

Bei den Uhren bedeuteten die Sonderqualitäten nur, dass es nicht unbedingt goldene Gehäuse sein mussten. Stattdessen spendierte man den Rohwerken einen Zierschliff, und oft erhielten die Sperrräder den Namen des Herstellers und/oder eine fiktive Kalibernummer eingraviert.

Manche Firmen hatten noch weitere Besonderheiten im Programm, so findet man auf alten Gehäusen von Laco (vorzugsweise auf Formgehäusen) eine schön fein gravierte

Entirely glued PUW watches - end of a trauma (destruction of the city on 23.02.1945)
Ausgeglühte PUW-Uhren blieben vom Trauma übrig: Zerstörung Pforzheims am 23.Februar 1945.

Neuanfang auf 16 qm: Alfons Doller wagt es als einer der Ersten.
New beginning on 16 m² - Alfons Doller is among the first ones who dared!

Womit sich für Sammler und Liebhaber die Frage ergäbe, wo diese Gehäuseformen nach der sogenannten Wende verblieben sind. Hier tut sich also für Forscher und Wissbegierige eine neue Welt auf – wer entdeckt die vielen historischen Gehäusevorlagen des wohl bedeutendsten Herstellers wieder, um damit den historischen Stücken in unserem Besitz wieder ein neues/altes Gewand geben zu können?

DIFFERENZIERUNG DER PFORZHEIMER HERSTELLER

Nachdem es hier schon in der Nachkriegszeit, in den 1920er-Jahren, eine beachtliche und zunehmende Anzahl lokalisierbarer Uhrenfirmen gab, entwickelten sich daraus im Laufe der 1930er-Jahre einige wenige Betriebe zu beachtlicher Größe, die auch im Ausland bekannt wurden. Zu ihnen gehörten Laco (Lacher & Co.) mit seiner Werke-Tochter Durowe, Porta mit seiner Werke-Tochter PUW, Arctos (Weber & Aeschbach), Para (Paul Raff), Stowa (Walter Storz), und Aristo (Julius Epple). Eppo (Otto Epple) mit seiner Werke-Tochter Otero gehörte in der späteren Zeit auch dazu.

PRODUKTION IN DER KRIEGSZEIT

Dass in dieser Zeit vornehmlich Militäruhren hergestellt wurden, ist nur eine Aussage und ein Aspekt. Obwohl viele Hersteller auf Rüstungsaufgaben verwiesen, die sie durchführen mussten, wozu feinmechanische Apparate und Teile, Kabelbäume für Messerschmitt-Flugzeuge, Messgeräte und primär Zünder gehörten, gab es dennoch sowohl Firmenneugründungen im Kriege (Otero, 1943 oder 1944) als auch weiterhin (inoffiziell?) eine Uhrenfertigung im normalen Bereich. Das ist eindeutig durch Uhrmachermarkierungen in Gehäusen dieser Zeit zu dokumentieren. Bei der Uhrenproduktion standen natürlich die nach einheitlichen Vorgaben gefertigten Dienstuhren für das Militär im Vordergrund, bei denen es sogar spezielle Entwicklungen (etwa von PUW) gab. Diese normierten Armbanduhren mit ihrem schwarzen Zifferblatt wurden wegen des immensen Bedarfs von fast jedem deutschen Hersteller produziert. Daneben gab es auch Taschenuhren und Stoppuhren für den Kriegseinsatz, wobei sich auch Torpedo-Laufzeituhren anfinden, beispielsweise von der Fa. Ernst Wagner hergestellt.

Bird's-eye view to the spacious Laco architecture
Ohne Drohne: die großzügige Laco-Architektur in der Vogelschau.

Geht man etwas weiter aus der Innenstadt heraus, so steht man vor dem Technischen Museum der Uhrenindustrie, untergebracht in dem erhaltenen Gebäude des bedeutenden Gehäuse- und Uhrenherstellers Kollmar & Jourdan. Dieser durch seine Kachelverkleidung beeindruckende Bau von 1902, später erweitert, beherbergte einstmals eines der größten Unternehmen aus der Uhrenbranche, ursprünglich als Uhrkettenfabrik gegründet. Später wurde K & J zu einem der drei oder vier wirklich bedeutenden Gehäusehersteller. Das lockte bei dem Konkurs des Betriebes (1978) auch die DDR-Uhren- und Schmuckbetriebe an, die sich schon bei einem Vorab-Deal mit dem Konkursverwalter Werte für über 700.000 DM sicherten, dabei auch das eingetragene Warenzeichen mit erwarben und bei der eigentlichen Auktion sämtliche Werkzeuge für die Fertigung inklusive etwa 10.000 Schmuckmustern und 2000 Uhrengehäuseformen übernahmen.

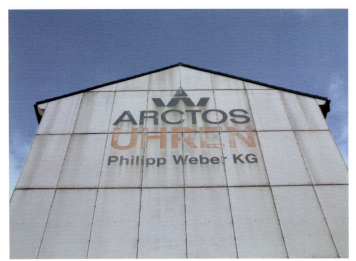

The "Golden years" were supported by publicity. Having a find gets more and more difficult for the watch "archaeologist"
Gut sichtbare Uhrenwerbung betont die goldenen Jahre: Fundstücke für den Uhren-„Archäologen" werden immer rarer.

SPAZIERGÄNGE IN PFORZHEIM

Besucht man heutzutage Pforzheim, so fallen auf den ersten Blick keinerlei uhrenbezogene Aspekte auf. Auf den zweiten Blick findet sich vereinzelt noch eine Häuserwandreklame, ein Blechschild an einem Haus oder sogar ein ganzes großes Industriegebäude, komplett leer stehend und zu vermieten. Letzteres ist das Gebäude von Porta Rowi Microelektronic. Hier, in diesem Nachkriegsbau, befand sich der bedeutende Gehäusehersteller, der dank großen Geschickes bis zuletzt überleben konnte.

Die Geschichte von Rowi ist in den letzten Jahren eng verflochten mit der Firma PUW/Porta als bedeutendem frühem Rohwerkehersteller. Trotz langjähriger erfolgreicher Produktion und für Pforzheimer Betriebe ungewöhnlicher Größe ging diese Firma 1990 in Schweizer Besitz über. Die Uhren-Holding SMH konnte so den letzten Pforzheimer Werkehersteller schlucken.

Optically dominant: The outstanding Rowi Building in Bleichstraße
Optisch beherrschend: das dominierende Rowi-Gebäude in der Bleichstraße.

Die Firma wiederum hatte aber 1988 mit Rowi den letzten großen Gehäusehersteller übernommen. Nachdem SMH den PUW-Betrieb stillgelegt hatte, übernahm der letzte Geschäftsführer von Rowi 1991 den vereinigten Betrieb. 1997 konnte man in der Lokalpresse wohl die letzte Nachricht über Rowi lesen, findet sie aber heute wieder verzeichnet, denn Rowi ist auch im Zuge der Pforzheimer Präzisionstechnologie wieder stark im Aufwind.

Ein Branchenrelikt von beeindruckendem Umfang ist die Porta-Uhrenfabrik, ebenfalls ein Nachkriegsneubau, inzwischen von der Uhrenherstellung verlassen. In den 1990er-Jahren übernahm die Schweizer Uhrenindustrie hier die Herrschaft (und stellte damit die Dominanz Schweizer Uhren über den ewigen deutschen Konkurrenten überdeutlich dar). Und mit einem gewissen Humor muss man die Tatsache betrachten, dass ausgerechnet das Finanzamt ein weiteres Nachkriegsgebäude okkupierte, nämlich die beeindruckend moderne Werksanlage der Firma Lacher & Co.

ICKLER
UHREN + UHRGEHÄUSE SEIT 1924

LIMES   ARCHIMEDE   DEFAKTO   AUTRAN & VIALA

ICKLER GMBH - HIRSAUERSTR. 214 - 75180 PFORZHEIM - WWW.ICKLER.DE - 0049-7231-9729-0

So finden wir in unserem Falle einen Kaufmann (Autran) und zwei Uhrmacher (Christin und Viala), äußerst unternehmungslustige Herren aus Frankreich und der Schweiz und als ihren Gegenpol einen Fürsten und seine Frau.

Und ebendieser Fürst, der badische Markgraf Karl Friedrich, kam in Kontakt mit dem ursprünglich aus Orange in Frankreich stammenden Schweizer Unternehmer François Autran, welcher schon in Lörrach eine Uhren-„Fabrique" errichten wollte, aber dann das Gespräch mit dem hohen Herrn suchte. Dieser hatte eigentlich keine „merkantilistischen" Ansichten, wie man damals die freie Geschäftstätigkeit lange vor der industriellen Revolution nannte, und wollte das Unternehmertum außerhalb der engen Zunftgrenzen nicht besonders fördern. Er setzte eher auf „physiokratische" Erwerbswirtschaft, sprich Erzeugung aus der gegebenen Natur, und versuchte so zum Beispiel mit einer Seidenraupenzucht wirtschaftliche Erfolge zu erzielen. Wie man lesen konnte, wurde er aber offensichtlich von seiner fortschrittlichen Gemahlin Karoline Luise zum Besten gedrängt oder besser bewegt.

Es kam tatsächlich zu einem „Agreement", wie man heute sagen würde, und eine Manufaktur zur Erzeugung von Taschenuhren (und später zusätzlich von feinen Stahlwaren in geschmückter Ausführung) wurde gegründet. Damit entstand mehr oder weniger per Zufall, wie es im Leben oft so ist, die Grundlage für die spätere Industriestadt Pforzheim mit ihrer Schmuck- und Uhrenindustrie, eine Stadt, in der sich um 1800 schon diverse Betriebe tummelten. Autran, in Pforzheim eingedeutscht Johann Franz Autran genannt, holte sich später noch weitere Gesellschafter dazu, so den Engländer Ador für den Schmucksektor (feine Stahlwaren, Schmuck aus Eisen, galten als britische Spezialität) und den Schweizer Paul Preponnier. Resultierend daraus trennte man schon ein Jahr nach der Gründung den Schmuckbereich (Bijouterie) von der eigentlichen Uhrenfertigung. Diverse Kabinette entwickelten sich zwischen 1787 und 1800 als eigenständige Subunternehmen (eher Manufakturen als Fabriken), wozu der in Pforzheim eingeführte Begriff des „Kabinettmeisters" passt.

Der Uhrenteil erwuchs erst viel später zu neuer und größerer Blüte, während durch die neue Gewerbefreiheit als Ausstieg aus den Fesseln der mittelalterlichen Zünfte die Bijouteriebranche blühte und gedieh. So soll es 1857 30 Schmuckbetriebe gegeben haben, deren Anzahl dann gegen Ende des 19. Jahrhunderts rapide wuchs, nicht zuletzt, weil hier erschwingliche Produkte für das während der Industrialisierung zu Geld und Vermögen gekommene Bürgertum gefertigt wurden.

Das Waisenhaus: Von diesem frühen Unternehmen der Pforzheimer Leitbranche blieb nach der Zerstörung am 23. Februar 1945, kurz vor Kriegsende, nichts mehr erhalten – oder doch? Am heutigen Waisenhausplatz befindet sich noch ein längerer Mauerrest, welcher wegen seiner grob behauenen Steine äußerst altertümlich wirkt, aber zu einem erst Anfang des 19. Jahrhunderts errichten Zusatzflügel gehört. Dort sollte der Besucher des Startpunkts der einstmals so bedeutenden Schmuck- und Uhrenindustrie gedenken, aus welcher sich in den letzten Jahrzehnten glücklicherweise etwas Neues, nämlich die Pforzheimer Präzisionsindustrie, entwickelt hat.

Historische Grundlage: das Waisenhaus (links) als Keimzelle der Goldstadt-Industrie.
Historical base: The Pforzheim orphanage – nucleus of the "Goldstadt" Industry

Artistic transformation: Ruins of the orphanage
Künstlerische Umsetzung: Trümmer dort, wo das Waisenhaus stand.

Ursprünglich kam die Uhrenindustrie aus Frankreich und verlagerte sich dann aus politischen Gründen Richtung Schweiz. Dort, in den kleinen Tälern des Schweizer Jura, siedelten sich einerseits Uhrmacher/-händler/-handwerker an, andererseits führte das harte Leben der Bauern, die in den einsamen Wintermonaten jedoch zur Untätigkeit verdammt waren, in den kleinen Tälern zur Heimarbeit. Teile von Uhren und später ganze Uhren wurden angefertigt, ähnlich wie es sich später im Schwarzwald mit seiner ähnlichen Charakteristik des Bauernlebens ergab.

Manche dieser frühen Uhrenunternehmer würde man heute als umtriebige, ja windige Typen bezeichnen und von ihnen lieber keine Gebrauchtwagen kaufen, wie der Volksmund sagt.

ARMBANDUHREN AUS PFORZHEIM

URSPRÜNGE IN PFORZHEIM

Anläßlich des 250-jährigen Jubiläums der Pforzheimer Uhrenindustrie lohnt sich ein Blick zurück. Der Gründungsmythos des römischen „Portus" führt uns über etliche Jahrhunderte hinweg zum spätmittelalterlichen Pforzheim mit seinem Stadtkern und seinen vielen Sandsteinbauten, getrennt in Altstadt und Neustadt. Einige der historischen Gebäude konnte man in den letzten Jahren bei Ausgrabungen im Stadtgebiet anhand ihrer Fundamente zumindest erahnen.

Von oberhalb, vom Schlossberg, schaute das Stadtschloss des Hohen Herrn auf seinen kleinen Residenzort herunter. Noch im 11. Jahrhundert gehörte Pforzheim zu den salischen Besitzungen, ging an die Staufer und kam dann durch Heirat, wie damals dynastisch üblich, an die Welfen. Um 1220 hatten die badischen Markgrafen den nach heutigen Begriffen kleinen Ort erhalten, nachdem er durch Heirat quasi als Mitgift in die Hände ihres Hauses gelegt worden war, und sie verließen ihn auch zeitweilig wieder. Als Residenzort wurde er erst um 1535 genannt.

An bedeutendem Gewerbe gab es damals die Flößerei, nicht zuletzt wegen des immensen Holzbedarfs der holländischen Werften ein jahrhundertelanges gutes Geschäft, dazu Holzhandel, Gerber, Tuch- und Zeugmacher. Das auf alten Ansichtskarten festgehaltene Au-Viertel mit seinen stattlichen, fast romantisch aussehenden Gebäuden in Ufernähe zeugte bis zur Kriegszerstörung 1945 von der Blüte des Flößereigewerbes, während manche Straßennamen noch heute an die alten Handwerkerviertel erinnern.

Dort, wo heute das Stadttheater dominiert, also nahe an der Enz und damit zu damaligen Zeiten außerhalb der Stadtmauern, befand sich eine frühe sozialpolitische Einrichtung, das Waisenhaus, ursprünglich ein Kloster der Dominikanerinnen. Um 1250 war das Kloster des Magdalenenordens gegründet worden, gegen 1282/87 übernahmen es die Dominikanerinnen.

Nach der Zerstörung durch Brand zu Beginn des 15. Jahrhunderts wurde es wieder aufgebaut und 1565 zum Pforzheimer Spital umgewidmet. Zucht- und Arbeitshäuser zum Beispiel für die vielen „Vaganten" waren in deutschen Landen damals ein großes Thema, und so entstand aus dem Spital 1718 das Pforzheimer „Toll- und Waisenhaus".

Hier sollten elternlose Kinder auf ein selbstständiges Erwerbsleben vorbereitet werden. Dass dies ausgerechnet durch die handwerkliche Erzeugung von Uhren vorgenommen wurde, ist einer der großen Zufälle in der Geschichte der deutschen Uhrenindustrie.

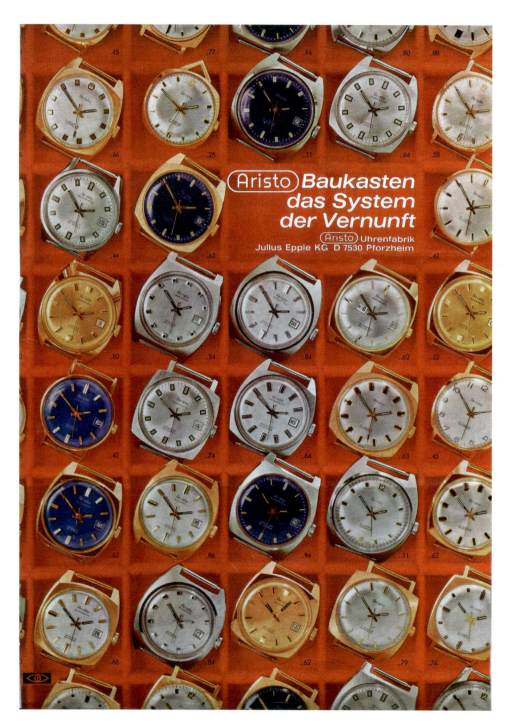

Möglichkeiten ohne Ende: der Aristo-Baukasten, anno 1966.
Endless possibilities: Aristo building kit, anno 1966

Futuristischer Kontrast zur schönen neuen Quarz-Welt: die Aristo Scheibenuhr mit Digital-Automatic.
Futuristic contrast to the fine new quartz world: Aristo disk watch with digital automatic

MIT DEM BÜFFEL IN DIE PRÄZISIONSTECHNOLOGIE

Einer der bedeutenden (und heute noch im metallverarbeitenden Bereich tätigen) Gehäusehersteller Pforzheims, die 1877 gegründete Firma Gustav Rau mit ihrem Markenzeichen, dem „Büffel", scheint nur außerordentlich wenige (und damit heutzutage äußerst rare) Armbanduhren gefertigt zu haben, hat aber ihre wunderbaren Taschenuhrengehäuse für überraschend viele Schweizer Hersteller von Rang und Namen gefertigt. Etwa um 1952 war mit diesem Produktionszweig endgültig Schluss. Eine Spezialität der frühen Jahre bei Rau war es, Gehäuse aus Walzgold – Plaqué oder auch Doublé genannt, also mechanisch, nicht galvanisch goldbeschichtete Uhren – nicht in der damals allgemein üblichen Dicke von 20 Mikron zu fertigen, sondern 40 Mikron aufzulegen. Auf diese Uhrengehäuse bot man folglich auch „20 Jahre Garantie" an. Der Sammler kann sogar frühe Taschenuhren mit dem „Büffel" finden, in deren Inneren er einen Hinweis auf eine 50 (!) Mikron Beschichtung entdeckt, für die eingravierte 25 Jahre Garantie angeboten wurden. Um das noch zu überbieten, hier nur der Hinweis auf gerade eruierte Rau'sche Taschenuhrengehäuse in 80 Mikron Goldauflage.

Gustav Rau – a pioneer of rolled gold production - a good name in Pforzheim

Doublé-Vorkämpfer: Gustav Rau, noch heute ein Begriff in Pforzheim.

Hier bietet sich vielleicht der dezente Hinweis darauf an, dass heutige goldbeschichtete Uhren 10, oft sogar nur 5 Mikron Auflage besitzen ...

Um die Leistungen dieses Unternehmens für die Uhrenindustrie zu bewahren, entstand in Laufe mehrerer Jahrzehnte in Bayern von privat eine der größten Spezialsammlungen Deutschlands mit Taschenuhren, Armbanduhren und weiteren Produkten.

Die heutige Firma G. Rau in Pforzheim ist ein bedeutender Zulieferer für die Bereiche Automotive, Elektronik, Elektrotechnik, Steuer- und Regelungstechnik und Medizintechnik, womit sie einiges mit anderen überlebenden Betrieben aus der ehemaligen Uhrenbranche gemein hat.

In die Westentasche: Pforzheimer Taschenuhren für den Herrn, ca. 1920–1950. Julius Epple (JE/später Aristo), Stowa, Laco, no name, Herma, sehr frühe Kollmar & Jourdan. 10-steiniges Zylinderwerk (JE), alle anderen 15-steiniges Ankerwerk. Zifferblätter zeigen die Stilveränderungen. Fotos: Alexander Piaskovy.

In the waistcoat pockets: Gents pocket watches made in Pforzheim between 1920 and 1950. Julius Epple, later Aristo, Stowa, Laco, No Name, Herma, very early Kollmar & Jourdan with a 10-jewels cylinder movement, all others with 15-jewels lever movements. Dials show the permanent change of styles (Photo: Alexander Piaskovy)

Aesthetics by constructive criticism – most modern decors of back seen in a catalogue of Max Bischoff, 1922
Ästhetizismus dank Konstruktivismus: modernstes Rück-Dekor im Katalog Max Bischoff, 1932.

Ausgenommen haben wir hier die wenigen Spitzenfirmen, alle in Glashütte beheimatet, wie zum Beispiel A. Lange, Julius Assmann, Dürrstein, Kasiske oder Tutima, deren Taschenuhrenproduktion mit eigenen Ankerkalibern mengenmäßig kaum ins Gewicht fiel und meist schon frühzeitig beendet wurde.

Die Uhrenfirma Ruhla aus der DDR bot hier im Westen über Jahre auch ihre recht hübschen Taschenuhren (meist mit schwarzen Zifferblättern ausgestattet) an. In ähnlicher Stiftankerqualität waren schon die Ruhla-Vorläufer, die alten Thiel- beziehungsweise UMF-Taschenuhren zu haben. Kaiser fertigte Ähnliches, auch Emes (Fa. Müller-Schlenker), Hanhart, Würthner und natürlich in großer Menge Kienzle. Einige Stiftankerwerke für Taschenuhren kamen auch von Junghans. Zylinderwerke boten Favor, Kienzle und Exact (Fa. Schepperheyn) an. Taschenuhrhersteller ohne eigene Werkefertigung gab es in den frühen Jahren um 1900 bis etwa 1930 diverse in Deutschland, meist kleinere, später verschollene Firmen.

Nachdem in den letzten Jahren also Armbanduhrwerke einige Taschenuhren angetrieben hatten, konnten so auch Firmen wie zum Beispiel Bifora, Eppo oder Para plötzlich Taschenuhren (vielleicht im Zuge der damaligen Nostalgie-Welle?) anbieten, Firmen, die so etwas nie gezeigt hatten.

Folgt man Prospekten der letzten Jahre, so lieferten auch diverse Pforzheimer Firmen Taschenuhren aus, so zum Beispiel die Firma Stowa (Fa. Walter Storz), die aber schon von Anfang an Taschenuhren im Fertigungsprogramm hatte (von denen heutzutage erfreulicherweise immer mal wieder ein Exemplar auftaucht).

Heutzutage finden sich im Programm der Vertriebsgruppe Regent auch (wieder) Taschenuhren, die aber üblicherweise nur von einem einzigen Hersteller, der Fa. Habmann in Pforzheim, gefertigt werden. Eine bedeutende Sammlung antiker Taschenuhren wurde von Philipp Weber, Inhaber der Firma Arctos, zusammengetragen und befindet sich heute in der Obhut der Sparkasse Pforzheim-Calw, die auch eine Buchveröffentlichung darüber initiierte.

Interessanterweise fertigten auch Firmen Taschenuhren, die offiziell und nach eigenen Angaben eben gar keine herstellten. Das dürfte damit zusammenhängen, dass manche Uhrenfirmen schon in den frühen Jahren (1920er-Jahre) gegründet wurden, eben um die neumodischen Armbanduhren gewinnversprechend in den Handel zu bringen, dass sie aber gleichzeitig noch übliche Kunden mit Taschenuhren bedienen wollten. Erst im Laufe der 1930er-Jahre schreiben viele Hersteller in ihren eigenen Unterlagen von einer definitiven Spezialisierung auf nur Armbanduhren.

bügel befestigt. Solche Uhren trug man dann entweder in der Hosentasche oder vorzugsweise in der kleinen Uhrentasche, die am Hosenbund angebracht war und nichts mit den üblichen beiden großen Hosentaschen zu tun hatte. Sichtbar war damals also beim korrekt angezogenen Herrn nur das Chatelaine, welches unter dem Hosenbund hervorlugte. Damit zeigte man seine modische Einstellung an.

Der Umbruch von der Taschenuhr zur Armbanduhr hatte in den 1920er-Jahren begonnen, und schon etwa Mitte der 1930er-Jahre sind in den Katalogen sehr viele Armbanduhren, aber zunehmend immer weniger Taschenuhren zu sehen. Taschenuhren wurden aber sowohl bei den Pforzheimer als auch bei den Schwarzwälder Herstellern lange weitergefertigt, noch in den letzten Jahren der großen Pforzheimer Hersteller sind Taschenuhren im Programm aufgeführt. Die allerletzten Modelle wurden dann mit Quarzwerken bestückt. Gott sei Dank steht das dann meist auf dem Zifferblatt angeschrieben. Spätere Taschenuhren (etwa 1960er- bis 1980er-Jahre) besitzen oft nostalgisch anmutende Gehäuse, meist mit eleganten Rückseiten-Dekors in Art-déco-Manier, entlarven ihre Innereien aber oft durch das Fehlen der eigentlich obligaten Kleinen Sekunde und durch eine stattdessen vorzufindende Zentralsekunde. Manchmal fehlt die Sekunde ganz. Das alles ist ein eindeutiger Hinweis darauf, dass im Inneren ein <u>Armbanduhrwerk</u> seinen Dienst verrichtet.

Das würde uns ganz allgemein zu der Frage führen, wer denn überhaupt Taschenuhrwerke in Deutschland herstellte. Nur wenige Firmen waren das, die meisten Hersteller deutscher Taschenuhren wie auch die Großhandelsfirmen (Zentra und andere) behalfen sich mit dem Einbau Schweizer Kaliber, zuletzt meist nur noch von Unitas. Eigene Ankerwerke gab es von Junghans, Kienzle, Favor (Fa. Schätzle und Tschudin) und Thiel. Als früher Hersteller fungierte die Firma von Paul Drusenbaum in Pforzheim, die ihre mit eigenen Ankerwerken ausgerüsteten Taschenuhren unter dem Handelsnamen Drusus-Uhr oder Drusus vertrieb. Daneben gab es noch ein Gilde-Kaliber.

"Buffalo" made in Pforzheim: Drusus watch – absolutely right
„Büffel" made in Pforzheim: Die Drusus-Uhr liegt goldrichtig.

futuristische Rumpler-Tropfenwagen, verwertet wurde (im Sinne des Wortes, denn die letzten, damals ihrer ästhetischen und technischen Exzentrik wegen unverkäuflichen Fahrzeuge fanden im Film ein unrühmliches Ende quasi als Brandbeschleuniger), sondern in dem der Protagonist der Szene (Fritz Rasp alias „der Schmale") als modern dargestellt wurde durch eine Nahaufnahme von seinem Handgelenk. Dort zeigte er nämlich eine (frühe) Armbanduhr – soll heißen, nur altmodische Personen trugen noch Taschenuhren.

Bei Prominenten wie Politikern etwa wissen wir oft, wer früher welche Uhr trug beziehungsweise diese als Präsent erhielt. Das bezieht sich aber meist auf ausländische Personen. Über deutsche Träger ist wenig bekannt geworden; dass einmal eine Art-déco-artige Schmuckuhr aus dem angeblichen Besitz eines gewissen Heinz Rühmann versteigert wurde, mag Zufall sein. Ein ergiebiges Forschungsgebiet wäre dieses Thema allemal ...

Durch die Renaissance klassischer Uhrenformen und von Komplikationen, welche die eher technisch-nüchternen Uhren der letzten Jahre abgelöst haben, haben sich auch die Tragegewohnheiten verändert. Damen trugen jahrzehntelang recht kleine, technisch eher einfach gehaltene, dafür im Dekor meist auffälliger, schmuckmäßiger gehaltene Armbanduhren.

Nach dem Boom der Plastikuhren à la Swatch fand in den letzten Jahren ein Wandel hin zu Armbanduhren in Herrengröße für Frauen statt, während die Herrenuhren immer größer (und optisch/technisch immer komplizierter) wurden. Außer Uhren mit Quarzantrieb finden sich auch wieder vermehrt welche mit mechanischem Kraftwerk, oft solche von eher unbekannten neuen Herstellern, ausgerüstet mit eigentlich unbezahlbaren Komplikationen bis hin zum Tourbillon. Ein Schelm, wer dabei Richtung Asien denkt ...

TASCHENUHREN

Taschenuhren liefen bei vielen Herstellern nach dem Ansteigen der Armbanduhrenproduktion nur noch so nebenbei mit, nachdem die Taschenuhr für Herren jahrzehntelang das passende, repräsentative „Outfit" dargestellt hatte. Ihre Optik richtete sich nach den Zeit-Trends, die Ausführung wechselte von der „klassischen" Savonette-Taschenuhr mit drei Deckeln (vorn, hinten und Zwischendeckel für das eigentliche Werk) zur modernen Variante ohne schützenden Deckel über dem verglasten Zifferblatt (Lepiné). Der sogenannte Sprungdeckel (also am Gehäuse per Scharnier befestigte und per Druckknopf am Gehäusebügel zu lösende Deckel) wurde auf der Rückseite durch einen nur noch eingepressten Deckel ersetzt. Außerdem wurde es seit den 1920er-Jahren üblich, solche „offenen" Armbanduhren, die auch wesentlich flacher gestaltet sein mussten, als sogenannte „Frackuhren" nicht mehr in der Westentasche zu tragen. Später kam auch noch die Mode dazu, diese flacheren Taschenuhren in der Reverstasche eines Sakkos per Knopflochkette zu tragen. Taschenuhren wurden etwa um 1935 als Mode nicht mehr per üblicher Kette, eingehängt am Knopfloch einer Weste, getragen, sondern man liebte jetzt die sogenannte Durchzugkette. Ein weiterer Modeaspekt war das sogenannte Chatelaine, ein dekoratives metallenes Anhängsel, direkt am Frackuhr-

WER VERKAUFTE ARMBANDUHREN UND WER TRUG SIE?

Uhrengeschäfte finden sich heutzutage in unseren Großstädten überwiegend in den Fußgängerzonen der Innenstädte, in Kaufhäusern, in Einkaufszentren und in geringer Anzahl noch in den Vorstädten. In kleineren Orten, wo es früher auch mehrere Geschäfte gegeben hatte, schon allein deshalb, weil der Uhrmacher gut von den diversen, damals üblichen Reparaturen leben konnte, hielt sich meist wenigstens ein Geschäft bis in die heutige Zeit.

Die Anzahl der kleinen Uhrengeschäfte früher war beachtlich, folgt man allein den Zusammenstellungen in Uhrmacher-Adressbüchern und dergleichen. In manchen städtischen Straßen gab es allein mehrere Geschäfte, jeder Vorort besaß diverse, und selbst auf Dörfern war der Uhrmacher unabdinglich nötig.

Watch retailer's responsibility: After guaranty much repair work means a secondary income
Der Einzelhändler haftete: Viel Reparaturarbeit nach der Garantie sicherte einen lukrativen Nebenverdienst.

Ein Einblick in diese offeriert aber auch Beachtenswertes, so findet sich 1949 in München (Schumannstr. 51) der Laden eines gewissen Emil Maurice. Das sagt Ihnen nichts?

Nun, Maurice war in den frühen Jahren in München der persönliche Fahrer Adolf Hitlers gewesen. Nach dem Selbstmord von dessen Nichte Geli Raubal und einer vermuteten Beziehung von ihr zu M. wurde dieser aus dem Amt getrieben und widmete sich wieder seinem eigentlichen Beruf als Uhrmacher. Seine Spezialität laut Nachkriegs-Anzeige waren (bedauerlicherweise) elektrische Uhren.

Alte (UFA-)Filme und Wochenschauen aus den 1930er- und 1940er-Jahren zeigen uns oft, wie zu erwarten, bei den dargestellten Personen die rechteckige Armbanduhr am Handgelenk; selbst im U-Boot trug der Kommandant nicht, wie zu vermuten gewesen wäre, eine runde Militär-Dienstuhr am Handgelenk, sondern eine modische Rechteckuhr, ausgerüstet mit schwarzem Zifferblatt, versah ihren Dienst und wurde pflichtgemäß abgelichtet.

Gehen wir noch früher zurück, in die Zeiten der epochalen deutschen Frühwerke des Films, so stoßen wir vielleicht auf eine Szene aus dem berühmten Fritz-Lang-Film „Metropolis" (1927 präsentiert), in welchem nicht nur die damalige Avantgarde des Automobilbaus, der

110 Jahre Pforzheim

1907–2017

ARISTO VOLLMER GMBH
Uhren und Metallband-Manufaktur
Erbprinzenstraße 36 • D-75175 Pforzheim
Tel. 07231-17031 • Fax 07231-17033
info@aristo-vollmer.de • www.aristo-vollmer.de

WAS IST EINE DEUTSCHE ARMBANDUHR?

Dieses Thema wird kontrovers diskutiert. Für den Liebhaber bieten sich hier verschiedene Sammelansätze an:

1) Bekannte Marken
   (etwa Junghans, Kienzle, Laco, Stowa, Para, Bifora)
2) Unbekannte Marken
3) Uhren ausschließlich aus dem Schwarzwald
4) Uhren aus der Hauptstadt der deutschen Uhrenindustrie, aus Pforzheim
5) Uhren aus anderen Gebieten
6) Deutsche Gehäusehersteller
   6 a) Deutsche Gehäuse für Schweizer Uhren
7) Namenlose Uhren mit deutschem Werk
8) Uhren eines bestimmten Zeitraumes
9) Uhren einer bestimmten Stilrichtung oder mit einer bestimmten Ausstattung
10) Uhren mit bestimmten Werken (Werkarten oder Werkhersteller)
11) Uhren aus bestimmten Materialien
    (Nickel/Chrom/Edelstahl, Gold/Gold-Doublé)
12) Sogenannte Marriagen („Hochzeiten", Mixturen aus unterschiedlichen Gehäusen und Werken/Zifferblättern)
13) Uhren mit eingravierten Widmungen
    (von Paten, zu Firmung, Konfirmation, Jubiläum und Ähnliches)

WAS WURDE PRODUZIERT?

Frühe Armbanduhren wurden oft mit Zylinderwerken ausgestattet. Dann folgten Ankerwerke, beide üblicherweise aus der Schweiz, bis eigene deutsche Werke verfügbar waren.

Die Gehäuse bestanden aus Silber, Nickel, Nickel-Chrom und Gold-Doublé, nach der Herstellungsmethode auch Walzgold genannt. Seltener wurden Massivgoldgehäuse angefertigt. Übrigens findet man fast ausschließlich 14-karätige Gehäuse, 18-karätige wie in der Schweiz wurden offenbar nicht hergestellt. Manchmal wurden Silbergehäuse verchromt, um das Anlaufen und das „lästige Schwärzen der Hände" zu vermeiden. Auch ein Materialmix wie „Tombak" wurde später oft verwendet.

Stiftankerwerke wurden zum größten Teil erst nach dem Zweiten Weltkrieg angeboten. Hier taten sich Billiganbieter hervor, so Emes, Kaiser, Isgus, Palmtag, Würthner und andere. Der langjährige Hauptlieferant für Stiftankeruhren war Kienzle, wo man sich erst in den späten Jahren um 1970 auf klassische Ankerwerke besann, diese dann aber in der Schweiz einkaufte.

Zweitens führte die sogenannte Wende mit der Einbeziehung der ehemaligen DDR in das Bundesgebiet zum Wiederentdecken alter Traditionen. Der nur noch unter Kennern und Historikern bekannte Ort Glashütte in Sachsen wurde zum Kernpunkt der Wiedergeburt qualitätsvoller deutscher Armbanduhren. Mit ihrer Durchsetzung auf dem Markt konnten quasi in ihrem Windschatten nun kleinere Hersteller den Durchbruch wagen. Armbanduhren „Made in Germany" wurden langsam wieder denkbar und konnten sich außerhalb solcher Firmen- und Markengrößen wie Junghans und Dugena positionieren.
Aktuell sieht es so aus, dass immer neue Anbieter auf den Markt der Uhren mit „klassischem" mechanischem Antrieb drängen, man kann regelrecht von einer Retro-Welle sprechen. Diese Uhren selber müssen heute offenbar als Standard mindestens einen Automatikantrieb besitzen, aber gefragt zu sein scheinen auch Komplikationen aller Art wie zum Beispiel Chronographen, Weltzeituhren und Anzeigen für alle möglichen Angaben.

Forscht man dann nach, wo diese Firmen meist unbekannten Namens ihre Uhren fertigen lassen, so entdeckt man fast wie zu erwarten kleine Werkstätten im Schwarzwald, genauer im Umkreis von Pforzheim, wo sich offenbar Stück für Stück wieder eine „neue" Uhrenindustrie mit Anspruch ansiedelt. Wobei sich nebenbei gesagt noch die Frage ergibt, wer denn die mechanischen Werke für diese neuen „Schmuckstücke" am Handgelenk fertigt. Deutsche Hersteller dieses Genres gibt es ja bis auf ein oder zwei neue eigentlich keine mehr ... Bleiben also nur der Ferne Osten oder die Schweiz.
Mechanische Uhrwerke aus letzterem Land wie die „klassischen" ETA- oder Valjoux-Produkte werden oft verfeinert, finissiert, wie der Fachmann sagt, allerdings liest man inzwischen auch von neu konstruierten Antrieben. Eine späte Blüte für die Mechanik nach dem katastrophalen Absturz in den 1970er-Jahren ... In dieser Zeit des Niedergangs wurde aber von einigen Unternehmen vorausschauend gehandelt, indem sie ihre Produktion auf, wie man heute sagen würde, Hightech umstellten, genauer auf Präzisionstechnologie. Damit hat sich Pforzheim quasi wieder neu erfunden und ist auf dem Wege zu neuen Erfolgen.

FALSIFIKATE

Oder: Endlich werden neue deutsche (mechanische) Armbanduhren für wichtig genug gehalten, um gefälscht zu werden. Tatsächlich hat es sehr lange gedauert, bis die internationalen Fälscherfirmen, die bis dato nur Klassiker wie beispielsweise Cartier oder Rolex imitiert hatten, auch deutsche Uhren entdeckt haben. Selbst gesehen hat der Autor liebevoll nachgeahmte Armbanduhren von Chronoswiss, Glashütte Original und A. Lange & Söhne. Immerhin waren sie nicht mehr ganz so billig wie früher die nachgeahmten europäischen Marken, die in dem entlegensten Wüstenort, schon ganz verstaubt, dem ahnungslosen Touristen für einen in jeder Hinsicht unschlagbaren Preis angeboten wurden. Man erhielt sie auch an irgendwelchen europäischen oder fernöstlichen Badestränden, sozusagen frei Haus geliefert von wandernden Händlern. Ein Schelm, wer bei den ultragünstigen Preisen nicht an etwas Falsches dachte! Bei manchen Touristenorten wusste man schon nicht mehr, welches Geschäft nun ein „echtes" Uhrengeschäft war und welches nur so tat, um die georderten Kopien von guten Uhren schnell abzusetzen ...

DER UMBRUCH

Mit der Einführung der elektrischen, dann der elektronischen Uhr und zuletzt der Quarztechnologie, war die deutsche Uhrenindustrie zum größten Teil dem Untergang geweiht. War bisher die über Jahrzehnte immer weiter verbesserte Genauigkeit der Ankeruhren das große Thema, deren „Mikro"-Technik man sich mit unerhörtem Einsatz widmete, so war der ganze feinmechanische Aufwand plötzlich von einer Minute zur anderen sinnlos – banalerweise wurde nur noch eine Batterie benötigt, um Gangwerte zu erzielen, denen nicht einmal die feinst regulierten Schweizer Edeluhren gewachsen waren. Kosten- und Produktionsprobleme, nicht die technische Entwicklung, die man bestens meisterte, sorgten für eine unerwartete Veränderung. Nicht zuletzt hatte man auch die Konkurrenz aus Fernost völlig unterschätzt, dieser aber durch Fertigungsaufträge und Lieferungen die Möglichkeit gegeben, stark gegenüber unserer Uhrenindustrie aufzuholen, ja sogar weltweit führend im Massenuhrenmarkt zu werden. In den 1970er- und 1980er-Jahren sahen sich viele Betriebe, die letzten in den 1990er-Jahren, zu radikalen Veränderungen gezwungen.

RE-START MIT PRÄZISION

Gleichzeitig ergab sich durch zwei Aspekte ein gewisser Neubeginn: Einmal kamen junge Kaufleute und Gründer auf die traditionsreichen Herstellernamen aus Pforzheim, übernahmen diese in Lizenz und fertigten mit Erfolg neue, aktuell modische Uhren.

ein Thema. PUW gründete eigens dafür eine Tochterfirma namens Porta Mikromechanik AG, unter deren Dach dann ihr erstes Quarzkaliber (PUW 5002) entstand.

Deutsche Hersteller wie Junghans (1967) und Bifora (1974) verschlossen sich auch nicht. Die Schweiz, Japan und Hongkong waren aber nicht untätig geblieben, so lieferte der Dachverband ESA (Schweiz) ab 1963, und Seiko (Japan) stellte am 25. Dezember 1969 die erste Quarz-Armbanduhr der Welt vor. Die Schweizer Entwicklung wurde an diverse Unternehmen weiterverkauft, kam aber letzten Endes erst 1970 auf den Markt. Hamilton, einer der Pioniere der neuen Uhrentechnik, ging zusammen mit dem Namen Bulova an Seiko Japan über.

Der letzte Schritt war nur noch, von der (optisch) analogen Uhr zur Digitaluhr umzusteigen, wobei Arctos im Jahre 1973 sein Kaliber 675 ablieferte. Wie 1971 berichtet wurde, bezog die Firma Philip Weber Zulieferteile wie Quarzkristalle und Schaltkreise von der Siemens AG. Ein Preis von 500 bis 600 DM wäre laut Werner Weber eigentlich nötig gewesen, nachdem die Kristalle extrem teuer waren. Zur gleichen Zeit wurden in Japan für den unfassbar hohen Preis von umgerechnet 4000 DM erste Quarzuhren verkauft. Die dann erfolgte Großserienproduktion machte die Zulieferteile und damit die Uhren günstiger.

Uhren mit Quarztechnik lieferten eigentlich alle Pforzheimer Betriebe, aber eben nicht alle entwickelten die dazugehörigen Werke auch selber.

Electro period relieved by quartz: Revolution of watch technique provokes radical changes
Nach Elektro schwingt Quarz: Revolutionäre Uhrentechnik führt zu Umbrüchen.

Hier handelte es sich um wahrhaftige Physikerträume, denen sogar Geistesblitze à la Atomuhren folgten. Kleinuhren mit einem nach damaliger Ansicht Hightech-Antrieb zu versehen, der bei Versuchsanordnungen der Quarztechnik Raumgröße benötigte, deutete nicht darauf hin, dass schon kurz nach dem Zweiten Weltkrieg die Vordenker der Uhren-Moderne erste Laborarbeiten vornahmen und sich daraufhin Patente schützen ließen. Das passierte sowohl in den USA (ab 1947) als auch in Frankreich (ab 1949), während die deutsche Uhrenindustrie nach dem Kriege noch vollauf mit sich selbst beschäftigt war.

Die Firma Hamilton in den USA war die erste, der dann die Firma Elgin folgte. In Frankreich propagierte Fred Lip, der charismatische Chef der 1867 gegründeten Firma Lip in Besançon, dem damaligen Zentrum der französischen Uhrenindustrie, die neuartige, zukunftsträchtige Technik. Nur: Bis zur Serienreife und Produktionsfähigkeit mussten noch tiefe Täler durchschritten werden. Wobei zu Lip anzumerken wäre, dass die ursprünglich elsässische Uhrmacherdynastie Lippmann Napoleon Bonaparte 1907 eine Taschenuhr überreichte (angeblich als Geschenk der jüdischen Gemeinde in Besançon). Aus der kleinen Uhrenwerkstatt Lippmann wurde um 1900 ein industrieller Großbetrieb mit der Firmenbezeichnung Lip, heute noch ein Traditionsname in Frankreich.

Fred Lip hatte sich in seiner Technikfirma Saprolip schon in den 1930er-Jahren mit elektrisch-elektronischer Uhrentechnik beschäftigt und soll 1945 mit grundsätzlichen Arbeiten an der Zukunftsuhr begonnen haben. Die Lip- als auch Elgin-Entwicklungen waren erst 1958 serienreif, ähnlich wie bei Hamilton 1957 trotz deren früher Patentanmeldungen (1947 und 1951).

Die deutschen Hersteller verfolgten interessiert als auch skeptisch die Pressenotizen zum Thema und setzten sich auf Kongressen damit auseinander. Der erste Betrieb, der daran tüftelte und Patente anmeldete, war das kleine Unternehmen von Helmut Epperlein (Uhrenfabrik Ersingen). Aus Prototypen-Kalibern ab 1952 entwickelte sich auf Basis von Hamilton-Kalibern die „Electric 100", die, wie man lesen konnte, 1957 ein Jahr lang von Chef und Mitarbeitern getestet wurde, um dann 1959 in Serie zu gehen. Eigenkonstruktion und Eigenfertigung aller Teile ab 1959 führten zu einem Ausstoß von 60 bis 100 Stück am Tag, von denen aber etwa 30 Prozent als Garantiefall zurück ins Werk kamen. Interessanterweise wurde die Epperlein-Uhr inklusive der deutschen Technik in der Sowjetunion nachgebaut, wobei das Gehäuse aber dem Klassenfeind USA in Form der Hamilton Electric abgeschaut wurde. Epperlein arbeitete 1959 auch mit der französischen Firma Nappey zusammen, einer kurzzeitigen Nachfolgefirma von Lip, und vertrieb mit ihr seine „Electric 100" als „Nappey 100".

In Pforzheim wurde seit Jahren bei Lacher & Co. an der elektrischen Uhr (1960 vorgestellt) gearbeitet, sicher ein Grund für die amerikanische Uhrenfirma Timex, sich 1959 Laco einzuverleiben. Schon 1958 konnte man auf der Hannover-Messe einen Prototyp vorstellen, welcher gegen Jahresende serienreif war.

Auch bei PUW/Porta (ab 1966), später bei Arctos (erste elektrische Armbanduhr 1971) und bei Otero war die elektrische, später elektronische und ganz zuletzt sogenannte Quarzuhr

NEUBEGINN NACH 1945

Nach Kriegszerstörungen und Demontage wurden viele Betriebe wiederaufgebaut, und andere wandten sich der Armbanduhr zu. Immerhin bestand ein starker Nachholbedarf, außerdem war die Armbanduhr ein begehrtes Tausch- und Wertanlageobjekt. Diese zweite Phase der deutschen Armbanduhr ist von stärkerer Massenproduktion ebenso wie von stärkerer Markenprofilierung und verstärktem Export geprägt.

Modernistic architecture in 1949: Laco/Durowe exhibit their importance on the watch market
Modernistische Architektur, Baujahr 1949: Laco/Durowe zeigt seine Marktbedeutung.

UMSTIEG IN DIE TECHNISCHE NEUZEIT

Die Qualität der mechanisch angetriebenen Uhren aus Pforzheim verbesserte sich in der Nachkriegszeit nicht zuletzt durch großindustrielle Fertigungsmethoden, die wesentlich präzisere Teilefertigung erlaubten und damit der sogenannten Durchschnittsuhr stark verbesserte Gangwerte bescherten.

Noch wesentlich bessere Gangwerte sollten folgen, nachdem aus den USA und aus Frankreich die Anstöße zu völlig neuen Technikkonzepten für den Uhrenantrieb erfolgt waren. Gemeint sind erste elektrisch angetriebene Uhren, denen elektronische Weiterentwicklungen und am Ende die Funktionsweise mit einem Schwingkristall aus Quarz folgten.

Erste Überlegungen zu einem elektrischen Betrieb erfolgten schon zu Beginn des 19. Jahrhunderts, kaum dass sich die Elektrizität als bahnbrechende neue Erfindung durchgesetzt hatte. Im 20. Jahrhundert kamen elektrische Großuhren auf, und der Gedanke an einen ultrapräzis schwingenden Kristall zur Erzeugung der definitiv genauen Uhrzeit wurde von Forschern durchgerechnet und versuchsweise angewandt.

Pieper nennt in seinem Buch über die Geschichte der Pforzheimer Uhrenindustrie für das Jahr 1929 eine Zahl von 46 Armbanduhrenfirmen. Insgesamt waren es 137 Betriebe, die mit der Uhrenproduktion zu tun hatten. In ganz Deutschland gab es zu dieser Zeit 300 Betriebe dieser Art, und aus dieser Relation erkennt man die zunehmende Bedeutung der Pforzheimer Uhrenindustrie. Bis etwa 1928 wurden hauptsächlich Zylinderwerke verarbeitet, danach folgte der Qualitätssprung zu Ankerwerken hin. Ab 1932 wurden eigene Werke hergestellt, nachdem die Belieferung mit Schweizer Werken Probleme gemacht hatte. 1933/4 dann folgten die beiden maßgebenden Uhrenrohwerke-Fabrikanten Pforzheimer Uhrenrohwerke (PUW) und Deutsche Uhrenrohwerke Konstruktions-Werkstätten (Durowe) mit den ersten qualitätsvollen Ankerwerken. Die Pforzheimer Uhrenindustrie nahm einen raschen Aufschwung. Sie wurde der Hauptlieferant für den deutschen Kunden. Die Zahl der Hersteller wuchs und wuchs. Stellten einige nur Gehäuse her, so fertigten andere komplette Uhren. Im Laufe der Jahre etablierten sich mehrere große Werkehersteller. Ihre Kaliber wurden fast ausschließlich in Pforzheimer Produktionen verbaut. Pforzheimer Werke wurden auch nach 1945 hergestellt. Einige neue Werkeproduzenten kamen ebenso hinzu wie neue Hersteller. Zur gleichen Zeit begannen auch andere Schwarzwälder Uhrenhersteller, sowohl Armbanduhren ins Programm zu nehmen als auch eigene Werke hierfür zu konstruieren und zu fertigen.

Producer to wholesaler: Correspondence from Aristo

Vom Hersteller zum Großhändler: Korrespondenz aus dem Hause Aristo.

Die Glashütter Uhrenindustrie war im 19. Jahrhundert aufgebaut worden. Ursprünglich sollten ihre ab 1929 gefertigten ersten Armbanduhrenkaliber den Pforzheimer Herstellern angeboten werden, was sich aber offenbar zerschlug, nachdem die Pforzheimer ihre eigenen Kaliber entwickelt hatten. Man findet aber immer wieder Pforzheimer Uhren mit Glashütter Werken, meist mit den Formkalibern 58 und 581. Glashütte fertigte in der DDR die besseren Uhren, ausschließlich mit Ankerwerken versehen. Die Uhren aus Ruhla (Hersteller Thiel/UMF/Ruhla) besaßen dagegen Stiftankerwerke. Nach 1945 erhielten sie kurzzeitig eigenentwickelte Ankerwerke, denen später in der DDR langjährig Billigstwerke folgten.

Hermann Staib GmbH

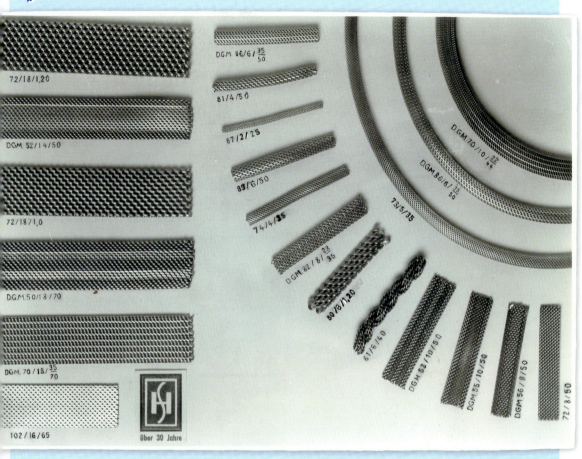

Fabrik für Halbfabrikate
in Milanaise, Polonaise und Ketten
Ausführung in allen Metallen und Maßen

Grimmigweg 27,
75179 Pforzheim

www.staib.de

Advertising for watch maker shops: Wrist watches gradually relieve the classic pocket watches
Werbung fürs Fachgeschäft: Die Armbanduhr löst peu à peu die „klassische" Taschenuhr ab.

Ihre schon früh begonnene Armbanduhrenproduktion wurde ausschließlich mit Stiftankerwerken bestückt, deren Werkgröße sich kontinuierlich reduzierte (im Katalog No. 670 von 1929/30 liegen die Werkgrößen nur noch bei 12 bzw. 13'''). Zwar wurden diese selbst konstruiert und gefertigt, auch in großen Mengen hergestellt, aber die Qualität konnte und wollte nicht mit den Ankerwerken der anderen Hersteller konkurrieren. Dafür fertigte Kienzle seine Massenprodukte recht preisgünstig, besaß aber paradoxerweise ein starkes Image als bedeutender und bekannter Hersteller.

Andere kleinere Hersteller im Schwarzwald stellten neben ihren üblichen Produkten wie Schwarzwalduhren, Kuckucksuhren, Hausuhren und Weckern auch Armbanduhren her, allerdings ohne je einen größeren Bekanntheitsgrad zu erreichen. Wer kennt zum Beispiel schon einen Hersteller von Armbanduhren namens Exact?

Nicht sehr weit entfernt findet man einen Ort wie Schwäbisch Gmünd mit seiner langjährigen Tradition der Silberwaren- und Schmuckherstellung, was auch einige wenige Armbanduhrenhersteller generierte. Bedeutend wurde hier die Firma Bidlingmaier (Marke Bifora), die schon 1928 ein eigenes Werk auf den Markt brachte.

Der Massenlieferant wurde allerdings Pforzheim im Schwarzwald, zwischen Stuttgart und Karlsruhe gelegen. Hier hatte es schon vor Jahrhunderten eine Uhrenfabrikation gegeben, die allerdings im 19. Jahrhundert völlig verschwunden war. Stattdessen entwickelte sich eine Schmuckwarenindustrie, aus welcher sich wiederum im 20. Jahrhundert die „neue" Uhrenindustrie entwickelte. Um 1913 sollen die ersten fertigen Pforzheimer Armbanduhren gefertigt worden sein, zum Zwecke des Exports in die Schweiz.

Einige wenige Hersteller stellten nach eigenen Angaben schon ab etwa 1922 Armbanduhren her. 30 Betriebe der Uhren- und Gehäuseindustrie waren es insgesamt, und sie hatten sich schon in einem eigenen Verband organisiert.

IM ÜBERBLICK: DEUTSCHE ARMBANDUHREN

UND IHRE BEDEUTUNG FÜR DESIGN UND MARKT, „MADE IN GERMANY" ZWISCHEN CIRCA 1920 UND HEUTE

Deutsche Armbanduhren hatten neben der schweizerischen und französischen Uhrenindustrie, lässt man die amerikanischen Marken außer Acht, einst über lange Zeit Weltgeltung. Die technische Qualität der produzierten Werke ließ sich durchaus sehen, wenngleich auch optische und technische Verfeinerungen daran, wie sie in der Schweizer Uhrenindustrie durchaus üblich waren, wegen der angestrebten Massenzielgruppen nur selten ausgeführt wurden. Was in Deutschland überhaupt nicht zur Geltung kam, war das Bewusstsein der feinmechanischen Kompetenz, der Mixtur aus Kunst(-handwerk) und Technik, was die Schweizer Kollegen schon seit Jahrzehnten pflegten und insbesondere in ihrer Produktwerbung und auf den Uhrenmessen deutlichst und voll Stolz über die eigene Leistung herausstellten. Die deutsche Uhrenindustrie sah sich als Bedarfsdecker für den Verbraucher, sie verdiente ihr Geld eben mit der Lieferung von Zeitmessgeräten, mehr nicht.

Ihr Markenbewusstsein war früher kaum ausgeprägt. Zwar ließen sich viele Hersteller schon in den 1930er-Jahren Namen und Schriftzüge durch Eintrag in das Markenregister schützen, andererseits wurden die Marken mangels massiver Werbung kaum wahrgenommen. Das änderte sich erst in der Zeit nach dem Zweiten Weltkrieg.

Das Design deutscher Uhren spiegelt wie überall den Zeitgeschmack wider, und nicht wenige Stücke überraschen uns heute mit ihrer originellen Gestaltung. Schwerpunkte der Herstellung in Deutschland sind der Schwarzwald mit Schramberg und Schwenningen (heute Villingen-Schwenningen) sowie der sächsische Raum mit Glashütte und Ruhla. Im Schwarzwald bestand seit Jahrhunderten eine Tradition der (Groß-)Uhrenfertigung. Nur naheliegend war es dann, dass dortige Hersteller ihr Produktionsprogramm auch auf Taschenuhren und in den 1920er-/1930er-Jahren auch auf die neumodische Armbanduhr erweiterten. Etwa um 1930 liefert Junghans in Schramberg die ersten mit eigenen, speziell dafür konstruierten Werken ausgerüsteten Armbanduhren aus. Junghans war bis dato eher für Großuhrenfertigung, außerdem wurden gängige Taschenuhren in großen Mengen hergestellt.

Eine Besonderheit in der Schwarzwald-Region stellte die alte Firma Kienzle dar. Im Zwischen-Katalog Nr. 249 von 1921 (?) findet man zum Beispiel eine „vorzüglich durchkonstruierte Herren-Armbanduhr, No. 7022, Nickelgehäuse ohne Charnier, Celluloidzifferblatt, 18''' Eska-Goldwerk mit abnehmbarer Balancebrücke mit oder ohne Radium", aber auch solch einen Exoten wie eine „Fahrraduhr ... im starken Zinkgehäuse, mit Sicherheitsmontage".

„Dauerleihgaben" zu Ehren – bis dieselben dann mit der Begründung, sie gingen ungenau oder unzuverlässig, wieder zurück in die Hände des Ehepartners gegeben werden ... (und dieser sich wundert, wo die ganz alten Stücke bei ihm selber doch brav und tapfer laufen ...)

Eine Zeit lang, genauer in den 1960er-/1970er-Jahren, wurde schon einmal mit dem Sammeln von Uhren begonnen, allerdings von Taschenuhren. Diese Stücke aus Großvaters Zeit wurden nicht wegen ihres mechanischen Antriebs gesucht und bewundert, sondern weil sie die damals aufgekommene Sehnsucht nach der „guten alten Zeit" so sehr befriedigten. Entsprechend waren es auch junge Leute, die diese „Zwiebeln" als originelle Dekoration an die Wand hängten.

Inzwischen ist es auch bei ganz normalen Leuten in Mode gekommen, Uhren zu sammeln – allerdings sind da eher die modischen Swatch-Uhren gemeint als Lieblinge aller Damen, die sich ganze Wände damit vollhängen. Dafür gehen die Herren der Schöpfung verstärkt auf die seit Jahren aufgekommenen Uhrenbörsen, und wenn sie sportlicher Natur sind, auch auf die „Jagd" auf Floh- und Trödelmärkten. Manchmal findet man dort die Uhren des Vaters oder Großvaters wieder, und aus purer Nostalgie wird die erste alte Armbanduhr gekauft, dann passt diese nicht mehr zum Outfit oder was immer, und die nächste alte muss her und so weiter ... Natürlich sind manche andere Leute zu den alten Uhren gekommen wie die Nonne zum Kind, nämlich per Zufall, wenn man in der Familie einfach „so etwas" geerbt hatte, oder durch die besondere Ästhetik der frühen Uhren, die manche designinteressierten Leute einfach anzog, so wie es dem Autor zu Beginn dieser Phase erging. Davon abgesehen hatte er ein frühkindlich-traumatisch prägendes Erlebnis, als ihm so etwa mit zehn Jahren sein Vater in einem Anfall von Vaterliebe seine eigene (natürlich rechteckige) Uhr schenkte und der Sohn innerhalb von Minuten daraus eine Ansammlung von Einzelteilen gefingert hatte, was wiederum den Vater zu väterlicher Zucht und Strenge veranlasste ... Dennoch, die Uhr war kaputt, und nie kam sie wieder.

Moden lassen sich aber nicht aufhalten, wofür die Armbanduhr ein schönes Beispiel ist. In den 1920er-Jahren eroberte sie die Herzen der jungen Generation, die dafür, wie berichtet wurde, achtlos die vom Vater geschenkte oder geerbte kostbare Taschenuhr weggab. In den 1930er-Jahren kam der Umbruch, als sich die Armbanduhr endgültig durchsetzte und unentbehrlich machte. Zu dieser Zeit fand sie auch die ihr gemäße Form der sachlich-konstruktivistischen Eckigkeit, beibehalten bis in die 1950er-Jahre hinein.

> *„Armbanduhren für den Herrn*
> *Die Armbanduhr ist zur bevorzugten Form der Uhr geworden. Wer sich an ihren Gebrauch erst einmal gewöhnt hat, kann ihrer nie mehr entraten. Ein kleiner Ausschnitt aus dem Tageslauf des heutigen Menschen erklärt und begründet diese Tatsache auf einfache Weise:*
>
> *Der Lenker des Kraftfahrzeuges oder Fahrrads benützt seine Uhr! Sofort erkennen wir den großen Vorzug der Armbanduhr; denn eine schnelle Handbewegung, ein kurzer Blick vermittelt ihm die Zeit, und Ablenkung und Gefährdung bleiben vermieden. Ebenso ist sie an der Werkbank und am Schreibtisch, bei Sport und Erholung unsere unentbehrliche Begleiterin geworden, jederzeit bereit, die ihr gestellte Frage pünktlich und zuverlässig zu beantworten."*
> Aus dem Versandhauskatalog der Pforzheimer Firma Bruno Bader, 1935

Die Armbanduhr wurde nach dem Zweiten Weltkrieg endgültig ein Massenobjekt, sowohl dank des immensen Nachholbedarfes als auch dank der wesentlich verstärkten Produktion, die den schwierigen Zeiten entsprechend vieles in niedriger und mittlerer Preislage anbot. Das stand im Gegensatz zu den früheren Zeiten, als sie einerseits billigst sein musste, um neue Zielgruppen zu erobern, andererseits nicht zuletzt auch für Exportzwecke gerne aus massivem Gold, aus Silber oder mit Edelsteinen versetzt gefertigt sein durfte. Andererseits rächte es sich, dass die deutsche Armbanduhrenindustrie durch die Kriegs- und frühe Nachkriegszeit in der zeitgemäßen Weiterentwicklung ihrer Produkte nicht zuletzt auch in technischer Hinsicht (Komplikationen!) gehemmt war. Man denke nur an Chronographen: in der schweizerischen Uhrenindustrie ein alltäglicher Begleiter des Kunden, in Deutschland ein Rarissimum.

Die Armbanduhr machte nun vieles möglich; sie wurde der tägliche und dauernde Begleiter dank günstiger Verkaufspreise, genauester Zeitangabe mittels optimierter Werke, Stoßsicherheit und Wasserdichtigkeit. Damen schmückten sich schon lange mit den kleinen oder eher winzigen Ührchen, die mehr als Schmuck dienten denn als wirklich präziser Zeitmesser. Deshalb auch hatte man für Jahrzehnte den Damenuhren nur einfache Zylinder-Triebwerke spendiert, dafür aber ihr Äußeres extra schmückend herausgestellt, während Männeruhren zumindest hier bei uns (im Gegensatz zu den USA) umgekehrt von außen eher schlicht waren, dafür aber im Inneren die besseren Werke (oder Werte?) besaßen.

Heute dagegen tragen Frauen moderne Armbanduhren in Herrengröße, manchmal kommen auch die alten 15-steinigen Sammelstücke der Ehegesponse bei ihnen als

EINFÜHRUNG

DIE ARMBANDUHR – IHRE BEDEUTUNG FÜR MENSCH UND ZEIT UND ÜBER DAS SAMMELN AN SICH

Schon viel ist über Armbanduhren, das neuere Lieblingskind des Uhrensammlers, geschrieben worden. Außer Büchern, vornehmlich über Schweizer Marken, existieren auch diverse Fachzeitschriften, die den interessierten Leser sowohl mit Neuigkeiten von gestern als auch mit Aktuellem über zeitgemäße Uhren versorgen. Nur über deutsche Armbanduhren fehlte bisher eine grundlegende Veröffentlichung. Dabei ist die Armbanduhr als Lieblingskind des 20. Jahrhunderts durchaus eine Veröffentlichung wert. Schon lange ist es her, als mechanisch angetriebene Uhren achtlos weggeworfen oder in den Müll gekippt wurden, allenfalls als Haufen Metallschrott gesehen wurden. Nach diesen vielleicht doch nicht komplett entsorgten „Schätzen" fahndet eine ganze Generation jüngerer Uhrenliebhaber heute, gut 40 Jahre nach dieser Sperrmüllphase, ausgelöst durch den Modernismusboom der ultramodischen Quarzuhren.

Dabei hatte doch alles so mühselig angefangen: Um den Ersten Weltkrieg herum zeigte sie sich die Armbanduhr zuerst als modisches Accessoire für Männer. War sie im Kriege noch durchaus nützlich, so galten ihre ersten Träger danach eher als verweichlichte, unmännliche Schönlinge, denn der Herr hatte weiterhin die klassische, solid-teure Taschenuhr, befestigt an der Kette in der Westentasche, zu tragen.

The wrist watch – long time before its official introduction into the market
1916 der „Hit": die Armbanduhr, lange vor der offiziellen Markteinführung

Kurt Tucholsky, Liebhaber alles Schönen (und der Schönen) formulierte das so:

> „Nicht bei Lulu nur oder Wedekind ist Platz für Deine Reize.
> Denn je nackter Deine Schultern sind, um so mehr sagt man: det kleid se.
> Trag Du als Iphigenie nur, 'ne Armbanduhr, 'ne Armbanduhr".

VORWORT LANDRAT

Liebe Leserin, lieber Leser,

von der umgebauten Taschenuhr bis zur Smartwatch – die Uhr geht mit der Zeit.

Professor Kieselbach gelingt es, kenntnisreich und gleichzeitig unterhaltsam die komplexen Zusammenhänge von Historie und Technik, von Sein und Design erstmals in einer Gesamtschau darzustellen. Damit wird das Buch zum nützlichen Nachschlagewerk, zum interessanten Geschichtsbuch und zur umfassenden Dokumentation. Und natürlich ist es alles andere als ein Zufall, dass diese Publikation ausgerechnet in dem Jahr erscheint, in dem die Stadt Pforzheim den 250. Geburtstag ihrer traditionsreichen Schmuck- und Uhrenindustrie feiert. Dazu an dieser Stelle meinen herzlichen Glückwunsch!

Doch nicht nur in der Goldstadt selbst, auch im Umland, vor allem im Enzkreis, sind zahlreiche erfolgreiche und renommierte Unternehmen aus der Schmuck- und Uhrenbranche beheimatet. Viele von ihnen sind in diesem Buch vertreten. Doch gleichgültig, ob die meist mittelständischen Firmen ihren Sitz nun in der Stadt oder im Kreis haben: Sie alle müssen eine enorme Anpassungsfähigkeit und Flexibilität, großen Erfindergeist und Ideenreichtum an den Tag legen, um sich am hart umkämpften nationalen und internationalen Markt behaupten zu können – und das tun sie auch.

Die verkehrsgünstige Lage im Herzen Baden-Württembergs zwischen den Ballungsräumen Stuttgart und Karlsruhe mit einer hervorragenden Infrastruktur, der kurze Weg zur Interessenvertretung in Gestalt des Bundesverbandes Schmuck + Uhren, eine regional agierende Wirtschaftsförderung, die Nähe zur Pforzheimer Hochschule und zur Goldschmiede- und Uhrmacherschule – das alles sind hervorragende Rahmenbedingungen, von denen die hiesige Schmuck- und Uhrenbranche und damit die Wirtschaftsregion insgesamt profitiert und das sicher auch in Zukunft tun wird. Damit „Made in Germany" und „Made in Pforzheim-Enzkreis" als Synonyme für Spitzenqualität ihre Gültigkeit behalten.

Spitzenqualität möchte ich übrigens auch diesem Buch bescheinigen.
Natürlich weiß ich, dass in unserer schnelllebigen Zeit Mußestunden rar sind und es immer schwieriger wird, sich in Ruhe zum „Schmökern" zurückzuziehen. Tun Sie es trotzdem, denn: „Zeit hat man nicht. Man nimmt sie sich."

Karl Röckinger

Landrat

VORWORT DES OBERBÜRGERMEISTERS

Ich freue mich sehr, dass es dem Bundesverband Schmuck + Uhren gelungen ist, das Buch „Zeit und Präzision" von Professor Ralf. J. F. Kieselbach herauszugeben. Sie setzen damit einen weiteren informativen Glanzpunkt im Rahmen des Jubiläumsfestivals 250 Jahre Goldstadt Pforzheim. Der Titel des Buches hätte nicht besser gewählt werden können. Er beinhaltet sowohl die historische Entwicklung der Uhren- und Schmuckproduktion, das präzise Arbeiten in früheren Zeiten als auch den Umgang mit diesen Faktoren bis heute.

Vor 250 Jahren fing die Erfolgsgeschichte der Goldstadt Pforzheim mit der Erteilung des Privilegs des Markgrafen von Baden zur Produktion der Uhrenmanufaktur an und machte kurze Zeit danach auch die Schmuckproduktion möglich. Pforzheim entwickelte sich dadurch zum Dreh- und Angelpunkt des bundesdeutschen und internationalen Schmuckschaffens. Das gilt es mit dem Jubiläumsfestival zu feiern.

In diesem Fachbuch werden 250 Jahre Uhrenproduktion in Pforzheim dokumentiert. Sämtliche Hersteller und Zulieferer, die es einmal gab und heute noch gibt, sind darin zu finden. Mit zahlreichen Abbildungen, Werktabellen und Wissenswertem rund um die Pforzheimer Uhr ist es nicht nur für Fachleute, sondern auch für Sammler und Interessierte der Branche ein willkommenes Nachschlagewerk. Schön, dass es dem Autor und den Herausgebern gelungen ist, dass erstmals die Historie, die Technik und das Design gemeinsam dargestellt werden.

Schon jetzt können wir aus der Erfahrung guten Gewissens sagen, dass Qualität und Präzision früher wie heute die Garanten für erfolgreiches Arbeiten sind. Sie werden sich auch weiterhin durchsetzen. Dies zeigt auch dieses Buch eindrücklich.

In diesem Sinne freue ich mich auf eine erfolgreiche Zukunft der Uhren- und Schmuckproduktion in Pforzheim und in der Region.

Gert Hager

Oberbürgermeister der Stadt Pforzheim

VORWORT BUNDESVERBAND

Als Präsident des deutschen Industrieverbandes Schmuck + Uhren BV freue ich mich, dass der 250. Geburtstag unserer Industrie von der Herausgabe eines wunderbaren Buches über Ursprung und Werdegang der Pforzheimer Traditionsindustrie begleitet wird.

Der Verfasser, Prof. Ralf J. F. Kieselbach, hat in akribischer Forscherarbeit Material über Beginn und Entwicklung der Pforzheimer Uhrmacherei zusammengetragen und dieses in einem interessanten Werk zusammengefasst. Er hat dabei parallel zur technischen Entwicklung auch die menschliche Seite und den Werdegang bekannter Pforzheimer Uhrenfamilien nachgezeichnet, wofür ihm unser Dank gebührt.
Dank auch allen, die ihn mit Archivmaterial und persönlichen Erinnerungen bei seiner Arbeit unterstützt haben.

So wünsche ich nicht nur dem Uhrenfachmann, sondern auch dem Sammler alter Uhren und dem Leser im Allgemeinen Freude und Nutzen beim Lesen dieses Werkes.

Uwe Staib

Präsident des Industrieverbandes
BV Schmuck + Uhren
Bundesverband der Hersteller und Zulieferindustrien

VORWORT WATCH PARTS

Liebe Leserin, lieber Leser,

als der Markgraf Karl Friedrich von Baden 1767 im Pforzheimer Waisenhaus die erste Uhrmacherwerkstatt gründete, konnte er nichts ahnen von der nachfolgenden Erfolgsgeschichte. Seine Frau Karoline Luise leitete dieses Unternehmen mit großem – heute würden wir sagen – Marketing-Know-how. Das markgräfliche Ehepaar legte damit den Grundstein für die heutige Bedeutung der Goldstadt Pforzheim.

Die nachfolgenden Seiten dokumentieren zum ersten Mal zusammenhängend, wie sich die Region zwischen Schwarzwald und Neckar zu einem Zentrum der Uhren- und Schmuckindustrie entwickelte – von der Taschenuhrproduktion bis hin zu jener Epoche, als viele Hersteller täglich mehr als 1000 Uhren auslieferten.

Außerdem beschreibt dieses Buch, wie sich die Pforzheimer Uhrenmacher an der Schwelle zum 21. Jahrhundert neu erfanden. Viele von ihnen fertigen hochwertige Armbanduhren in kleinen Stückzahlen und liefern ständig neue Gründe für den weltweit guten Ruf der Goldstadt Pforzheim.

Die positive Entwicklung verdankt Pforzheim auch den Mitgliedern der Vereinigung Watch Parts from Germany (WPG). Dank dieser Zulieferbetriebe – die meisten davon seit Generationen in Familienbesitz – tragen Armbanduhren aus den Pforzheimer Werkstätten mit Recht die Herkunftsbezeichnung „Made in Germany".

Dieses Buch würdigt neben prominenten und vergessenen Uhrenmarken auch die zu Unrecht weniger beachteten Uhrenteilehersteller. Außerdem überrascht Professor Ralf J. F. Kieselbach hier mit Informationen über Techniker, Designer, Firmengründer und andere Pforzheimer Persönlichkeiten.

Ich wünsche Ihnen eine gute Zeit beim Lesen dieser Entwicklungsgeschichte von der der Gründung der ersten Pforzheimer Uhrenmanufaktur bis hin zur heutigen Uhrenmachermetropole Pforzheim.

Ihr Hansjörg Vollmer

1. Vorsitzender von WPG – Watch Parts from Germany

VORWORT DES AUTORS

Dieses Buch ist sowohl für Fachleute und „langgediente" Sammler gedacht als auch für den Interessenten an deutschen Uhren, wie auch immer er dazu gekommen ist. Anlass für die Veröffentlichung ist das 250-jährige Jubiläum der Pforzheimer Uhrenindustrie.

Also: Derjenige, der eine gute alte „Laco" vom Vater bekommen hat und nun mehr wissen möchte, sollte genauso bedient werden wie derjenige, welcher schon alles weiß und eine beachtliche Sammlung sein Eigen nennt, aber dem eine winzige Information noch fehlt oder der sich einfach nur einen Überblick verschaffen möchte. Auch der kulturgeschichtlich und/oder technikgeschichtlich Interessierte findet hier seine Erläuterungen zu Land, Leuten und lokalen Leistungen.

Wie auch immer, bekanntlich macht Sammeln Spaß (sonst würde dieses Buch nie geschrieben worden sein), und der Autor gibt gerne seine Erfahrungen, Kenntnisse und sein Herzblut als Liebhaber und Sammler dazu, um Ihnen als Leser eine angenehme (und nutzvolle) Lektüre zu bieten.

In diesem Buch sollen Historie, Technik und Design, soweit sie sich noch ermitteln ließen, präzis, aber durchaus „mundig" für den Leser wiedergegeben werden. Dieses Buch ist damit eine Hommage an die deutsche Uhrenindustrie und ihre Leistungen.

Möglich gemacht haben es der Bundesverband Schmuck + Uhren sowie Watch Parts from Germany, wobei für Letzteren Hansjörg Vollmer steht, ebenso wie der Autor von historischen Zeitmessern für den Arm fasziniert. Beiden Organisationen dankt der Autor herzlich für ihr Engagement.

*Dachau/Bayern,
im Sommer 2016*

Ralf J. F. Kieselbach

Ins Fachgespräch vertieft: der Autor (rechts) mit Uhrmacher Werner Schultz. The author and watch maker Werner Schultz in engrossed conversation

© 2017 Ralf J. F. Kieselbach

Herausgeber: Deutsche Schmuck und Uhren GmbH, Pforzheim

Umschlaggestaltung, Illustration, Satz: Thorsten Lange
Titel: Werk einer historischen Laco-Beobachtungsuhr. Photo: Petra Jaschke
Korrektorat: Antje Poeschmann
Übersetzung: Walter Gerwig

Verlag: Untitled Verlag und Agentur GmbH & Co. KG, Hamburg

Druck: D+L Printpartner, Bocholt

ISBN Hardcover: 978-3-9818171-1-9

Das Werk, einschließlich seiner Teile, ist urheberrechtlich geschützt.
Jede Verwertung ist ohne Zustimmung des Verlages und des Autors unzulässig.
Dies gilt insbesondere für die elektronische oder sonstige Vervielfältigung,
Übersetzung, Verbreitung und öffentliche Zugänglichmachung.

Tabelle 25	Kaliber-Liste Henzi & Pfaff (Hercules, HP, HPP)	262
Tabelle 26	Kaliber-Liste Hermann Becker (HB)	266
Tabelle 27	Kaliber-Liste H. F. Bauer	268
Tabelle 28	Kaliber-Liste Gustav Bauer / Guba	268
Tabelle 29	Kaliber-Liste August Hohl (AHO)	270
Tabelle 30	Kaliber-Liste Schätzle & Tschudin (Favor)	272
Tabelle 31	Kaliber-Liste Vereinigte Uhrenwerke Ersingen (Uwersi / Vufe / EUW)	274
Tabelle 32	Kaliber-Liste Interco-Bigalu	274
Tabelle 33	Kaliber-Liste Enz-Median-Impera	274
Tabelle 34	Kaliber-Liste Grau & Hampel	276
Tabelle 35	Kaliber-Liste Asco (A. Steudler & Co.)	276
Tabelle 36	Kaliber-Liste Maurer & Reiling	276
Tabelle 37	Kaliber-Liste Jaissle & Co KG (Badenia)	276
Tabelle 38	Kaliber-Liste Stahl	278
Tabelle 39	Kaliber-Liste Drusenbaum	278
Tabelle 40	Ganggeprüfte deutsche Uhren IV/1965	280
Tabelle 41	Nach der erleichterten Prüfung ...	282
Tabelle 42	Wasserdichte Uhrengehäuse	284
Tabelle 43	Historische Rohwerkehersteller in Deutschland	286

PRAKTISCHE HINWEISE FÜR SAMMLER UND LIEBHABER: MIT ALTEN UHREN LEBEN

Die Suche	290
Die Pflege	291
Die Präsentation	291
Überraschungen für ungeübte Käufer	292
Vereinfachte Altersbestimmung für Anfänger	292
Markenprodukte ohne Marken	294
Typographie auf dem Zifferblatt	294
Identifizierungshilfe: Namensermittlung und -gebung bei Werken und Gehäusen	294
Herstelleridentifikation bei Werken	295
Werkeveränderungen	295
Familienstücke erzählen Zeitgeschichte	296
Ein guter Uhrmacher ist die ganze Sammlung wert	296
Wer rastet, der rostet – warum die schönen Stücke auch getragen werden sollten	297

DANKSAGUNG

Informationen/Abbildungen/Fotos	300
Bibliographie/Quellenverzeichnis	301
Internetpräsenzen: Museen, Verbände, Uhrenfirmen, Internetauktionen, Uhrenbörsen und -auktionen, Zeitschriften	304

EINIGE DER MEISTGESTELLTEN FRAGEN ZU DEUTSCHEN UHREN UND ZU ARMBANDUHREN ALLGEMEIN

Was bedeutet der Name Anker? 189
Wie funktioniert eine mechanische Armbanduhr? 190
Was ist ein Kaliber? 190
Was ist ein Rohwerk? 190
Was ist ein massives Werk? 191
Was ist ein Formwerk? 191
Warum werden Uhrwerke in „Linien" gemessen? 196
Wozu benötigt eine Armbanduhr „Steine"? 196
Wie unterscheide ich auf einen Blick mechanische Armbanduhren
von solchen mit Quarzwerken? 198
Was ist ein Schnellschwinger? 198
Was ist eine Gangreserve-Anzeige? 199
Haben Sie Hemmungen? 199
Ist eine Schraubenunruh wirklich der Hinweis auf bessere Werke-Qualität? 199

DESIGN, AUSSTATTUNG, DETAILS

Klassisches Design 200
Wer gestaltete deutsche Armbanduhren? 201
    Die „Fachmesse Uhren und Schmuck" 1954 206
Stilveränderungen 207
Größenveränderungen 207
Vom Scharnier- zum Schraubgehäuse 209
Anstöße, Stege und Bänder 210
Zifferblätter 212
Zeiger 213
Gläser 213

TECHNISCHE DATEN

WERKE-TABELLEN

Tabelle 11 Historische Werkelieferanten Ankerwerke 217
Tabelle 12 Historische Werkelieferanten Stiftankerwerke 218
Tabelle 13 Historische Werkelieferanten Zylinderwerke 218
Tabelle 14 Historische Formwerke vor 1945 (Größe für Herrenuhren geeignet) . 220
Tabelle 15 Historische Formwerke nach 1945 (Größe für Herrenuhren geeignet) 222
Tabelle 16 Hersteller historischer deutscher Automatikwerke 222
Tabelle 17 Historische ausländische Werke, in Deutschland genutzt ... 226
Tabelle 18 Historische nicht mechanische Werke 226
Tabelle 19 Kaliber-Liste Durowe 228
Tabelle 20 Kaliber-Liste PUW 238
Tabelle 21 Kaliber-Liste Julius Epple (Aristo) 244
Tabelle 22 Kaliber-Liste Otto Epple (Otero) 244
Tabelle 23 Kaliber-Liste Förster (BF, Foresta) 254
Tabelle 24 Kaliber-Liste Kasper 260

KURZPORTRÄTS EINZELNER UNTERNEHMEN

ALP 52
Blumus-Uhren München/Pforzheim 53
Arctos 54
Lacher & Co. 58
Aristo oder der Beste 63
Walter Storz / Stowa-Uhren / Jörg Schauer / Durowe 65
Porta / PUW 68
Para/Pallas-Uhren 71
HFB / Astrath 75
Epple / Otero 78
Eszeha / Chopard / Karl Scheufele 81
Favor-Uhren 83
Bernhard Förster / BF / Forestadent 84
Weber & Baral / W&B / Zifferblattherstellung 85
Wilhelm Beutter / Berg-Uhren / Beutter Premium Präzisions-Komponenten ... 86
Bruno Söhnle – Pforzheim/Glashütte 87
Richard Bethge / Erbe / Bethge und Söhne 87
Ickler / Limes / Archimedes / Defakto / Autran & Viala ... 88
Der Verband: Stärkung durch Vereinigung 88

UHREN- UND ZUBEHÖRHERSTELLER

Tabelle 1   Uhrenhersteller Pforzheim 90
Tabelle 2   Ungeklärte Hersteller/Namen 131
Tabelle 3   Frühe Hersteller in Pforzheim, schon in den 1920er-Jahren präsent . 136
Tabelle 4   Gehäusehersteller aus Pforzheim/Umfeld 138
Tabelle 5   Uhrkronenhersteller 146
Tabelle 6   Zifferblätterhersteller 148
Tabelle 7   Uhrbänderhersteller 154
Tabelle 8   Uhrzeigerhersteller 170

UHRENFIRMEN GROSSHANDEL, VERTRIEBSGRUPPEN

Tabelle 9   Hersteller aus Großhandel, Vertriebsgruppen ... 170

PRAKTISCHER TEIL

UHRENTYPEN

Komplikationen 174
Verfeinerungen 178
Besonderheiten 179
    Militäruhren 179
    Beobachtungsuhren 179
    Fliegeruhren 179
    Auto-Uhren 179
Tabelle 10 Hersteller von Wehrmachts-, Flieger-/Beobachtungs-/Marine-
            und Borduhren für Flugzeuge 182

INHALTSVERZEICHNIS

VORWORTE 07

   EINFÜHRUNG
   Die Armbanduhr – ihre Bedeutung für Mensch und Zeit
   und über das Sammeln an sich 12

IM ÜBERBLICK

   DEUTSCHE ARMBANDUHREN
   und ihre Bedeutung für Design und Markt,
   „Made in Germany" zwischen circa 1920 und heute 15
   Neubeginn nach 1945 19
   Umstieg in die technische Neuzeit 19
   Der Umbruch 22
   Re-Start mit Präszision 22
   Falsifikate 23
   Was ist eine deutsche Armbanduhr? 24
   Was wurde produziert? 24
   Wer verkaufte Armbanduhren und wer trug sie? 26
   Taschenuhren 27
   Mit dem Büffel in die Präzisiontechnologie 31

   ARMBANDUHREN AUS PFORZHEIM
   Ursprünge in Pforzheim 34
   Spaziergänge in Pforzheim 38
   Differenzierung der Pforzheimer Hersteller 40
   Produktion in der Kriegszeit 40
   Veränderungen nach 1945 42
   Produktionsniveau 42
   Qualitätsprüfungen 43
   Qualitätskontrollen für Armbanduhren 44
   Namensgebung in Pforzheim 44
   Uhren-Familien in Pforzheim 45
   Verkaufsgruppen aus Pforzheim 45
   Pforzheim heutzutage – von edlen Zeitmessern hin zur Präzisionstechnologie .. 48

RALF J. F. KIESELBACH

ZEIT UND PRÄZISION

Armbanduhren aus Pforzheim –
Von den Anfängen bis heute

TIME AND PRECISION

Wristwatches from Pforzheim – Then and Now